INGENIEURE

GEDANKEN ÜBER TECHNIK UND INGENIEURE

VON

FRIEDRICH MÜNZINGER VDI

ZWEITE
STARK VERMEHRTE UND
UMGEARBEITETE AUFLAGE

MIT 40 ABBILDUNGEN UND 11 BILDNISSEN

SPRINGER-VERLAG
BERLIN HEIDELBERG GMBH
1941

ISBN 978-3-662-35740-8   ISBN 978-3-662-36570-0 (eBook)
DOI 10.1007/978-3-662-36570-0

Kupferstich aus Chr. Weigel, Abbildung der Hauptstände
Regensburg 1698

DEM GEDENKEN DERER GEWIDMET,
DIE MIR IM LEBEN
DURCH EIN FREUNDLICHES WORT
ODER EINEN GUTEN RAT
WEITERGEHOLFEN HABEN.

Vorwort zur zweiten Auflage.

Zahlreiche Zuschriften aus den verschiedensten Kreisen und der Absatz der letzten Auflage in knapp vier Monaten verraten das große Bedürfnis nach einem Buche über Ingenieure. Durch Einfügen eines neuen Kapitels (II), das sich u. a. mit dem Phänomen der Technik beschäftigt, konnte ihre Bedeutung für die Allgemeinheit von einer höheren Warte aus betrachtet und dadurch noch wesentlich eindrucksvoller gezeigt werden.

Da das Buch für Laien und Ingenieure, junge und gereifte Menschen bestimmt ist und der Technik ebenso Nachwuchs zuführen wie das Interesse des Publikums an ihr wecken soll, ließ sich leider nicht ganz vermeiden, daß vielleicht manches, was es zu sagen hat, einigen Lesern zu „technisch", bzw. zu „populär" erscheint.

Damit der ungeheure Einfluß der Technik auf Kultur, Wirtschaft und Politik recht deutlich erkennbar wird, gebraucht vorliegende Auflage geschichtliche Hinweise noch stärker als die erste. Auch das breite Publikum muß nämlich einsehen lernen, daß die Technik für Erhaltung und Förderung völkischen Lebens ebenso wichtig ist wie beispielsweise die Landwirtschaft, und daß das Maß von Glück, das sie den Menschen bringen kann, außer von der Moral des einzelnen Individuums von der internationalen Moral und der Weisheit abhängt, mit denen sie eingesetzt wird.

Ingenieuren aber will das Buch darüber hinaus zeigen, daß sie zwar gelernt haben, hervorragende technische Erzeugnisse zu schaffen und Rohstoffe sowie Energiequellen ausgezeichnet auszunutzen, aber beim Einsatz der Technik als Ganzes manchmal nicht viel anders handeln als Menschen, die eine verwickelte Maschine ohne Kenntnis ihrer Arbeitsprinzipien lediglich auf Grund einer Gebrauchsanweisung recht und schlecht benutzen. Sie müssen ferner begreifen, daß die Technik infolge der ungeheuren ihr innewohnenden Machtfülle nur dann die große Helferin des einzelnen Menschen und eines ganzen Volkes werden kann, für die sie die Vorsehung bestimmt hat, wenn die Ingenieure sich weit mehr als bisher an der Lösung der durch sie aufgeworfenen Probleme beteiligen und hohes Berufsethos und enge Verbundenheit mit ihrem Volke sie beseelt. Beides ist aber nur erreichbar, wenn ihnen die technischen Lehranstalten neben solidem Fachwissen die dazu erforderlichen Werte und Erkenntnisse vermitteln.

Das, was das Buch über diese Dinge ausführt, mag vielleicht manchem als übertrieben oder zu idealistisch erscheinen. Ich bin aber überzeugt, daß es von der Wirklichkeit nicht weit entfernt liegt und daß die Zukunft die von dem Buche vertretene These, das Gedeihen eines großen industriellen Volkes hänge von der moralischen Höhe des Einsatzes der Technik nicht weniger ab als von der sachlichen Höhe ihrer Erzeugnisse, als zutreffend bestätigen wird.

Infolge sehr starker beruflicher Belastung mußte ich mich öfters mit kurzen Hinweisen begnügen, wo ich gern durch Zahlen oder Beispiele meine Behauptungen untermauert hätte.

Berlin-Dahlem, Frischling-Steig 1
    Weihnachten 1941.

MÜNZINGER.

Inhaltsverzeichnis.

I. Einleitung.

Otto von Guericke (1602—1686)[1].

Erfinder der Luftpumpe und der Elektrisiermaschine. Begründer der deutschen experimentellen Wissenschaften, ungewöhnlich vielseitiger Mensch.

Die Technik ist, wie noch näher gezeigt werden wird, für den einzelnen Bürger und den ganzen Staat von gleicher Bedeutung wie Landwirtschaft, Heilkunde und Heereswesen und daher mit den verschiedensten Gebieten des öffentlichen Lebens aufs engste verknüpft. Deshalb können Ingenieure ihrer Aufgabe nur dann ganz gerecht werden, wenn ihre Kenntnisse und Interessen weit über ihren unmittelbaren beruflichen Arbeitsbereich hinausreichen. Zum Beispiel spielen militärische, volkswirtschaftliche und soziale Gesichtspunkte bei der Versorgung mit Kraft, Licht, Wasser und Wärme, bei der Verteilung des Verkehrs auf Eisenbahnen, Kraftwagen, Schiffe und Flugzeuge, ja selbst beim Bau der Verkehrsmittel eine ähnlich wichtige Rolle wie rein technische. Infolgedessen muß der Ingenieur solche Gesichtspunkte und Zusammenhänge kennen, weil er sie sonst bei seiner Arbeit nicht berücksichtigen und daher nicht zu Bestleistungen kommen kann.

Nur-Ingenieure betrachten alles zu sehr unter dem engen Gesichtswinkel ihrer Tätigkeit in Laboratorium, Büro oder Werkstätte und nicht

---

[1] Aus dem „Corpus Imaginum" der Photographischen Gesellschaft, Berlin.

unter der Perspektive einer großen Gemeinschaft und übergeordneter Interessen. Sie verschwenden daher oft eine Unmenge Arbeit an Dinge, die ihnen ungeheuer wichtig erscheinen, während sie in Wirklichkeit nur nebensächlicher Natur sind, und verlieren darüber nicht selten das Ziel aus den Augen. Eine der Folgen hiervon ist, daß Juristen und andere Nicht-Techniker auf vieles Einfluß nehmen, was ureigenste Domäne der Ingenieure sein sollte, wodurch nun aus Mangel an technischen Kenntnissen gleichfalls keine Bestleistungen erzielt werden und die Arbeit der Ingenieure oft leidet. Was geschieht, wenn Ingenieure nur an das rein Technische denken, zeigen kostspielige, Handarbeit sparende, während der der Machtergreifung vorausgehenden Notjahre gebaute Maschinen (z. B. Einbau kostspieliger laufender Bänder, S. 26, in Automobilfabriken, denen noch alle Voraussetzungen für den erforderlichen Massenabsatz fehlten). Sie waren als solche Meisterwerke, von höherer Warte aus gesehen aber Fehlleistungen, weil die durch sie arbeitslos Gewordenen dem Staate zur Last fielen bzw. ihr hoher Kapitaldienst für den Besteller eine böse Bürde wurde, als sie wegen zunehmender Verschlechterung der wirtschaftlichen Lage nicht mehr voll ausgenutzt werden konnten.

Wie noch gezeigt werden wird, hat die Technik infolge ihres unzweckmäßigen Einsatzes und der fehlenden oder unzweckmäßigen behördlichen Lenkung auch nicht immer annähernd das geleistet, was sie hätte leisten können. Das Versagen rührte aber weniger von einem Mangel der Technik, als vom Nichterkennen ihrer Ziele und der zu ihnen führenden Wege her.

Ingenieure mit gründlichen Spezialkenntnissen, aber ohne Überblick über einen größeren Ausschnitt der gesamten Technik und ohne eine gewisse Allgemeinbildung, gleichen deshalb, weil sie nur das unmittelbar vor ihnen liegende zu erkennen und zu erledigen vermögen, den von ihnen gebauten Hobel-, Fräs- oder Bohrmaschinen, die zwar ausgezeichnet hobeln, fräsen oder bohren können, aber versagen, sobald sie eine andere Arbeit verrichten sollen. Sie werden daher immer wieder Lösungen hervorbringen, die technisch vielleicht musterhaft, im Rahmen des Ganzen aber nicht viel mehr als Spielereien sind.

Nun liegen die Dinge leider so, daß die Aneignung eines umfassenderen und ausgeglicheneren Wissens auf große Schwierigkeiten stößt, weil die Ausbildung an den technischen Fach- und Hochschulen jahrzehntelang so einseitig auf das rein Technische gerichtet war, daß viele Ingenieure gar kein Verständnis mehr dafür haben, daß es mit gründlichen technischen Kenntnissen allein nicht getan sein soll, und weil infolge der außerordentlichen Verfeinerung der Technik schon das Aneignen der auf einem engen Sondergebiet erforderlichen Fachkenntnisse sehr hohe Anforderungen stellt.

Neben dem Herbeiführen einer zutreffenderen Beurteilung von Technik und Ingenieuren in Laienkreisen ist eine der Aufgaben dieses Buches, das Wesen des Ingenieurberufes zu schildern und zu zeigen, wie sich hohe fachliche Leistungen erreichen lassen, eine andere, zu untersuchen, was ein Ingenieur tun kann, um im Leben zu Erfolg, Ansehen und Zufriedenheit zu gelangen, denn Fleiß und Wissen allein reichen hierzu nicht aus. Die zweite Aufgabe ist schon infolge der großen charakterlichen Unterschiede der Menschen und der nicht weniger verschiedenen Auffassungen von Erfolg, Ansehen und Zufriedenheit schwieriger als die erste. Das, was das Buch dazu zu sagen hat, wird daher dem Leser wohl nur dann nützen können, wenn er unter diesen drei Dingen etwas Ähnliches versteht wie der Verfasser.

Erfolg im Leben zu haben, ist der verständliche Wunsch fast aller Menschen, und nicht die schlechtesten Jungingenieure hoffen im stillen, eines Tages, wenn auch nicht gerade ein zweiter ALFRED KRUPP, WERNER VON SIEMENS oder HUGO JUNKERS, so doch ein berühmter Erfinder oder „wenigstens Generaldirektor" zu werden. Es ist aber eine leidige Tatsache, daß viele von ihnen nie zu einer Stellung kommen, die ihrem Fleiß und Können entspricht, und schließlich oft ohne Erkenntnis der Ursachen und mit sich selbst und der Welt zerfallen die Flinte ins Korn werfen und auf einem bescheidenen Posten sitzen bleiben.

An diesem Versagen sind die verschiedenartigsten Ursachen schuld. Zunächst ist der Sprung von der Technischen Hochschule ins Erwerbsleben größer als von der Universität. Zum Beispiel kann ein Physiker später fast mit denselben Methoden arbeiten wie als Student, und auch bei Juristen und wohl auch Medizinern ist die berufliche Tätigkeit von derjenigen während des Studiums nicht so verschieden wie beim Ingenieur. Sie können sich daher leichter ein Bild von ihrer zukünftigen Tätigkeit machen und an sie gewöhnen als junge Ingenieure, an die sehr verschiedene Anforderungen gestellt werden, je nachdem, ob sie Maschinen entwerfen, fabrizieren oder verkaufen müssen; ob sie im Laboratorium, in der Werkstätte oder im Konstruktionsbüro tätig sind; ob sie später nur eine einzelne Fabrik oder ein großes Industrieunternehmen mit vielen Fabriken zu leiten haben. Der Zufall kann nun Ingenieure von großem Können in eine Stellung führen, die vielleicht für andere, selbst wenn sie weniger tüchtig sind, reizvoll ist, der sie aber seelisch oder sonstwie nicht gewachsen sind und in der sie sich daher nicht wohl fühlen.

Ferner wissen die meisten jungen und auch viele ältere Ingenieure von der menschlichen Seite ihres Berufes und von für sie sehr wichtigen Vorgängen im industriellen und sonstigen Leben kaum etwas, da Bücher über diese Dinge nicht existieren und sie während ihres Studiums nicht viel über sie zu hören bekamen. Sie stehen ihnen daher fremd und vielfach verständnislos gegenüber, und es kann, wenn sich ihrer nicht ein günstiger Zufall annimmt, Jahre dauern, bis sie sie einigermaßen und meist viel zu spät kennenlernen. Für wenige Stände ist schließlich Menschenkenntnis und die Kunst der richtigen Menschenbehandlung so wichtig wie für Ingenieure.

Außerdem ähnelt mindestens der Beruf schöpferisch tätiger Ingenieure dem des Künstlers mehr als dem des Wissenschaftlers und ist, wie das Leben mancher hervorragender Erfinder zeigt, mit dem Abenteuer nahe verwandt, d. h. der Erfolg vieler Maßnahmen ist unsicher und schwere Enttäuschungen und glänzende Triumphe folgen einander oft unvermittelt.

Alle diese Umstände erklären, weshalb Fleiß, Gründlichkeit und Wissen mit bestimmten charakterlichen Eigenschaften verbunden sein müssen, wenn es ein Ingenieur aus eigenen Stücken zu einem führenden Posten bringen will. Diese Eigenschaften lassen sich aber, wenn der Fall nicht ganz hoffnungslos liegt, durch Erziehung und aus eigener Kraft entwickeln. Darüber muß man sich freilich klar sein, daß, von Ausnahmefällen abgesehen, harte Arbeit für jedes ehrliche Hochkommen in der Technik unerläßlich ist, wenn man sich nicht mit der unsicheren und verächtlichen Stellung abfinden will, die jede von fremder Arbeit zehrende Existenz mit sich bringt.

Gerade unter hochbegabten jungen Ingenieuren sind nun manche, denen wegen ihrer empfindlichen körperlichen oder seelischen Konstitution, ihres Mangels an geeignetem Umgang, an Erziehung oder an Fühlung mit industriellen Kreisen oder infolge ihres gehemmten Wesens „der Schritt ins Leben" besonders schwer wird. Sie benötigten daher fremden Rat noch mehr als ihre robusteren Altersgenossen. Das Buch will aber auch jungen Leuten, die sich noch unschlüssig sind, was sie werden sollen, die Berufswahl erleichtern und bei der Allgemeinheit Verständnis für den Ingenieurberuf wecken, der den, der für ihn taugt und ihn mit ganzem Herzen ausübt, mit tiefer Befriedigung und Augenblicken höchsten Schöpferglückes belohnt und auch dem durchschnittlich Begabten, wenn er nur fleißig, anständig und zuverlässig ist, eine auskömmliche, innerlich befriedigende Existenz sichert.

Geschäftlicher Erfolg ohne Zufriedenheit führt aber ebenso leicht zur Verbitterung wie Zufriedenheit ohne Erfolg zum Erschlaffen. Erfolgreiche Ingenieure mit ausschließlich beruflichen Interessen sind daher oft keine zufriedenen und noch seltener harmonische Menschen. Sie werden auch den Anforderungen nicht immer gerecht, die ein führender Posten an sie stellt. Die Beschäftigung mit Dingen außerhalb der Technik bereichert ja den Menschen nicht nur innerlich, sondern nützt ihm auch im Beruf, weil sie den Blick weitet, die Sinne schärft und wertvolle Anregungen gibt. Deshalb, und weil der sinnvolle Einsatz der Technik sowohl ein menschliches als auch ein technisches Problem ist, wird im folgenden auf die menschliche Seite des Lebens nicht weniger Wert als auf die berufliche gelegt.

Selbst wenn es mir geglückt sein sollte, die Dinge genau so aufzuzeigen, wie sie wirklich sind, bedarf es aller Aufmerksamkeit und Initiative der Leser, wenn ihnen das Buch nützen soll. Man kann einem anderen nämlich wohl gute Ratschläge geben, die für ihre Anwendung passende Gelegenheit muß er aber ebenso selber finden wie beim Gebrauch technischwissenschaftlicher Formeln und Gesetze. Die Sehnsucht vieler Menschen, ein für alle Fälle passendes Universal-Rezeptbuch, wird in der Medizin wie in der Technik und für das allgemeine wie für das berufliche Verhalten hoffentlich auf immer ein in den Wolken schwebendes Arkanum bleiben.

Der Leser muß schließlich berücksichtigen, daß die Einstellung zum Leben auch vom Werdegang eines Menschen abhängt. Jemand, der beim Vorwärtskommen völlig auf die eigene Kraft angewiesen war und eine entbehrungsreiche Jugend durchmachen mußte, wird oft anders empfinden und reagieren als ein Liebling der Götter. Immer aber wird ein Rat nur nützen, falls ihn ein Mensch selbst dann befolgt, wenn er seine Eigenliebe verletzt. Erfolg und Zufriedenheit im bürgerlichen wie im beruflichen Leben hängen also außer von der Erkenntnis des Richtigen von der Fähigkeit zur Selbstkritik ab, die sich gleichfalls jeder selber erkämpfen muß.

Beim Versuch, dem Leser ein Bild von der Technik und der Arbeit und Denkweise von Ingenieuren zu geben und die Ziele der Technik und die zu ihnen führenden Wege zu zeigen, bedient sich das Buch mit Absicht der systematischen, den behandelten Stoff in seine Hauptbestandteile auflösenden Methode, mit der Ingenieure technische Fragen zu untersuchen gewöhnt sind. Die Anwendung dieser Methode mag im vorliegenden Falle etwas pedantisch erscheinen. Wenn sie das Buch trotzdem benutzt, so geschah es, weil mir langjährige Erfahrung ihre Vorzüge gezeigt hat, und damit technische Laien sehen, auf welche Weise sich viele Ingenieure über ein Problem Klarheit zu verschaffen suchen.

Weil das Buch nicht den Ehrgeiz hat, letzte Weisheiten zu bringen, sondern die Dinge nur so schildern will, wie sie ein im Berufsleben stehender Ingenieur sieht und empfindet, bedient es sich einer einfachen, herzhaften Sprache.

Bei Angelegenheiten der Ingenieure untereinander stützt es seine Argumente durch Ansichten bedeutender Fachgenossen; beim Erörtern der Beziehungen zwischen Ingenieuren und anderen Ständen vorwiegend durch die Aussagen und Meinungen von Nicht-Technikern über den betreffenden Gegenstand. Der öftere Hinweis auf Parallelen aus der Weltgeschichte verfolgt den Zweck, das Besondere eines Falles dem großen Allgemeinen einzuordnen und immer wieder zu zeigen, daß der Einfluß der Technik auf die Gesellschaft sich nach denselben Gesetzen auswirkt wie derjenige von allgemein als „historisch" anerkannten Faktoren. Auf diese Weise erkennen auch die Ingenieure am ehesten, wie eng die Technik mit dem Leben der Völker verknüpft ist und daß sie für dieses Leben keinen Fremdkörper, sondern etwas zu seiner Existenz Unentbehrliches bedeutet.

Das zweite in dieser Auflage neu hinzugekommene Kapitel beschäftigt sich vorwiegend mit den historischen Zusammenhängen und dem Wesen der Technik. Es bildet gewissermaßen die Grundlage, auf der sich die übrigen, mehr Einzelheiten behandelnden Abschnitte aufbauen. Wenn diese gelegentlich auf persönliche, in dem bescheidenen meinem Leben gesteckten Rahmen sich abspielende Ereignisse eingehen, so geschieht es, weil sie die Lektüre wärmer und lebensnaher gestalten und weil eigenes, wenn auch bescheidenes Erleben der beste, wenn auch vielleicht nicht immer der mildeste Lehrmeister ist.

II. Grundlagen.

Erfahrung sollte des Ingenieurs
erste Autorität sein.

1. Das ökonomische Zeitalter.

Gottfried Wilhelm Leibniz
(1646—1716)[1].
Umfassendster Geist der Barockzeit, Staatsmann,
Wissenschaftler, Philosoph. Infinitesimalrechnung und viele Erfindungen stammen von ihm.

Wir müssen uns nun wenigstens in großen Zügen den Zuständen zuwenden, wie sie sich in den zwei letzten Jahrhunderten unter dem Einfluß der Technik herausgebildet haben. Diese Periode der Geschichte war von der Idee beherrscht, die Wirtschaft, d. h. rein materielle Dinge, sei das einzig reale, ihr Interesse sei daher mit dem des Staates identisch. Der Wirtschaft wurde dadurch ein Vorrecht vor wichtigen allgemeinen Belangen eingeräumt, das sich für Staat und Gesellschaft oft nachteilig auswirkte. Professor Sombart spricht vom ökonomischen Zeitalter, weil dieser Begriff das Vorherrschen wirtschaftlicher Interessen besser zum Ausdruck bringe als Worte wie kapitalistisch, individualistisch oder liberalistisch, die mehr Folgen oder Begleiterscheinungen des Primates der Wirtschaft kennzeichnen.

Da manche Ingenieure sich nicht recht vorstellen können, was denn eine liberalistische oder sonstige Einstellung für die Technik ausmachen soll, die Kenntnis dieser Zusammenhänge für ihre Beurteilung aber unerläßlich ist, sollen sie an Hand unserer öffentlichen Elektrizitätsversorgung gezeigt werden, weil sie mit dem Leben jedes einzelnen besonders eng verknüpft ist. Bis zum Jahre 1933 war für Errichtung und Betrieb von Elektrizitätswerken hauptsächlich die zu erwartende Rendite maßgebend, was den meisten Menschen so selbstverständlich erschien, daß sie gar nicht auf den Gedanken kamen, die Berechtigung

---

[1] Aus dem „Corpus Imaginum" der Photographischen Gesellschaft, Berlin.

dieser Auffassung auch nur zu prüfen. Für ein Elektrizitätsunternehmen bestand infolgedessen die Versuchung, die Stromversorgung von Gebieten mit guten Absatzmöglichkeiten zuungunsten dünn besiedelter, abgelegener Gebiete zu bevorzugen; abgeschriebene Dampfkraftwerke trotz ihres hohen Kohlenverbrauches weiter zu betreiben oder aus gleichfalls rein kapitalistischen Erwägungen heraus Wasserkräfte nicht auszubauen oder ein neues Werk zu errichten, obgleich nahe der Versorgungsgrenze des betreffenden Unternehmens ein fremdes, noch schlecht ausgenutztes den benötigten Strom hätte ohne weiteres liefern können. Ferner scheiterte die Ausnutzung von Abfallenergie aus Industriekraftwerken manchmal daran, daß das einem Elektrizitätswerk zustehende Versorgungsgebiet ihren Transport unmöglich machte, und auch auf den Bergbau wirkten sich diese Verhältnisse infolge der Lage unserer Steinkohlen- und Braunkohlenvorkommen mit Bezug auf die großen Industriezentren und des Unterschiedes der Abbaukosten beider Kohlenarten nicht immer günstig aus. Wenngleich zahlreiche Elektrizitätsunternehmungen mit großem Eifer und Erfolg um eine gute Stromversorgung bemüht waren und viel zur Entwicklung der Technik beigetragen haben, so konnte doch alles in allem der an sich mögliche volkswirtschaftliche Nutzen nicht immer erzielt und das Interesse der Allgemeinheit zuweilen nicht angemessen berücksichtigt werden.

Die Verhältnisse müssen sich mit dem Augenblick ändern, in dem der Staat ein Aufsichts- und Einspruchsrecht erhält, das es ihm ermöglicht, das Verhalten von Stromlieferungsunternehmen nach übergeordneten einheitlichen Gesichtspunkten auszurichten. Das eine oder andere Unternehmen mag dabei manchmal ungünstiger fahren, in ihrer Gesamtheit haben alle einen Vorteil, die Fehlleitung von Kapital wird verhindert und die Leistungsfähigkeit einer nationalen Energieversorgung (nicht nur Stromversorgung, da z. B. auch die Brennstoffbewirtschaftung günstig beeinflußt wird) kann auf einen früher undenkbaren Zustand der Sicherheit, Leistungsfähigkeit und Zweckmäßigkeit gebracht werden. Auf vielen anderen Gebieten liegen die Verhältnisse ähnlich, weshalb heute die Notwendigkeit einer staatlichen Einflußnahme auf wichtige technische und wirtschaftliche Angelegenheiten in einer Reihe von Staaten allgemein anerkannt wird.

Ingenieure müssen daher die großenteils durch die Dampfmaschine ausgelösten, unser gesamtes staatliches und wirtschaftliches Leben beeinflussenden Tendenzen, von denen die eben erwähnte Elektrizitätsversorgung nur ein Beispiel ist, kennen, weil eine grundsätzliche Verbesserung der Verhältnisse ohne Mitarbeit der Ingenieure nicht oder doch nur auf großen Umwegen erwartet werden darf. Insbesondere die unter ihnen noch weit verbreitete Ansicht, sie hätten mit Ersinnen und Herstellen guter Maschinen ihre Pflicht erfüllt, ist ein für sie selber wie das ganze Volk verhängnisvoller Irrtum. Da begangene Fehler der beste Lehrmeister sind, wird an ein paar weiteren Beispielen zu erklären versucht, weshalb die Entwicklung nicht immer glücklich verlaufen ist.

Die Einführung der Dampfmaschine hatte zunächst in Großbritannien eine Art Maschinentollheit zur Folge und verstärkte noch die schlimme Ausbeutung der Arbeitskraft von Frauen und Kindern, die der maschinelle Fortschritt in Spinnereien und Webereien eingeleitet hatte. Herstellen und Benutzen von Maschinen stellten so bedeutenden Gewinn in Aussicht, daß fast jeder aus ihnen möglichst große persönliche Vorteile zu ziehen versuchte. Vielen Unternehmern bedeutete die Maschine lediglich ein Mittel zur möglichst schnellen Bereicherung. Sie setzten sie daher so ein, daß sie tunlichst hohen Nutzen abwarf, und machten sich wenig Kopfzerbrechen darüber, ob Art und Gegenstand der Produktion für die Allgemeinheit von Vorteil waren, ob die einzelnen Individuen oder der ganze Staat dabei litten, ob ganze Bevölkerungsschichten von heute auf morgen ihre Existenzgrundlage verloren. Einige Werke von CHARLES DICKENS oder Bücher wie „Inheritance" von PH. BENTLEY geben ein eindrucksvolles Bild dieser sozial rückständigen brutalen Zeit. Ihre uns so fremd anmutende Denkweise zeigen zwei Äußerungen des hochbedeutenden Erfinders des Dampfhammers, JAMES NASMYTH (1808—1890), und des englischen Philosophen HERBERT SPENCER (1820—1903). NASMYTH meinte im Jahre 1851: „Das Kennzeichen unserer modernen mechanischen Verbesserungen ist die Einführung selbsttätiger Maschinen ... Die ganze Klasse der auf ihre Handfertigkeit angewiesenen Arbeiter ist dadurch überflüssig geworden. Dank der neuen Maschinen konnte ich die Zahl meiner erwachsenen Arbeiter von 1500 auf 750 erniedrigen, wodurch mein Profit sich erheblich vermehrt hat"; SPENCER sagte im englischen Parlament „zu verlangen, daß eine Regierung Schulen errichtet und die öffentliche Erziehung leitet, ist ebenso undenkbar, wie vorzuschlagen, daß sie Schritte unternimmt, um die Sauberkeit der Milchversorgung zu kontrollieren". Die Segnungen der Maschine erblickte also NASMYTH vor allem in dem durch sie erzielten Mehrgewinn, ohne offenbar mehr an das Schicksal der durch sie brotlos gewordenen Arbeiter zu denken als SPENCER an die uns heute selbstverständliche staatliche Fürsorge für die breiten Massen. Dabei waren NASMYTH und SPENCER keineswegs Scharfmacher, sondern dachten, wie es eben Angehörige ihrer Kreise taten. Die Familien englischer Handweber sollen durch das Eindringen der Maschine im Anfang des 19. Jahrhunderts mit $2^{1}/_{2}$ pence (0,25 RM.) pro Tag haben auskommen, d. h. langsam Hungers sterben müssen. Schon seit dem 17. Jahrhundert begingen daher die durch die Spinnmaschine, mit der die industrielle Revolution des 18. Jahrhunderts einsetzte, die Webmaschine und andere Erfindungen um ihren Erwerb

Gekommenen wiederholt schwere Ausschreitungen, von denen die Ludditen-Bewegung besonders bekanntgeworden ist.

Um möglichst viel und mit möglichst großem Profit produzieren zu können, wurden überflüssige, für die Käufer oft schädliche Bedürfnisse erweckt und der schwächere nach handwerklichen Methoden arbeitende Volksgenosse manchmal ähnlich rücksichtslos unterdrückt wie ganze handwerkliche Industrien überseeischer Völker (z. B. Zerstörung des indischen hoch entwickelten Weberhandwerkes durch die Engländer). Das Streben nach Absatz vollzog sich vielfach auf Kosten von für das eigene Volk lebenswichtigen Ständen, vor allem des Bauernstandes. Hierdurch kamen manche Staaten allmählich in gefährliche Abhängigkeit von fremder Willkür (Seeblockade, Dumping, Bildung internationaler Trusts).

Das Zusammentreiben der von den schnell emporschießenden Industrien benötigten Arbeiterheere machte durch das Entwurzeln zahlreicher Menschen aus einer seßhaften Bevölkerung eine Masse fluktuierender Einzelpersonen, „die sich an einigen Stellen wie Sandberge anhäuften, aber nicht mehr miteinander verbunden waren als die Körner in einem wirklichen Sandhaufen" (SOMBART). Die großstädtische Bevölkerung Westeuropas schwoll von rund 12 Millionen im Jahre 1850 auf rund 60 Millionen im Jahre 1913 an. Anstatt die hygienischen, sozialen, ethischen und politischen Gefahren dieses Zusammenballens zahlloser Menschen in wenigen Großstädten zu erkennen (das im Zeitalter des Flugzeuges auch außenpolitisch bedenklich werden mußte) und neue Industrien auf das flache Land zu verlegen, waren die Behörden noch stolz darüber, daß die Großstädte immer mehr „aufblühten".

Es konnte nicht ausbleiben, daß Staaten die der modernen Technik innewohnenden Möglichkeiten auf Kosten anderer Völker in noch größerem Ausmaße zu mißbrauchen versuchten, als es seinerzeit mit der Erfindung des Kompasses und Schießpulvers geschehen war. Wie wir noch sehen werden, gestatteten Dampfschiff, Telegraph und später Radio und Flugzeug die Beherrschung ungeheurer Gebiete von einer Metropole aus und damit eine früher unvorstellbare Machtkonzentration in der Hand eines einzigen Volkes. Das Übergewicht, das die Mittel der modernen Technik einer Minderzahl von Menschen geben, geht aus den von Lord CURZON, 1859—1925, über Indien geäußerten Worten von der „kleinen Schaumflocke, die den unergründlichen dunklen Ozean, auf dem sie schwimmt, beherrsche", hervor. Das Maß von Glück, das die Technik den Menschen bringen kann, hängt also nicht nur von der Höhe der Moral des einzelnen Individuums, sondern auch von der Höhe der internationalen Moral und der Weisheit ab, die beim Gebrauch der Technik zum Ausdruck kommt.

Aber erst unsere Generation lernte die dämonische Gewalt der Technik ganz kennen. Die Technik ist zwar schon immer ein wichtiger Faktor im Kampf der Völker gewesen, aber die Weite des Raumes, die Zahl der feindlichen Krieger und natürliche Hindernisse hatten den Kampfmitteln wenigstens in zivilisierten Ländern verhältnismäßig enge Schranken gezogen und daher die kriegerischen Handlungen meist auf Gebiete nahe den eigenen Grenzen beschränkt. Großbritannien, dessen Macht die Technik besonders zugute kam, machte nur dadurch eine Ausnahme, daß es die See sehr lange unbeschränkt beherrschte und zahllose Stützpunkte hat, die ihren vollen Wert erst durch motorisch bewegte Schiffe, also gleichfalls durch die Technik erhalten haben.

Die jüngste Technik hat aber alles gewandelt: Sie ermöglichte Massenheeren eine früher unvorstellbare Beweglichkeit, nahm natürlichen und künstlichen Hindernissen und großen Entfernungen ihren schützenden Charakter und machte den Besitz gewisser Rohstoffe für industrielle Völker zu einer Frage auf Leben oder Tod. Infolgedessen werden in Zukunft bei Kämpfen um die Macht kontinentale Entscheidungen immer mehr an die Stelle von ländermäßigen treten. Die Technik hat aber diese Entwicklung, deren Vorläufer das Entstehen der Vereinigten Staaten von Amerika und des riesigen russischen Reiches ist (S. 104 u. 107), nicht nur ermöglicht, sondern fast zwangläufig herbeigeführt.

Der Schock, mit dem die Technik auf die Menschen gewirkt, die Verwirrung, in die sie sie gestürzt hat, sind nur dadurch zu verstehen, daß sie mit der Geschwindigkeit und Wucht einer Naturkatastrophe über die Welt gekommen ist. Es war ähnlich, wie wenn die Menschen bei einer plötzlichen Änderung des Klimas von einem tropischen in ein gemäßigtes zwar schnell ihre dadurch bewirkte größere Leistungsfähigkeit erkannt, aber nicht begriffen hätten, daß sie sich durch andere Kleidung und Lebensweise gegen die mit diesem Wechsel verbundenen Folgen schützen müssen.

Mit zunehmendem Vordringen der Maschine zeigten sich zwei Erscheinungen immer auffälliger. Die eine ist die andauernde Vervollkommnung der „Zweckmäßigkeit" der industriellen Produktion und die gleichzeitige Plan- und Tatenlosigkeit des Staates gegenüber den durch die Maschine aufgeworfenen Problemen, was SOMBART in die Worte kleidet, das Zeitalter des Kapitalismus sei durch den auffälligen Widerspruch zwischen der auf die Spitze getriebenen Planmäßigkeit in der Einzelwirtschaft und der Planlosigkeit der Gesamtwirtschaft eines Staates gekennzeichnet.

Die andere, vorwiegend Ingenieure interessierende Erscheinung ist ihre geringe Anteilnahme an den Problemen, die die Maschine für die Allgemeinheit ausgelöst hat. Anstatt nämlich zu versuchen, sie zu erkennen und sich an ihrer Lösung aktiv zu beteiligen, indem sie sich das dazu erforderliche Wissen und den nötigen Einfluß im öffentlichen Leben verschafften, wandten aus den Gedankengängen des ökonomischen Zeitalters heraus die Ingenieure ihre ganze Tatkraft und Aufmerksamkeit fast nur ihren unmittelbarsten beruflichen Aufgaben zu. Das Aufzeigen der Folgen dieses Verhaltens für sie selber und ihr Volk, für Deutschland und andere Industriestaaten ist ein Hauptzweck dieses Buches.

Das dem Gemeinwohl abträgliche in den Vordergrundstellen rein materieller Interessen in Technik und Wirtschaft färbte von zunächst wenigen auf immer mehr Menschen, von industriellen auf andere Kreise ab und erfaßte schließlich ganze Völker. Geldmachen wurde die Parole des Tages, geldlicher Erfolg alleiniger Maßstab für die Bewertung eines Menschen, was aus folgenden Gründen über kurz oder lang der gesellschaftlichen Ordnung und dem geistigen Leben eines Volkes schweren Abbruch tun mußte:

a) Wenigen Reichen stand ein besitz- und wurzelloses Proletariat gegenüber, das im sozial Höherstehenden nur noch den Klassenfeind, nicht mehr den Volksgenossen erblickte und für ein internationales Utopia mehr übrig hatte als für den eigenen Staat;

b) infolge des staatlichen laisser-faire, laisser-aller erschienen Aussperrungen, Streiks und Zeiten schwerer Arbeitslosigkeit allmählich als etwas Normales, Unvermeidliches, und das Gefühl der Schicksalverbundenheit der verschiedenen Stände verkümmerte;

c) die Machtkämpfe im Innern eines Staates und der Streit rivalisierender Industrievölker um fremde Märkte verursachten eine noch nie dagewesene Verhetzung in Wort und Schrift, die das natürliche Empfinden der Menschen vergiftete. Der Besitzlose haßte den Vermögenden, der Ungebildete den Gebildeten, der Industriearbeiter den Bauern, die Stadt das Land, ein Volk das andere;

d) parallel hierzu vollzog sich eine geistige und seelische Verkümmerung, weil eine oberflächliche Aufklärerei in primitiven Gemütern eine groteske Überschätzung ihrer Urteilsfähigkeit erweckte und viele Menschen des religiösen Glaubens beraubte;

e) Millionen von Menschen wurden aus den in Jahrhunderten gewachsenen Berufs- und Dorfgemeinschaften herausgerissen und verloren dadurch Halt und Stütze;

f) das Leben in den Großstädten entfremdete die Menschen der Natur, und das maßlose Überschätzen angelernten Wissens ließ natürliche Fähigkeiten und Instinkte verkümmern und einen dummen geistigen Dünkel emporwuchern;

g) die sich jagenden Erfindungen und wissenschaftlichen Entdeckungen, sowie der Umstand, daß viele Zeitungen die schwierigsten Probleme ihren Lesern in einer Weise servierten, daß jeder Trottel sich für sachverständig und das Ringen mit wissenschaftlichen Problemen für eine amüsante Spielerei halten mußte, wiegten viele in den Glauben, die Schleier würden bald von den letzten Geheimnissen der Natur fallen und der Mensch binnen kurzem ihr alles vermögender Herr und Meister werden.

Nie standen Schlagworte auf geistigem und materiellem Gebiete, in Kunst und Wissenschaft, Politik und Religion, in kleinen und großen Dingen so hoch im Kurs und nie war der Massenwahn so stark und verhängnisvoll, wie in den letzten 50 so „aufgeklärten" Jahren.

Ein zugkräftiges Schlagwort war häufig wichtiger als eine kluge Idee, ein gerissener Schwätzer einflußreicher als ein kenntnisreicher Mann. Das Überfüttern mit den überflüssigsten „Genüssen" erweckte das Verlangen nach noch sensationelleren, verursachte eine allgemeine nervöse Unruhe und entfremdete die Menschen der Beschäftigung mit den geistigen Problemen, ohne die sie zu keiner inneren Ausgeglichenheit kommen können. Das Verlangen nach dem dernier cri, nach Abwechslung, Tempo, Sensation überwog alles, Einsamkeit wurde zur Last, das Schlagwort zur Offenbarung, der Amüsierbetrieb zu einer Art Weihestätte.

Der gesellschaftliche Verkehr richtete sich häufig nicht mehr danach, ob die Eingeladenen bedeutend oder anregend waren, sondern nach der Höhe ihres Einkommens und ihrer sozialen Stellung. Das Kino tat ein übriges, um der breiten Masse diese auf Oberflächlichkeit aufgebaute Geselligkeit als erstrebenswert vorzugaukeln. Die werktätigen Kreise, darunter auch die Ingenieure, spannen sich aber immer mehr in ihre engsten beruflichen Interessen ein, die allmählich zur einzigen Dominante ihres Lebens wurden und sie den großen allgemeinen Interessen entfremdeten.

Es wäre natürlich falsch, über den unerfreulichen Begleiterscheinungen das Positive zu vergessen, das das ökonomische Zeitalter gebracht hat. Auch ein Ingenieur, der über diese Periode skeptisch denkt, wird zugeben müssen, daß in ihr mindestens Wissenschaft und Technik Gewaltiges geleistet haben. Über die tieferen Ursachen der unangenehmen Erscheinungen dieser Periode läßt sich aber kurz folgendes sagen: Die Technik kommt ohne Eingriffe in die Natur nicht aus. Nun sind Pflanzen, Tiere und Menschen, jedes für sich und alle zusammen, empfindliche Organismen, die sich nur langsam an andere Lebensbedingungen gewöhnen können und Schaden erleiden, wenn man sie zu schnell oder unzweckmäßig ändert. Waldschlächterei hat, wie die jüngsten Erfahrungen in Amerika wieder zeigen, Versteppung und Verkarstung ganzer Provinzen zur Folge; die Verunreinigung der Flüsse durch die Industrie schadet nicht nur dem betreffenden Gewässer; planloses Zusammentreiben von Arbeiterheeren verursacht soziale und hygienische, das übersteigerte Tempo in manchen Berufen gesundheitliche, das Loslösen der Menschen von der Natur, das die Technik lange Zeit hindurch begünstigt hat, seelische und gesundheitliche Schäden. Selbst die durch die großen medizinischen Verbesserungen stark verminderte Sterblichkeit an Infektionskrankheiten, siehe S. 113, soll nach R. H. SHRYOCK aus noch nicht ganz geklärten Ursachen — wie jede größere „Gleichgewichtsstörung" des bestehenden „natürlichen" Zustandes — mit einer Zunahme degenerativer Erkrankungen (z. B. Herzkrankheiten) verknüpft sein.

Auf folgende, aus diesen Betrachtungen sich ergebende einfache Formel: unzulässige Eingriffe in die allem Organischen auferlegten Lebensbedingungen, Verkennen der menschlichen Anpassungsfähigkeit, überstürztes Loslösen von jahrhundertealten Bindungen und Gewohnheiten einerseits und egoistischer Mißbrauch der durch die Technik erschlossenen Machtfülle andererseits können fast alle durch den unzweckmäßigen Einsatz der Technik verursachten Schäden geistiger und materieller Art zurückgeführt werden. Unsere Aufgabe ist es, aus den begangenen Fehlern zu lernen und unmittelbar und mittelbar dazu beizutragen, daß die Möglichkeiten, die die Technik für die Verbesserung des körperlichen und geistigen Wohlergehens bietet, in altruistischer Weise ausgenützt, d. h. um in der Sprache von Ingenieuren zu reden, tunlichst vielen Menschen mit tunlichst hohem Wirkungsgrad erschlossen werden.

Da die Maschine nicht das gebracht hat, was von ihr erwartet wurde, machte sich ihr gegenüber in fast allen Ländern, in Deutschland wie im übrigen Europa, auf unserem Kontinent wie in Übersee, seit der Jahrhundertwende eine immer stärkere Skepsis geltend, und viele Bücher, darunter das pessimistische „Der Mensch und die Technik" von OSWALD SPENGLER, lenkten die Aufmerksamkeit der Öffentlichkeit auf den unglücklichen Stand der Dinge. Es wurde auch eine Reihe von Maßnahmen, aber mit unzulänglichen Mitteln und oft in der falschen Richtung ergriffen, denen daher kein Erfolg beschieden war, bis schließlich einige Länder, die infolge ihrer geographischen Lage, ihrem Mangel an Rohstoffen oder aus anderen Gründen unter den verfahrenen Zuständen besonders litten, ihre gesamte Staatsführung änderten, wodurch auch das Verhältnis der Technik zum öffentlichen Leben eine grundlegende Wandlung erfuhr. So verschieden die neuen Methoden und Ziele in den einzelnen Staaten waren, darin stimmten sie überein, daß sie der Technik eine Stellung und einen Einfluß einräumten, wie sie sie bisher noch nirgends gehabt hatte.

So wie die Habenichtse des 16. Jahrhunderts, darunter Preußen, mit einem neuen religiösen, so traten nunmehr die Habenichtse des 20. Jahrhunderts mit einem neuen sozialen und wirtschaftlichen

Glaubensbekenntnis, in dem die Technik eine überragende Rolle spielt, vor die Welt und stießen zunächst auf nicht weniger Unverständnis und Ablehnung als ihre Vorgänger. Da die bisherige Entwicklung überzeugend bewiesen hat, daß Juristen, Volkswirtschaftler und andere Nicht-Techniker die durch die Maschine entstandenen Schwierigkeiten allein nicht meistern können, dürfen die Ingenieure nicht weiterhin Nur-Techniker bleiben, sondern müssen sich ihrer Meisterung mit aller Energie widmen, wenn sie ihre Verantwortlichkeit ihrem Volke, sich selber und ihrem Stande gegenüber erfüllen wollen.

2. Über die Technik.

a) Vom Werdegang der Technik. Schon die primitivsten Völker haben Werkzeuge (Hebel) oder Waffen (Keulen) aus Ästen und später oft mit großer Geschicklichkeit aus Stein und Knochen gemacht. Es war aber ein gewaltiger Fortschritt, als man in der Bronze- und in der Eisenzeit mit dem Feuer als technischem Hilfsstoff erstmals etwas herstellen lernte, was im natürlichen Zustand nicht vorkommt, Metalle. In der langen Entwicklungsreihe von diesen uralten Formen technischer Betätigung zu der heutigen Technik fallen 3 Ereignisse auf: Die zwischen 1200 und 1500 geglückte Erfindung des Schießpulvers, Steuerruders, Kompasses und Buchdruckens, die gegen Ende des 18. Jahrhunderts geglückte Erfindung der Dampfmaschine, die „als neues Element zwischen die sog. belebte und die sog. unbelebte Natur trat" (E. Jung), und die Elektrizität, die der nunmehr schon hochentwickelten Technik wieder völlig neue Möglichkeiten erschloß.

Um die einschneidenden Wandlungen der paar letzten hundert Jahre begreifen und um verstehen zu können, weshalb die Dampfmaschine und in der Folge elektrische und andere Maschinen scheinbar wie aus heiterem Himmel den Menschen in den Schoß fielen, muß man beachten, daß bis etwa zum Jahre 1500 die Kirche ungezählte Jahrhunderte lang der ruhende Pol in der Erscheinungen Flucht und das Erforschen der Natur dem Europäer etwas völlig Unbekanntes gewesen sind. Die Welt als Gottes Schöpfung war für ihn schlechthin vollkommen, und soweit er den Problemen der Natur überhaupt nachging, stütze er sich auf die Werke des Aristoteles (384—322 v. Chr.). Die Gelehrten jener Zeit glaubten, lediglich durch Denken hinter die Geheimnisse der Natur kommen zu können. An die für uns selbstverständliche kritische Naturbeobachtung dachten die mittelalterlichen Menschen nicht. Aristoteles wurde von ihnen etwa angesehen wie ein Kirchenvater, und Kepler, Galilei und andere Forscher „kamen in demselben Augenblick mit der Kirche in Konflikt, in dem ihre Lehren mit denen des Aristoteles in Konflikt gerieten". Wie „technisch" aber schon vor vielen Jahrhunderten einige erleuchtete Geister dachten, zeigen die Worte des englischen Franziskanermönches ROGER BACON (1210—1293): „Maschinen zur Schiffahrt ohne Ruderer sind möglich, so daß große Schiffe ... von einem einzigen gelenkt, schneller dahingleiten können, als wenn sie von vielen getrieben werden. Auch Wagen lassen sich bauen, die keiner Zugtiere bedürfen ... und Flugmaschinen, in denen der Mensch eine sinnreiche Vorrichtung handhabt." Solche Männer waren aber ganz außerordentlich seltene Ausnahmen.

Die Wissenschaft im heutigen Sinne ist erst etwa 300 Jahre alt, steht also nach geschichtlichen Maßstäben noch in ihrer frühen Kindheit. Diese Dinge können sich Ingenieure nicht eindringlich genug klarmachen, weil sie infolge ihrer geringen Beschäftigung mit geschichtlichen Fragen die Art des menschlichen Denkens gewissermaßen für etwas Zeitloses, Unveränderliches halten und daher weder die umwälzenden Änderungen begreifen, die jeder wesentliche Wandel des Denkens auf fast allen Gebieten zur Folge haben muß, noch einsehen, wie zeitbedingt ihre eigene Art, Menschen und Dinge zu betrachten, ist.

Hat man sich hierüber einmal Rechenschaft abgelegt, so begreift man auch, welche außerordentliche Wandlung eintreten mußte, als die Kirche aus ihrer beherrschenden Stellung verdrängt wurde und der Mensch das blinde Hinnehmen verworrener längst überholter Überlieferungen durch den folgerichtigen Gebrauch seines Verstandes und seiner Beobachtungsgabe zu ersetzen begann.

Durch die Erfindung der Buchdruckerei wurde das Forschen mächtig gefördert, und Schießpulver, Kompaß und Steuerruder erschlossen den Weg zu fernen Kontinenten und den Zugang zu unbekannten Erfahrungen, Stoffen und Verfahren. Aber auch die unmittelbare Wirkung dieser 3 Erfindungen war, wenngleich sie langsamer zur Geltung kam, ähnlich wie die von Dampfmaschine, Lokomotive, Elektrizität und den anderen modernen Erfindungen, und selbst darin besteht eine große Ähnlichkeit mit unserer Zeit, daß auch jenesmal die Menschen die Macht, die ihnen durch die mittelalterlichen Erfindungen zugeflossen war, häufig unzweckmäßig benutzten.

Der Buchdruck gestattete den Gedankenaustausch zwischen Personen, die sonst nie miteinander hätten in Fühlung treten können und ermöglichte zum ersten Male etwas, dessen gewaltige Macht erst unsere Generation ganz gewahr wurde, eine großzügige Propaganda. Mit Hilfe des Schießpulvers konnten Raubritter, Städte und feudale Herren niedergeworfen und kleine Bezirke zu Staaten zusammengeschweißt werden, und die Erschließung der Weltmeere durch Kompaß und Steuerruder änderte die wirtschaftlichen und machtpolitischen Verhältnisse Europas einschneidend. So verschieden die Formen, in

denen sich diese Umwälzungen vollzogen haben, von dem, was wir
erleben, sein mögen, so wurden doch auch sie im wesentlichen durch
technische Erfindungen ermöglicht. Durch alle diese Umstände vermochte aber die Wissenschaft nunmehr verhältnismäßig schnell so
viele neue Erfahrungen und Erkenntnisse zu sammeln, daß es eines
Tages nur eines zündenden Funkens bedurfte, um den angesammelten
Wissensstoff, dessen Umfang der Allgemeinheit kaum recht zum Bewußtsein gekommen war, zu einer mächtigen Flamme zu entfachen,
aus der sich die moderne Technik strahlend und voll Kraft erhob.
Vom Anfang dieser Entwicklung an datiert aber die gegenseitige Förderung von Wissenschaft und Technik.

Technik hat es also immer gegeben, seitdem Menschen existieren,
nur hat sich in den letzten 200 Jahren das technische Schaffen sehr
vertieft und erweitert und die Zielsetzung der Technik insofern geändert,
als man „in der kunstvollen Gestaltung der Mittel letzte Zwecke erblickte und die Technik ohne Rücksicht auf die durch sie zu verwirk-
lichenden Ziele hoch zu schätzen begann" (Sombart). Diese einseitige
Zielsetzung löste die Technik aus den natürlichen Gebundenheiten des
Lebens heraus und leitete eine Entwicklung ein, unter der die Menschen
noch heute leiden.

Ähnlich wie im Jahre 1770 durch die Erfindung der Dampfmaschine
erlebte die Technik um das Jahr 1900 einen neuen sprunghaften Fortschritt, weil sich abermals in verhältnismäßig kurzer Zeit sehr viele
neue Erkenntnisse angestaut hatten, die der praktische Geist der
Menschen sich nutzbar zu machen versuchte. Hierzu gehörte vor allem
die geglückte Übertragung des elektrischen Stromes auf große Entfernungen, die andere Fortschritte ermöglichte und auslöste. Die
Entwicklung der Technik nahm nunmehr gigantische Ausmaße an,
weil jetzt das Fundament, auf dem weitergebaut werden konnte, viel
breiter und tiefer, das Heer geschulter Wissenschaftler, Ingenieure
und Arbeiter viel größer und die Wissenschaft schon viel vollkommener
war als zu James Watt Lebenszeiten. Beide Male zeigte sich eine auch
in anderen Disziplinen, wie z. B. dem Kriegswesen (Kriegskunst vor und
nach der Schlacht von Valmy [1793] oder im Jahre 1914 und 25 Jahre
später), beobachtete Erscheinung, daß die die stetige Entwicklung von
Zeit zu Zeit unterbrechenden Sprünge um so größer sind, je inniger
sich Technik und Wissenschaft durchdringen und ergänzen.

b) Vom Wesen der Technik. Die Technik erschließt zunächst neue
Möglichkeiten zum Befriedigen menschlicher Bedürfnisse. Die Folge
ist ebenso eine Vermehrung der Nachfrage nach Produktionsgütern
wie eine Vermehrung der Produktionsmittel und ein gesteigerter Wettbewerb, der wieder eine Vervollkommnung der Produktionsmittel,
eine Verbilligung der Erzeugnisse und die Möglichkeit der Herstellung

neuer Erzeugnisse herbeiführt. Diese Vorgänge sind von einer gegenseitigen Befruchtung der verschiedenen Zweige der Technik begleitet, die die Entwicklung weiter fördert. Die verbesserten Produktionsmittel, die vertieften wissenschaftlichen Erkenntnisse und der gesteigerte Bedarf führen zum Erschließen neuer Rohstoffquellen und ermöglichen die Verwertung von Rohstoffen, an denen man bis dahin kein oder nur wissenschaftliches Interesse gehabt hatte (seltene Metalle, Erden und Gase). Dadurch gewinnen aber nicht nur Wissenschaft und Technik, sondern es gelingt der Ersatz teurer oder im eigenen Lande in unzureichender Menge vorkommender Rohstoffe durch billige einheimische. Die anfangs nicht immer vollwertigen „Ersatzstoffe" erweisen sich nach einer gewissen Zeit nicht selten den früheren „hochwertigen" Stoffen als ebenbürtig, wenn nicht überlegen. Beispielsweise hat die durch den Krieg bedingte Umstellung wiederholt gezeigt, daß das, was zunächst nur als Zwang empfunden wurde, tatsächlich ein Vorteil war und die aufgewendete Mühe reichlich belohnte (Ersatz des Glimmers bei elektrischen Kondensatoren durch Papier, wodurch sie kleiner, leichter und widerstandsfähiger gebaut werden konnten; Ersatz des Kupfers für elektrische Maschinen durch das einheimische Aluminium, wodurch z. B. Anlasser für Personenkraftwagen fühlbar leichter wurden usw.). Die großen Fortschritte der Technik in den letzten 150 Jahren verdanken wir besonders der motorischen Kraft (Dampfmaschine), die die Erzeugung beliebig großer, zusammengeballter Energiemengen ermöglichte, der Elektrizität, die die Verteilung dieser Energie auf beliebig weite Entfernungen und in beliebig großen Mengen gestattete, und den Bahnen, mit denen die benötigten Rohstoffe und die gewonnenen Industrieprodukte billig transportiert werden können. Die moderne Technik beruht daher hauptsächlich auf der Erfindung der Dampfmaschine durch JAMES WATT, der Dampflokomotive durch ROBERT STEPHENSON, der Dynamomaschine durch WERNER VON SIEMENS und der zähen zielbewußten Zusammenarbeit zahlloser Disziplinen, die ein Wesenszug der modernen Technik ist.

Von den vielen Definitionen dessen, was Ingenieure unter Technik verstehen, werden im folgenden nur einige kennzeichnende angeführt:

1. Die Technik ist das Mittel, um die Leistung über das uns von der Natur gegebene Maß hinaus zu steigern, oder alles, was uns in den Stand setzt, unsere Leistungen zu steigern, ist Technik (F. HAHNE);

2. das Wesen der Technik ist eine permanente Revolution, die ihre Ziele konsequenter verfolgt als je eine zuvor (E. JÜNGER);

3. der schöpferische Techniker findet nicht nur zweckmäßige Mittel für bestimmte Ziele, sondern vielmehr neue Ziele selber und entdeckt so eine neue Erweiterung des Lebensraumes der Menschheit, an die vorher überhaupt niemand gedacht hat (ZSCHIMMER);

4. technisches Ideal ist das Zweckmäßige um des Zweckmäßigen willen. Daraus folgt, daß man durch seine Konstruktion mit den geringstmöglichen Mitteln das Bestmögliche zu erreichen streben soll (Bavink);

5. ein Techniker ist ein Mann, dessen Interesse auf die Mittelwahl gelenkt ist, der über den Mitteln den Zweck vergißt (Spranger).

Während die erste Definition auch für die Technik des Sprechens, Laufens, Schwimmens usw. gilt, kennzeichnen die übrigen das, womit sich dieses Buch beschäftigt, „die Instrumentaltechnik, und zwar sowohl die Technik, mittels der wir bestimmte Dinge zu bestimmten Zwecken benutzen als auch die (Produktions-) Technik, die zur Erzeugung von solchen Dingen dient" (Sombart). Die mehr speziellen Definitionen 3 bis 5 heben 3 wichtige Kennzeichen hervor, nämlich die Rolle, die die Zweckmäßigkeit in der Technik spielt, das Setzen neuer Ziele durch die Technik und das ihr oft zum Vorwurf gemachte Vergessen der höheren Ziele über den Mitteln. Auf die weitschweifigen Auseinandersetzungen über die verschiedenen Definitionen wird hier nicht weiter eingegangen, weil es mir nicht so sehr auf eine hohen wissenschaftlichen Ansprüchen genügende als auf eine solche Definition ankommt, unter der sich auch der durchschnittliche Leser etwas vorstellen kann.

Sprache und Darstellung mancher Wissenschaftler führen nämlich ein derartiges Eigenleben, daß sie selbst für gebildete „Werktätige" oft nur schwer verständlich sind. Hierin ist die geringe Breitenwirkung mancher wertvoller Schriften über wissenschaftliche Dinge oft mehr begründet als in der schwierigen Materie. Für Ingenieure kommt es aber darauf an, mit Begriffen zu arbeiten und zu Ergebnissen zu kommen, die zwar möglicherweise nicht in 100% der vorkommenden Fälle allen Anforderungen genügen, mit denen aber 95—98% der Beteiligten etwas anfangen können, als auf zwar vollkommene, aber für 95—98% der Beteiligten unverständliche Begriffe.

Technik kann man nun sehr verschieden definieren, je nachdem, ob sie „vernünftige" Ziele verfolgt oder nicht. Unter vernünftig angewandter Technik, die hier allein interessiert, verstehe ich eine Technik, die das ihrige dazu beitragen will, den einzelnen Volksgenossen wie das ganze Volk gesund, zufrieden und lebenstüchtig zu machen und es ihm zu ermöglichen, mit ihm gutgesinnten fremden Völkern zusammenzuarbeiten und sich gegen mißgünstige zu behaupten. Dann könnte man die Technik etwa definieren als

6. eine auf wirtschaftliche Ausnutzung der angewandten Mittel und auf Zweckmäßigkeit eingestellte, Erleichterung und Sicherung der Existenz des einzelnen Individuums und eines ganzen Volkes erstrebende Disziplin, die hierzu geeignete Mittel ersinnt und Ziele angibt und sich zu immer vollkommeneren Leistungen erregt.

Vorstehende Definitionen gelten für jede Art von Technik. Der modernen Technik aber ist nach SOMBART eigentümlich, daß sie „gegenüber aller früheren Technik mit der modernen Naturwissenschaft eng verbunden ist und nach Loslösung von den Schranken der lebendigen Natur strebt. Die moderne Naturwissenschaft will durch Forschung die Grenzen der menschlichen Herrschaft erweitern, die moderne Technik mit Hilfe der hierbei gewonnenen wissenschaftlichen Erkenntnisse ihre Werke schaffen. Die Wissenschaft faßt die Welt als ein (entgöttlichtes) System von Beziehungen auf, dessen einzelne Teile durch innewohnende Naturgesetzlichkeit zusammengehalten werden, die moderne Technik den Produktionsprozeß als eine (entmenschlichte) Welt im kleinen, die sich nach Naturgesetzen abwickelt. Die Befreiung von den durch die Natur gesetzten Schranken erkennen wir bei allen technischen Prozessen in der Benutzung von Stoffen (vor allem Ersatz von Holz durch Kohle als Werk-, Heiz-, Leucht- und Hilfsstoff), der Anwendung von Kräften (Ersatz menschlicher, tierischer oder ortsgebundener Wasser- oder Windkraft durch motorische Kraft) und der Wahl von Verfahrungsweisen (Verwendung anorganischer Stoffe und Kräfte und Ausschaltung der menschlichen Mitwirkung)“. Dieser engen Verbundenheit von moderner Wissenschaft und moderner Technik werden wir in diesem Buche auf Schritt und Tritt immer wieder begegnen. Wer sie nicht kennt, vermag das Wesen der modernen Technik nicht zu begreifen; es dem technischen Nachwuchs klarzumachen, sollte eines der ersten Ziele aller technischen Fach- und Hochschulen sein.

c) Von den Sünden der Technik. Wie schon in Kapitel I erwähnt wurde, wird die Technik von vielen Menschen für die eigentliche, wenn nicht alleinige Ursache der unangenehmen Erscheinungen des Maschinenzeitalters betrachtet, nachdem man noch in der zweiten Hälfte des 19. Jahrhunderts von ihr alles Heil erwartet hatte. Gerade manche „Gebildete“ machen ihr so ziemlich sämtliche Übelstände unserer Zeit zum Vorwurf: die Unrast und Hast unseres Lebens ebenso wie seine Entseelung, die Verschandelung der Natur ebenso wie die mangelnde Liebe zu ihr, den Klassenhaß ebenso wie den Haß der Völker gegeneinander, die berufliche Überbürdung ebenso wie die geringe Achtung vor geistigen Dingen. Zu der gelegentlichen Reaktion auf derartige Übertreibungen ins andere Extrem, die nicht ausbleiben konnte, hat die Wertschätzung, deren sich die Technik in Deutschland seit 1933 erfreut, und ihr zweckvollerer Einsatz viel beigetragen. Doch bemüht sich noch *immer* nur ein verhältnismäßig kleiner Kreis von Menschen um ihre gerechte Würdigung. Jeder Ingenieur sollte daher versuchen, ihn zu erweitern, weil sonst die Technik weder das leisten kann, wozu sie an sich imstande wäre, und der Ingenieur nicht die Stellung in der

Öffentlichkeit erringen wird, die ebenso in deren Interesse wie in seinem eigenen liegt.

Die Technik wird vor allem für folgende Erscheinungen verantwortlich gemacht:

a) Vorherrschaft rein materieller Interessen (Tanz um das goldene Kalb);

b) Unterdrückung des wirtschaftlich Schwächeren durch den wirtschaftlich Stärkeren;

c) ungesunde Arbeits- (Staub, Dämpfen und Gasen ausgesetzte Betriebe) und soziale Verhältnisse (Klassenkampf, besitzloses Proletariat);

d) Entwurzelung und Vereinsamung des Menschen (Loslösung von der Scholle, Ertöten der Religiosität);

e) geistige Verarmung der Menschen (mangelnde Freude an der Natur, Erwecken überflüssiger Bedürfnisse, Überschätzung angelernten Wissens, einseitiges Spezialistentum);

f) Schädigung von Körper und Geist durch die ungesunde Lebensweise;

g) Gefährdung der staatlichen Sicherheit durch zu enge Verknüpfung der nationalen mit fremden Volkswirtschaften.

Es erhebt sich nun die Frage, ob die Technik an diesen Dingen tatsächlich die Schuld trägt. Sombart sagt von ihr, sie sei kulturlich neutral und sittlich indifferent und könne ebenso in den Dienst des Guten wie des Bösen gestellt werden. Es läßt sich auch kaum bestreiten, daß sie z. B. ohne Opfern zahlloser kleiner Betriebe zugunsten weniger großer, ohne Bildung eines riesigen Industrieproletariates und ohne Entfremdung der Menschen von der Natur auf ihre heutige Höhe hätte kommen können. Die Entwicklung würde dann vielleicht länger gedauert haben, aber gesünder gewesen sein. Offenbar muß daher ihr ungünstiger Verlauf mindestens teilweise von Dingen herrühren, die mit ihr nur lose zusammenhängen.

Wenn man die Geschichte der letzten 150 Jahre verfolgt, erkennt man denn auch, daß die eigentlichen Schuldigen der Egoismus der Nutznießer der Technik, Gedankenlosigkeit und Unverständnis des breiten Publikums und Mangel an Weitblick und Tatkraft der staatlichen Organe waren. Zieht man aber die gesellschaftlichen und politischen Verhältnisse der damaligen Zeit in Betracht, so kann man darüber im Zweifel sein, ob viel gewonnen worden wäre, wenn bereits im Anfang des 19. Jahrhundert der Staat in die Entwicklung der Technik regelnd eingegriffen hätte, da er weder die Erfahrung noch die Erkenntnis besaß, die nötig gewesen wären, um sie in die richtige Bahn zu lenken. Seine Organe waren eben in den Vorstellungen ihrer Zeit befangen, der die Technik etwas völlig Fremdes war. Den jenesmaligen Menschen hieraus einen schweren Vorwurf machen wird auch nur, wer nicht weiß,

wie sehr die Ansichten über Dinge, die wir für selbstverständlich halten
und von denen wir uns gar nicht vorzustellen vermögen, daß sie anderen
jemals als nicht selbstverständlich erschienen sein könnten, sich im
Laufe der Zeit immer wieder geändert haben. Die Geschichte bietet
auch zahllose Beispiele dafür, daß die Menschen das Sichanbahnen einer
grundsätzlichen Wandlung ihrer Lebensbedingungen zunächst überhaupt
nicht bemerkt und wenn sie seiner schließlich gewahr wurden, nicht viel
Voraussicht gezeigt haben. Ohne private Initiative und Aussicht auf
Gewinn wäre auch schwerlich eine der großen Erfindungen, auf denen
die moderne Technik beruht (Kapitel IV), zustande gekommen und
es ist selbst heute noch schwierig, die richtige Grenze zwischen privater
Initiative und staatlicher Lenkung der Technik zu finden.

Nachdem sie sich aber stabilisiert hatte und man ungefähr sehen
konnte, wohin die Reise ging, mußte das passive Verhalten des Staates
sich rächen, denn je verwickelter die Technik und je größer ihre Macht
in Staat und Gesellschaft wird, um so notwendiger wird eine gewisse
staatliche Lenkung, damit sie sich wirklich zum Wohle der Allgemeinheit
auswirken kann. Dieser Tatsache werden sich eines Tages auch die
Völker nicht mehr entziehen können, die sie heute noch nicht wahr-
haben wollen.

So wie in einer großen Fabrik der einzelne sich mehr Reglementierungen gefallen lassen muß als in einem kleinen handwerklichen Betriebe, und Rücksichten und Konventionen den allmächtigen Generaldirektor eines Riesenunternehmens oft stärker beengen als den kleinen
Handwerksmeister mit 2 oder 3 Gesellen, so bringt es das Leben der
technisierten Gesellschaft mit sich, daß der einzelne um so mehr auf
gewisse Freiheiten Verzicht leisten muß, je größer die Erleichterungen
und Möglichkeiten sind, die die Technik ihm und allen bietet.

Keinem Volk, das zu Macht kommen und sie behalten wollte, blieben,
schon lange bevor es eine moderne Technik gab, letzten Endes auf den
Verzicht gewisser Freiheiten hinauslaufende Eingriffe erspart, die man
heute etwa als Rationalisierung bezeichnen würde. Der Zwang, den
die Technisierung der Gesellschaft einem modernen Volke auferlegt,
ist in dieser Beziehung nicht so sehr verschieden von Maßnahmen, mit
denen seinerzeit ein HEINRICH VIII. und die jungfräuliche ELISABETH
in England oder einige Valois und Bourbonen in Frankreich die Grundlage für einen starken Staat geschaffen haben. Auch die Technik wird
zu einer weiteren Konzentrierung von Staaten und Völkern zwingen,
bzw. eines der Mittel sein, sie zu erreichen.

*Aber gegen wenige Dinge waren die Menschen aller Zeiten so
empfindlich wie gegen eine Beschränkung dessen, was sie Freiheit
nennen, und wenige Begriffe haben sich so grundlegend gewandelt und
sind so mißbraucht worden wie sie.* In der mittelalterlichen Weisheit

war nach J. H. RANDALL „vollkommene Freiheit vollkommener Gehorsam gegen ein vollkommenes Gesetz, unser Zeitalter der experimentellen Wissenschaft würde sie definieren als verkörperte Intelligenz"[1]. Mit der zunehmenden Entwicklung der Technik wird auch der Begriff der Freiheit sich ändern und das Volk wird am erfolgreichsten und glücklichsten sein, dem ihre jeweilige Anpassung an seine Lebensbedingungen am besten gelingt.

Die Technik reizte aber infolge der ungeheuren ihr innewohnenden Möglichkeiten kapitalistisch eingestellte Staaten zu ihrem Mißbrauch ebenso, wie sie kapitalistisch denkende Individuen hierzu gereizt hat. Auch die hohe Politik hat sie insofern nachhaltig beeinflußt, als infolge der benötigten Rohstoffe (Kohle, Öle, seltene Erze, Gummi, Baumwolle usw.) Länder, in denen sie vorkamen, plötzlich eine vitale Bedeutung erhielten, und daher zum Spielball machtpolitischer Interessen wurden. Parallel hierzu ging, daß das Denken der Ingenieure vorwiegend nach nationalen Gesichtspunkten ausgerichtet ist und ein Meinungsaustausch zwischen ihnen über die Beziehungen zwischen der Technik und dem Leben der Gesellschaft kaum stattfand und nach Lage der Dinge vielleicht auch keine positiven Ergebnisse hätte zeitigen können. Man veranstaltete wohl Weltkraft- und andere internationale Konferenzen, an internationale Aussprachen über die Technik als Ganzes dachte niemand, und doch wird der Tag kommen, wo man sie für wichtiger halten wird als Diskussionen über technische Sonderfragen.

Zieht man alle diese Dinge in Betracht, so erkennt man, daß die Menschen mit der Technik im großen das gleiche durchmachen mußten wie jeder von uns in seiner Jugend im kleinen, nämlich Erfahrungen sammeln, und das Wesentliche der Lage, vor die wir gestellt sind, erkennen lernen. Gerade Kleinigkeiten des Alltaglebens zeigen, wieviel noch getan werden muß, bis sich Publikum und Technik aneinander gewöhnt haben. Das Publikum möchte z. B. gewisse Fabriken mit übelriechenden Abgasen oder Abwässern am liebsten verbieten, weil es nicht weis, daß es sie ebenso notwendig braucht wie die Land- und Forstwirtschaft, und viele Techniker wollen nicht einsehen, daß die Verpestung der Luft oder der Flüsse durch die Industrie genau so unzulässig ist, wie wenn man Müll und Küchenabfälle mitten auf öffentliche Plätze werfen würde. Die uns so lang erscheinende Dauer dieses Lernprozesses und seine schweren Opfer überraschen angesichts der Tatsache nicht, daß die Technik die kulturellen Verhältnisse, die inner- und zwischenstaatlichen Beziehungen der Völker, das Leben ganzer Kontinente in immer rascher aufeinanderfolgenden und immer heftigeren Stößen so stark aufgewühlt hat wie irgendein Ereignis der Weltgeschichte zuvor. Und trotzdem beschäftigen sich selbst heute

---

[1] RANDALL, J. H.: Der Wandel unserer Kultur. Stuttgart-Berlin 1932.

noch unter den Nächstbeteiligten, den Ingenieuren, nur wenige ernsthaft mit diesem Problem. Nicht-Techniker sind aber, wofür dieses Buch Beispiele bringt, mit wichtigen Zusammenhängen der Technik nicht genügend vertraut, und Nur-Techniker kennen wieder wichtige Belange des öffentlichen Lebens nur unzureichend. Soll daher eine befriedigende Lösung gefunden werden, so müssen beide Seiten einträchtig zusammenarbeiten.

Dazu, daß die Menschen eine sich anbahnende große Wandlung ihres Geschickes fast immer erst gewahr werden, wenn sie bereits ziemlich weit fortgeschritten ist, sagt RANDALL: „Es sind fast nie die Aufsehen erregenden Revolutionen, die tiefgreifende Änderungen herbeiführen ... Die wahrhaft bedeutenden Änderungen werden wenig beachtet, sie sind schon da, bevor man sie bemerkt." Auch die WATTsche Dampfmaschine war zunächst nur eine Angelegenheit einiger Grubenbesitzer und für die „Maßgebenden" und „Gebildeten" jener Zeit wahrscheinlich kaum mehr als eine interessante Kuriosität. Für das späte Erkennen der Folgen der Dampfmaschine gilt die Bemerkung THEODOR MOMMSENS über den Kampf der Römer gegen die Karthager um Sizilien: „Die Römer haben wohl kaum einen anderen Krieg so schlecht geführt. Dies konnte aber kaum anders sein, weil er inmitten eines Wechsels der politischen Systeme steht, zwischen der nicht mehr ausreichenden italischen Politik und der noch nicht gefundenen des Großstaates ... Auf einen Schlag war alles umgewandelt ... Offenbar wußte man beim Beginn des Kampfes nicht, was man begann, erst im Laufe des Kampfes drängten die Unzulänglichkeiten des römischen Systemes sich auf."

Ganz abwegig ist die Behauptung, die Ingenieure hätten fahrlässig oder gar bewußt die unglückliche Entwicklung herbeigeführt. Aber auch viele der das frühere passive Verhalten des Staates Bedauernden dürften meinen, daß das Erwecken des richtigen Verständnisses für Wesen und Bedeutung der Technik wichtiger ist als staatliche Eingriffe in die Technik. Daher muß schon der Geschichtsunterricht auf den höheren Lehranstalten der Maschine die ihr zukommende Beachtung schenken. Zu der Wandlung zum Guten, die bereits dadurch erfolgt ist, daß er auf Athener Stadtklatsch nicht mehr größeren Wert legt als auf wichtige neuere Ereignisse, muß der zweite Schritt kommen, der der Technik, die die beiden letzten Jahrhunderte stärker beeinflußt hat als sehr viele bekannte Feldherren und Schlachten, den ihr gebührenden Platz einräumt. Die Technischen Fach- und Hochschulen müssen schließlich für die Vertiefung und Erweiterung dieser Erkenntnis bei ihren Besuchern sorgen.

d) Wege zur Abhilfe. Bei der Beantwortung der Frage, wie die Technik zweckmäßiger eingesetzt werden kann, wollen wir von folgenden drei Voraussetzungen ausgehen:

1. Die Technik ist nur Mittel zum Zweck, nicht Selbstzweck. Aufgabe der Ingenieure ist es daher nicht, den technischen Fortschritt mit allen Mitteln, sondern so vorwärtszutreiben, daß er sich dem Fortschritt auf anderen Gebieten anpaßt, einem Bedürfnis entspricht, das Wohlbefinden der Allgemeinheit erhöht und ihrem eigenen nicht schadet;

2. auch in der Technik gebührt höheren Interessen der Vorrang vor niederen, staatlichen Belangen vor wirtschaftlichen, dem Wohlergehen der Allgemeinheit vor dem einzelner Gruppen, Gemeinnutz vor Eigennutz;

3. da vom richtigen Gebrauch der Technik (siehe Kapitel V h) Wohlergehen und Sicherheit des einzelnen Bürgers wie eines ganzen Volkes abhängen, können Ingenieure ihre Aufgabe nur erfüllen, wenn sie idealistisch eingestellt und von der Größe ihres Berufes durchdrungen sind, gediegenes allgemeines Wissen und Verständnis für die Bedürfnisse der Allgemeinheit haben.

Unter diesen Voraussetzungen wird auch der Arbeitsmensch von der Umgestaltung und Mißgestaltung seiner Arbeitstage befreit und „der Temporaserei, die von Tag zu Tag immer wilder und verantwortungsloser wird und allmählich den Wert der sportlichen Selbstbefriedigung bekommen hat" (FRITZ KLATT), im Bereiche der Technik bald ein Ende bereitet werden. Obigen drei Punkten ist die Liebe zu seinem Volke und eine altruistische Einstellung gemeinsam, d. h. Ingenieure müssen national und sozialistisch denken, denn einen Zustand des gesellschaftlichen Lebens, „bei dem das Verhalten des einzelnen grundsätzlich durch verpflichtende Normen bestimmt wird, die einer allgemeinen, im politischen Gemeinwesen verwurzelten Vernunft ihren Ursprung verdanken und im Nomos (Gesetz, Ordnung, Herkommen) ihren Ausdruck finden" (SOMBART), nennt man sozialistisch.

Von den der Technik gemachten Vorwürfen bleiben nunmehr im wesentlichen nur die bedrückenden oder unhygienischen Arbeitsbedingungen in manchen Betrieben, die geistige Verarmung durch Überfüttern mit unnützen Erzeugnissen und durch übermäßiges Spezialistentum sowie die Unruhe unseres Lebens übrig, da ein Staat über genügend Mittel verfügt, um die übrigen im vorigen Abschnitt angeführten Übelstände abzustellen. Zu der angeblich unbefriedigenden Arbeit an Werkzeugmaschinen ist zu sagen, daß sie viele „Gebildete" ganz summarisch für geisttötend halten, weil sie die Empfindungen von Arbeitern nicht besser kennen als die Anforderungen, die die Tätigkeit an Werkzeugmaschinen stellt. Tatsächlich gibt es ebenso Maschinen, deren Bedienung für einen geistig regen Menschen sehr eintönig wäre, wie andere, deren Wartung viel Intelligenz, Aufmerksamkeit und Verantwortungsgefühl verlangt, schon weil ihr Wert und derjenige der auf ihnen bearbeiteten Werkstücke oft viele zehntausende, wenn nicht hunderttausende Reichsmark beträgt. Da aber wie in anderen Berufen auch unter Arbeitern Intelligenzen seltener als durchschnittlich Begabte und schwierig bedienbare Maschinen seltener als einfache sind, lassen sich die individuellen Eigenschaften der Arbeiter unschwer den individuellen Anforderungen der Maschinen anpassen. Tüchtige Maschinenarbeiter lieben schließlich ihre Tätigkeit nicht weniger und schätzen sie mit Recht ebenso hoch ein wie ein intelligenter „Gebildeter" die seinige[1]. Zahllose einfache Werkzeugmaschinen ermöglichen aber dem durchschnittlich und unterdurchschnittlich Begabten eine Tätigkeit, der er gewachsen ist und bei der er sich wohl fühlen kann.

So wie manche „Gebildete" nicht gern große Verantwortung tragen oder sich nicht gern anstrengen, so gibt es Arbeiter, denen eine körperlich leichte Tätigkeit, die wenig Nachdenken erfordert, mehr zusagt. Diejenigen aber, denen jede Arbeit ein Greuel ist, können aus unseren Betrachtungen ebenso ausscheiden wie ihre „gebildeten" Geistesverwandten. Der moderne Arbeiter führt im allgemeinen nicht mehr wie der Handwerker ein ganzes Stück von Anfang bis zu Ende aus. Aber auch hier gibt es Kategorien, wie z. B. Holzarbeiter, die mit Hilfe der Maschine hochwertigere Ware herstellen können als ein Handwerker, deren Leistung die Maschine also ausgeweitet hat, oder Fabriken mit eigenem Werkzeugbau, in dem in gewisser Beziehung noch nach handwerklichen Verfahren gearbeitet wird, und der hierdurch und durch die Verschiedenartigkeit der Arbeiten das Interesse intelligenter Leute sehr fesselt. Von sehr vielen Arbeitern aber, deren Tätigkeit die Werkzeugmaschine eingeengt hat, wird weit größere Verantwortung und Konzentrationsfähigkeit gefordert als jemals von einem Handwerker. An Werkzeugmaschinen, Abb. 19, 28, 29, und Automaten, Abb. 20, für die Metallbearbeitung können zahlreiche weniger intelligente Leute nur beschäftigt werden, wenn für die Einrichter und Prüfer ein ziemlich hoher Prozentsatz von intelligenten Arbeitern zur Verfügung steht. Die Arbeit an der Maschine ist also keineswegs nicht vollwertig oder unbefriedigend, wohl aber könnte man wünschen, daß technische Laien nicht über ihnen fremde Dinge schreiben möchten, ohne sich vorher bei Menschen, die etwas von der Sache verstehen, genau erkundigt zu haben.

Wir kommen nunmehr zum laufenden Band (Fließband), Abb. 1, das nicht nur ein hervorragendes Mittel zum Verbilligen vieler industrieller Produkte, sondern manchmal auch zu einer Verbesserung ihrer Qualität ist, weil die Erfahrung gezeigt hat, daß sich z. B. bei der Herstellung gewisser elektrischer Apparate weniger Fehler und Mängel einschleichen, wenn derselbe Arbeiter nur wenige statt eine Vielzahl von Verrichtungen

---

[1] Über den schönen Berufsstolz der württembergischen Metallarbeiter wird gesagt, jeder Arbeiter zweier berühmter süddeutscher Firmen der Autobranche halte sich für einen kleinen GOTTFRIED DAIMLER oder ROBERT BOSCH.

ausführt. Da es am Band viele einfache Arbeitsoperationen gibt, können an ihm auch weniger hochwertige Facharbeiter und angelernte Arbeiter tätig sein. Einer seiner Hauptvorteile besteht darin, daß es

Phot. Erich Bauer, Karlsruhe

Abb. 1. Laufendes Band (Fließband) zum Zusammenbau von Kraftwagenmotoren. Die Motorenmontage beginnt an dem im Hintergrund des Bildes gelegenen Ende des Fließbandes. Die zum Zusammenbau benötigten Zubehörteile liegen auf den Gestellen am rechten Bildrande, an der Decke oberhalb des Bandes hängen elektrisch angetriebene Montagewerkzeuge.

bei einer Vielzahl von Menschen durch Einhalten eines gleichmäßigen Arbeitstempos einen gleichmäßigeren Arbeitserfolg erzielt.

Sein Gebrauch in Deutschland vermeidet die Auswüchse in gewissen amerikanischen Industrien und ermöglicht eine weitgehende Berücksichtigung der Individualität der an ihm beschäftigten Leute, da es

zwischen Arbeiten, die viel Intelligenz, und anderen, die nur rein mechanische Tätigkeit verlangen, zahlreiche Zwischenstufen gibt. Auch
die erforderliche körperliche Anstrengung ist verschieden. Im übrigen
ist in Deutschland das Arbeitstempo am Band wohl stets ein gesundes,
und besonders Frauen sind an ihm oft lieber tätig als an anderen Maschinen. Auch insofern stellt die Bandarbeit verschiedene Anforderungen, als es ganz darauf ankommt, ob jemand mit dem Einrichten und
Beaufsichtigen der Bandarbeit oder lediglich mit der Ausführung bestimmter Arbeitsverrichtungen am Band beschäftigt ist. Selbstverständlich hat seine Anpassung an deutsche Verhältnisse einige Zeit
gedauert und selbstverständlich gibt es Menschen, die sich für das
laufende Band nicht eignen. Die Zahl der Fälle, in denen sich Leute
vom Band abmelden, ist aber klein und ihr Weggang hat meist andere
Gründe. Heute läßt sich jedenfalls sagen, daß, von seltenen Ausnahmen
abgesehen, der durchschnittliche am Band beschäftigte Mann über
seine Tätigkeit keineswegs so denkt, wie viele technische Laien sich
und anderen einreden.

Gewisse unter Staubentwicklung, giftigen Gasen und Dämpfen oder
großer Hitze leidende Betriebe sind allerdings gesundheitsschädlich.
Die Schutzvorrichtungen werden aber immer vollkommener, auch können
die in ihnen Beschäftigten durch kürzere Arbeitszeit und auf andere
Weise einen Ausgleich erhalten. Dank der in solchen Betrieben arbei-
tenden Leute kann aber eine sehr viel größere Zahl von Menschen ein
gesundes Leben führen. Außerdem hat die Technik durch Kanalisation,
Wasserleitung, Beseitigung der Fäkalien, bessere Beleuchtung, Heizung,
Lüftung und gesündere Kleidung in hygienischer Beziehung Außerordentliches geleistet, S. 113. Verglichen mit der Zeit vor 300 oder
400 Jahren sind die Wohnverhältnisse und der Schutz vor Seuchen und
Krankheiten so viel besser, daß auch der schärfste Schmäher der Technik zu ihrem Lobredner werden würde, wenn er eine Zeitlang wie unsere
damaligen Vorfahren leben müßte. Ihr angeblich weit „geruhsameres‟
Leben mußte auf jeden Fall durch eine weit längere Arbeitszeit erkauft
werden. Sie betrug im Durchschnitt 16 Stunden täglich, als man lediglich Handwerkzeuge gebrauchte, und sank mit zunehmender Verwendung
und Verbesserung von Maschinen allmählich auf die heute üblichen
8 Stunden. Das Los des durchschnittlichen Menschen wird sich aber in
dem Maße weiter verbessern, wie uns zunehmende Einsicht und Erfahrung ermöglicht, die Technik richtig zu gebrauchen und wie sich
unser ethisches und moralisches Empfinden hebt.

Viele Klagen über eine schädliche Wirkung der Technik rühren
übrigens davon her, daß der Mensch sich den stürmischen Änderungen
der letzten 100 Jahre nicht anzupassen vermochte und daher durch sie
verwirrt und beunruhigt wurde. Sehr viele empfinden nun einmal

infolge der ihnen unbewußten Abneigung gegen das Neue die Dinge als wünschenswert, die sie von Jugend an kennen, und wer von der lebenden Generation als Kind noch an Irrlichter und Geister glaubte, hatte es schwerer, sich an Radio, Sportplatz und Flugzeug zu gewöhnen als Kinder, die diese Dinge schon von der Wiege an kennen. Das Unterbewußtsein zahlreicher Menschen ist stärker, als ihnen selber klar ist, noch mit einer Periode verbunden, die mit ihrem eigentlichen Leben nur wenig gemein hat. Da außerdem in der Erinnerung das Unangenehme schneller verblaßt als das Angenehme, erscheinen frühere Perioden unseres Lebens oft zu Unrecht schöner als die gegenwärtige. Aus ähnlichen Gründen haben viele Menschen einen so starken Hang für das Romantische, daß, wenn es durch die Technik schließlich in ihr Leben tritt, es sie allein aus dem Grunde nicht freut, weil die Technik für sie nun einmal die Inkarnation alles Nüchternen bedeutet. Als beispielsweise Kraftwagen und Flugzeug das uralte Sehnen der Menschen nach einer ihre Kräfte übersteigenden Geschwindigkeit erfüllt hatten, und der Geschwindigkeitsrausch viele ergriff, setzte prompt das Jammern der „Romantiker" ein, weil nicht der „Zaubermantel" der Dichter, sondern ein Ding aus Stahl und Eisen, das „schnödes Geld" kostete und dessen Handhabung technisches Geschick verlangte, den jahrtausendealten Traum hatte Wirklichkeit werden lassen. Hiermit soll natürlich nicht der Autoraserei das Wort geredet, sondern nur gezeigt werden, mit welch verschwommenen Empfindungen manche Gebildete der Technik gegenübertreten.

Zweifellos kommen technische Erzeugnisse auf den Markt, die besser nie erdacht und hergestellt worden wären, und zweifellos werden manche an sich wertvolle technische Erzeugnisse zu höchst fragwürdigen Zwecken mißbraucht. Hält aber ein vernünftiger Mensch die Feuerspritze für verfehlt, weil ein Narr sie mit Benzin statt Wasser füllt, oder das Klavier, weil ein Stümper auf ihm andauernd Niggerjazze heruntertrommelt? Vielleicht mußte auch die Technik eine Art von Jugend- und Flegeljahren durchmachen, was aber über ihren Wert nicht mehr aussagen würde als die entsprechende Zeit über den Wert des heranreifenden Menschen.

Die Ansichten selbst sehr bekannter Laien über technische Fragen und ihre der Technik zuweilen mit großer Unbekümmertheit erteilten Ratschläge verraten oft einen erstaunlichen Mangel an Sachkenntnis und Tatsachensinn und beweisen, wie notwendig es ist, daß Ingenieure ihre Angelegenheiten im öffentlichen Leben selber vertreten und es nicht dem Zufall überlassen, ob sich ihrer ein kompetenter Nichtfachmann annimmt. Beispielsweise schreibt OSWALD SPENGLER in seinem Buche „Der Mensch und die Technik" (1931) folgendes: „ . . . Die elektrische Kraftübertragung und die Erschließung der Wasserkräfte haben

die alten Kohlengebiete Europas samt ihrer Bevölkerung entwertet"
und „das faustische Denken beginnt der Technik satt zu werden. Eine
Müdigkeit verbreitet sich ... gerade die starken und schöpferischen
Begabungen wenden sich von praktischen Problemen und Wissenschaften ab und der reinen Spekulation zu ... Die Flucht der geborenen Führer der Maschine beginnt. Bald werden nur noch Talente
zweiten Ranges, Nachzügler einer großen Zeit verfügbar sein." Wie
falsch die Ansicht von der Entwertung der alten Kohlengebiete
Europas ist, hätte SPENGLER schon ein Student des Maschinenbaues
sagen können, und die Geschichte der Technik seit der Zeit, da er obige
Worte geschrieben hat (und schon vorher), ist ein einziger Beweis dafür,
daß auch seine zweite Ansicht falsch war. Der Umstand, daß ihm wohl
die Misere der damaligen Tage die Feder führte, kann aber für das Ver-
künden einer allgemeinen Aschermittwochsstimmung-Philosophie, die
viel Schaden hätte anrichten können, kaum als Entschuldigung gelten.

Professor SOMBART schrieb noch vor keinen 10 Jahren in seinem Buch
„Deutscher Sozialismus", das Luftschiff „Graf Zeppelin" könne doch
nur dazu dienen, „ein paar meist belanglose Personen und eine belanglose Post zu einer schnellen Beförderung in ein fernes Land zu befähigen".
Eisenbahn und Kraftwagen, deren Nutzen für die Allgemeinheit er anerkennt, wären wohl nie zustande gekommen, wenn ähnliche Einwände,
die seinerzeit tatsächlich gemacht worden sind, ein williges Ohr gefunden
hätten. Die weitere Bemerkung von SOMBART, dem „Grafen Zeppelin"
wäre viel größerer Ruhm zuteil geworden, wenn man ihn nach der stolzen
Erdumkreisung nicht in den „Frondienst niederer geschäftlicher Interessen", sondern in ein Museum gesteckt und nur an hohen nationalen
Festtagen für Rundfahrten durch Deutschland benutzt hätte, spricht
mehr für die bereits erwähnte romantische Ader mancher Gebildeter als
für ihren Wirklichkeitssinn und ihr technisches Verständnis und erinnert
an Äußerungen aus der Frühzeit der Eisenbahn, über die sie selber
heute wohl nur noch lächeln, S. 87.

Zum Verhüten der Vielerfinderei schlägt SOMBART vor, daß das
Patentamt außer den privaten Erwerbsinteressen auch die öffentlichen
Interessen bei Anmeldung einer Erfindung prüfen und daß ein „oberster
Kulturrat", dem Techniker mit beratender (!) Stimme angehören, darüber
entscheiden solle, ob „die Erfindung kassiert, dem Museum überwiesen
oder ausgeführt werden soll". Der Staat müßte dann den Erfinder angemessen honorieren, gleichgültig, ob seine Erfindung für das Leben
oder das Museum bestimmt wird. Ich möchte bezweifeln, ob das Patentamt oder irgendein Ingenieur von Ruf, der mit Erfindern zu tun
hatte und selbst ein paar brauchbare Erfindungen fertiggebracht hat,
diesen Vorschlag anders als abwegig nennen werden. Er trägt weder dem
öffentlichen noch dem industriellen Interesse, weder der Natur vieler

Erfinder noch dem Werdegang großer Erfindungen, S. 79—86, weder einem öffentlichen Bedürfnis noch dem technischen Fortschritt Rechnung. Auch wenn man davon absieht, daß bei seinem Befolgen eine Unzahl unerquicklichster Auseinandersetzungen zwischen dem Staat und dem Heer verkannter, eine „Entschädigung" verlangender Erfinder und ein direkter Anreiz zum überflüssigen „Erfinden", das SOMBART ja gerade verhindern will, die unvermeidliche Folge sein müßte und auch das tüchtigste Gremium von Fachleuten oft mit dem besten Willen nicht sagen könnte, ob eine Erfindung vorwiegend privaten oder öffentlichen Interessen dient, würde der Vorschlag schon dadurch schweren Schaden anrichten, daß, wie Kapitel IV, 3c zeigt, die Bedeutung auch solcher Erfindungen, die sich später als besonders wertvoll erweisen, in ihrem Anfangsstadium auch von den tüchtigsten Ingenieuren nicht erkannt worden ist. Wohl aber würde mancher fähige, an der Ausnutzung seiner Erfindung vom Patentamt oder dem „Kulturrat" verhinderte Ingenieur ins Ausland abwandern bzw. seine abgelehnte Erfindung im Inland ausführen, weil es einem tüchtigen Erfinder in erster Linie hierauf ankommt. Stellte sich aber dann im Laufe der Zeit ihr Wert heraus, so müßte der „abgelehnte" Erfinder zusehen, wie andere seine ungeschützte Idee ausnutzen. Man wäre dann glücklich wieder bei dem Zustand angelangt, wie er vor Schaffung des Patentgesetzes sehr zum Schaden von Ingenieuren und Industrie geherrscht hat.

SOMBART meint schließlich, viele Güter, wie z. B. Staubsauger, Traktoren und Getreideselbstbinder seien zu kompliziert, weil „sie einfache Vorrichtungen auf einen kunstvollen, teuren Apparat übertragen". Tatsächlich sind Staubsauger besonders für kinderreiche Haushalte eine große Wohltat und hygienischer, wirksamer und für die gereinigten Gegenstände schonender als jedes Staubwischen von Hand. Auf den Laien mögen sie einen verwickelten Eindruck machen, infolge ihrer vorzüglichen Durchbildung genügen sie aber höchsten Ansprüchen an Lebensdauer und geringe Wartung. Ob endlich Traktoren und Getreideselbstbinder am Platze sind, hängt lediglich von der Eigenart und Größe eines landwirtschaftlichen Betriebes und davon ab, ob Mangel oder Überfluß an Arbeitskräften besteht, siehe Kapitel V, 2d. Mindestens der Traktor, der jetzt schon eine unentbehrliche Hilfe für den Bauern ist, dürfte nach dem Kriege für Deutschland und viele andere Länder völlig unentbehrlich sein.

Ein weiterer Stein des Anstoßes für manche Volkswirtschaftler sind private Forschungsinstitute. Sie verlangen daher, daß die wissenschaftliche Forschung der Initiative der privaten Unternehmen entzogen und in einem staatlich geleiteten Institut zusammengefaßt werde. Tatsächlich sind aus industriellen Forschungslaboratorien auch in rein wissenschaftlicher Hinsicht Erkenntnisse größter Bedeutung hervor-

gegangen. WILHELM OSTWALD sagt hierzu, ,,daß durch eine Ver-
vielfältigung der Forschungsarbeit zum Zwecke der Entdeckung neuer
Farbstoffe das Entdecken kommerziell organisiert werden kann, und
zwar mit einem ungewöhnlich großen wirtschaftlichen Erfolg, war eine
Entdeckung von größter Tragweite, die dem Entdeckerlande bis zum
Weltkriege die führende Stelle in der chemischen Feinindustrie der
ganzen Welt verschafft hat''. In der Elektrotechnik, der Metallurgie,
der Optik und auf anderen Gebieten liegen die Dinge ebenso. Die
Wissenschaft würde daher nicht weniger der Leidtragende sein als die
Industrie, und es wäre niemand gedient als einem persönlichen Steckenpferd, wenn man die private Forschung beschneiden oder gar verhindern
würde. Daß daneben vor allem in der Grundlagenforschung staatliche
Initiative Außerordentliches zu leisten vermag, beweisen die rund
40 Institute der Kaiser Wilhelm-Gesellschaft zur Förderung der Wissenschaften. Sie haben den schon von LEIBNIZ ausgesprochenen Gedanken,
Stätten für die freie Forschung zu schaffen, überaus glücklich verwirklicht und auch in technischen Sonderfragen (Erforschung der Kohle,
Metalle, Farbstoffe, Mineralien) Hervorragendes geleistet. Auch andere
Staaten, vor allem die Vereinigten Staaten, haben gewaltige Summen
in solche Forschungsanstalten investiert.

Über den dem Aufwand oft nicht entsprechenden Nutzen von Reglementierungen wurde bereits gesprochen. Sie sollten auch deshalb auf
das unbedingt notwendige Maß beschränkt werden, weil sie von über-
eifrigen oder ihrer Sache nicht gewachsenen Organen oft in einer den
Absichten ihrer Urheber nicht entsprechenden Weise durchgeführt werden und dadurch viel Ärger erregen. Ihr maßvoller Gebrauch ist um
so leichter möglich, als der Staat in der Vergebung seiner großen Aufträge ein wirkungsvolles Mittel zum Ausmerzen ,,unnützer'' Erfindungen
besitzt, und auch wirksam zum Abstellen des Unfuges beitragen kann,
den manche Ingenieure durch das Herausbringen völlig überflüssiger
,,Neukonstruktionen'' anrichten, siehe S. 157. Aber auch hier wird richtige Erziehung zum Ingenieur und gutes Beispiel führender Ingenieure
mehr nützen als das Drohen mit dem Bakel des Staates.

e) Technik und Kultur. Der Technik wird immer wieder vorgeworfen,
sie sei kulturfeindlich, da sie nur ein Mittel zum Befriedigen menschlicher Bedürfnisse sei, keinen Selbstzweck und auch keine Eigengesetz-
lichkeit wie Kunst und Wissenschaft habe, Arbeit und Arbeitsleistung
atomisiere und entpersönliche, das Wissen mechanisiere und ent-
geistige, die Landschaft verunziere und die Schrecken des Krieges
vermehre. Als die wirkliche Ursache einiger dieser Erscheinungen wurde
bereits der unvernünftige Gebrauch der Maschine, nicht die Maschine
als solche sowie der Umstand nachgewiesen, daß ,,sich die gesteigerte
moderne Technik in enger Beziehung mit dem Liberalismus frei von

jeder Fessel derart entfaltet hat, daß die Technik vielfach als etwas
Selbständiges angesehen wurde" (F. Hahne).

Tatsächlich sind Kunst, Wissenschaft und Technik gleichwertige
Kulturgüter, und die Maschine braucht keineswegs Feind menschlicher
Ordnung und Kunst zu sein. Die Technik ist nur die jüngste Erscheinung
in der Geschichte der Menschen. Zschimmer bezeichnet die Idee der
Technik als die organische Erscheinung eines größeren Phänomens

Abb. 2. Brücke im Zuge der Reichsautobahn.

der Kulturentwicklung überhaupt; nach Bavink ist die Technik neben
Kunst, Wissenschaft und dem ethisch-religiösen Reiche ein gleich-
berechtigtes Kulturgebiet. Andere bedeutende Nicht-Techniker kommen
zu ähnlichen Ergebnissen, und die ganze Geschichte der großen Erfindungen, siehe S. 80, beweist, daß wirklichen Erfindern die Vervollkommnung ihres Werkes immer wichtiger als seine frühzeitige Verwertung und die Sucht nach Gewinn ist, daß ihnen das Schaffen des Werkes
mehr bedeutet als das fertige Werk und daß sie außer geistigen auch
seelische und körperliche Kräfte brauchen (M. Stuber).

Die Verschandelung der Landschaft durch die Technik gehört in
Deutschland, von seltenen Ausnahmefällen abgesehen, einer vergangenen
Epoche an. Zahllose neuere Brücken und andere Eisen- und Eisen-
betonbauwerke genügen höchsten künstlerischen Ansprüchen, Abb. 10
und 11, und ein Werk wie die Reichsautobahnen wird noch kommen-
den Jahrhunderten Vorbild für musterhaftes Gestalten und Einfügen
technischer Werke in die Natur sein, Abb. 2.

Ein weiterer Stein des Anstoßes sind Schallplatten und Radio, weil sie die Musik angeblich mechanisiert und durch Verdrängen der häuslichen Musik zur Verarmung unseres künstlerischen Lebens beigetragen haben. Auch dieser Vorwurf ist leicht zu entkräften. Die von Grammophon und Radio ausgesandten Tonwellen sind zweifellos nicht immer eine reine Ohrenweide, aber die nachdenklichen Worte eines weisen Dichters:

> Musik wird oft nicht schön empfunden,
> weil sie stets mit Geräusch verbunden,

wurden lange vor der Zeit des Grammophons und Radios gesprochen.

Entscheidend für das Beurteilen der angeblichen Mechanisierung der Musik durch die Technik aber ist, daß mechanische „Musikapparate" so gut wie verschwunden sind und daß trotz einer Entwicklungszeit von nur 20 Jahren von Schallplatten oder Originalaufführungen übertragene Musik einen bemerkenswert hohen Stand erreicht hat und weit mehr vom Geiste des Komponisten verrät als das Klavierspiel durchschnittlicher kunstbeflissener höherer Töchter. Gute Hausmusik verdient gewiß Förderung. Es ist aber durchaus unzulässig, wenn man einfach darüber hinweggeht, daß erst der Rundfunk Millionen kunsthungriger auf dem Lande lebender Menschen die Teilnahme an den Darbietungen unserer besten Bühnen und Konzertsäle ermöglicht hat und daß sich selbst Dilettanten von hoher musikalischer Kultur mit der Hilfe von Schallplattenaufnahmen hervorragender Künstler in einer früher unvorstellbaren Weise weiterbilden können. Außerdem gestattet die durch die Maschine ermöglichte Entlastung von schwerer körperlicher Arbeit im Verein mit dem Rundfunk zahllosen Menschen die Teilnahme an den Freuden der Kunst und Wissenschaft, die früher nie hieran hätten denken können, und ein großartiges Siedlungswesen, Schrebergärten und Organisationen wie „Kraft durch Freude" führen die Werktätigen in der mannigfachsten Form wieder an die Natur heran. Daß technisches Schaffen sich keineswegs in häßlichen, dunkeln Räumen abzuspielen braucht, zeigen zahllose deutsche, von Grünanlagen umgebene, freundlich ausgestattete Werkstätten, und niemals hat die große Masse der Bevölkerung mehr Sport getrieben und stärker die Freuden der Natur genossen als in den letzten 8 Jahren, obgleich unsere Industrie noch nie zuvor so intensiv gearbeitet hat.

Aber auch insofern hat die Technik die Kultur gefördert, als sie hochentwickelten Völkern, deren geographische Lage ungünstig oder deren Lebensraum knapp ist, Mittel in die Hand gab, sich gegen kulturell unterlegene, aber geopolitisch günstiger gestellte zu behaupten. Dadurch, daß sie die Lebensmöglichkeit derjenigen Völker, die sie zu entwickeln und anzuwenden verstehen, ungeahnt stärkte, rückte sie als ebenbürtiger Erhalter und Förderer völkischen Lebens neben die Landwirtschaft. Bauer und Ingenieur sind also für ein „technisches Volk" wie das deutsche kein Gegensatz, sondern etwas Zusammengehöriges, sich Ergänzendes. Der Ingenieur kann ohne den Ertrag der bäuerlichen Arbeit nicht leben, die Arbeit der Ingenieure macht die Arbeit der Bauern ertragreicher und leichter, und nur das Zusammenwirken beider vermag das Leben des Volkes zu sichern. Unsere hochentwickelte Technik schafft die Mittel zum Schutze der bäuerlichen Arbeit, ohne die es für uns keine Lebensmöglichkeit innerhalb unserer völkischen Grenzen gäbe. „Unser völkisches Leben setzt sich also aus Bauerntum und Technik zusammen. Das Bauerntum gibt uns aus seinem Verbundensein mit der Natur die lebendige Grundlage, die Technik meistert, nutzt und beherrscht die Natur" (Dehnert).

Man mag die Dinge wenden wie man will, auch von dem Vorwurf, die Technik sei kulturfeindlich, bleibt nichts übrig. Sie ist vielmehr das Mittel, „sich unser Leben unserem Erkennen gemäß zu gestalten und erhält den Sinn, den wir dem Leben selbst geben, und dient dem Zweck, den wir dem Dasein selbst zulegen. Sie wird die Kultur fördern, wenn unser Dasein dies anstrebt, aber nur reine Zivilisation hervorbringen, solange wir kein höheres Ziel im Auge haben" (F. Hahne). Die ungünstigen Einwirkungen der Technik auf die Kultur rühren fast ganz davon her, daß die Menschen nicht imstande waren, sich dem blitzschnellen, durch die Technik verursachten Wandel ihrer Lebensbedingungen anzupassen. Dazu war er viel zu überraschend, zu groß und zu neuartig. Wir müssen aber „die Pflicht unserer Zeit erfüllen, nämlich die gestörten Wechselbeziehungen zwischen Kultur und Technik wieder herstellen. Die Vorbedingung zum Lösen dieser Aufgabe ist die richtige Erkenntnis des Zieles und der Wege, die zu ihm führen" (Grammel). Machen wir von der Technik den richtigen Gebrauch, so sind die Dinge, unter denen wir so lange gelitten haben, nur ein Übergangsleiden.

Daran, daß weite Kreise, darunter kluge und sachliche Männer, der Technik ablehnend gegenüberstehen, sind übrigens die Ingenieure zum Teil selber schuld, weil sie in Verkennung wichtiger psychologischer Zusammenhänge und in einseitiger Konzentrierung auf das rein Technische zu wenig taten, um die Öffentlichkeit über die Technik zu unterrichten, diese Arbeit vielmehr Volkswirtschaftlern, Juristen und Dichtern überließen. Soweit sie etwas unternahmen, wandten sie sich fast ausschließlich an ihre eigenen Kreise, der Gedanke, vor die breite Öffentlichkeit zu treten, kam ihnen teils nicht, teils wurde der Versuch mit ungeeigneten Mitteln ausgeführt, teils hielten ihn die Ingenieure für unter ihrer Würde, teils fehlten ihnen wohl die Verbindungen und vielleicht auch die erforderliche Gewandtheit. Ein schlagendes Beispiel hierfür sind die schiefen Ansichten, die sich infolge dieser

Passivität im Laufe der Zeit im Publikum über die Arbeit an der Maschine und am laufenden Band gebildet haben und heute fast allgemein geglaubt werden, weil über diesen Gegenstand fast ausschließlich Nicht-Techniker redeten und schrieben, die nie in einer Fabrik gearbeitet hatten. Sie schilderten daher die Dinge so, wie sie sie als „Gebildete" empfanden, aber nicht, wie der Arbeiter über sie denkt. Je bekannter der Betreffende war, je mehr wurde seine Ansicht unwidersprochen übernommen, ohne daß man viel nach seiner Sachkenntnis fragte und ohne sich von der Richtigkeit seiner Ausführungen selber zu überzeugen. Schließlich wurden derartige Darstellungen sogar von manchen Ingenieuren geglaubt, zumal aus ihren Kreisen kein ernstlicher Widerspruch erfolgte. Die Technik verwandte zwar viel Geld und Geschick an das wirkungsvolle Propagieren ihrer Erzeugnisse, in der Propaganda über wichtige allgemeine, für Wohl und Wehe zahlloser Ingenieure und Arbeiter entscheidende Belange der Technik waren die Ingenieure Stümper, die über diese Seite der Propaganda ungefähr so dachten, wie ein hoher Staatsbeamter der Wilhelminischen Zeit über staatliche Propaganda. Auch hieran ist die einseitig auf das Heranzüchten technischer Spezialisten gerichtete Erziehung an den Technischen Lehranstalten schuld, die in der Aufklärung ihrer Hörer über die Bedeutung der Technik für die Allgemeinheit um Jahrzehnte hinter der Wirklichkeit einherhinkt.

f) Technik und Wissenschaft. Alle bisherigen Betrachtungen haben die enge Verbundenheit von Wissenschaft und Technik gezeigt, auf die wir auch weiterhin immer wieder stoßen werden. Wie in Chemie, Heilkunde, Biologie und Physik kommt auch in der Technik heute kein Staat mehr ohne planmäßige und großzügige wissenschaftliche Forschung aus, die geradezu eine Notwendigkeit, wenn nicht ein unentbehrliches Machtmittel großer industrieller Staaten geworden ist. WERNER VON SIEMENS hat schon im Jahre 1883 gesagt: „Die Industrie eines Landes wird niemals eine internationale, leitende Stellung erwerben und sich erhalten können, wenn dasselbe nicht gleichzeitig an der Spitze des naturwissenschaftlichen Fortschrittes steht"[1], allerdings wohl schwerlich geahnt, welche Bedeutung seine Worte eines Tages bekommen sollten. Die moderne Technik ist ohne die moderne Wissenschaft undenkbar und die moderne Wissenschaft hätte ihren heutigen Stand nicht erreicht, wenn ihr die Technik nicht die sinnreichen und komplizierten Meßapparate zur Verfügung gestellt hätte, die viele folgenschwere naturwissenschaftliche Erkenntnisse erst ermög-

---

[1] Etwa um die gleiche Zeit (1886) hat RUDOLF VIRCHOW von einer ganz anderen Seite her mit den Worten „in dem schweren Kampfe um das Dasein der Völker werden nur diejenigen bestehen, denen es gelingt, die Geheimnisse der Natur in immer neuen Richtungen zu enthüllen" denselben Gedanken geäußert.

licht haben. Aber auch in ihrem Wesen und ihrer Auswirkung sind Wissenschaft und Technik enger miteinander verwandt, als man gemeinhin annimmt. Die Wissenschaft sucht ihre Erkenntnisse unablässig zu erweitern und zu vertiefen, die Technik nach einem ihr innewohnenden Gesetz ihre Methoden und ihre Erzeugnisse unablässig zu verbessern.

Der Mensch hat aber sein Verlangen, vom Baume der Erkenntnis zu essen, seit der Vertreibung aus dem Paradiese — wenigstens zunächst — immer teuer bezahlen müssen. Als er sich vor 300 Jahren auf das damals unerhörte Wagnis einließ, hinter die Geheimnisse der Natur zu kommen, gab er alle Dämme und Sicherungen, die seinem Forschen hätten Grenzen ziehen können, preis. Er mußte den einmal beschrittenen Weg weitergehen, ob er wollte oder nicht und ungeachtet der sich daraus ergebenden Folgen. Der mit der modernen Technik unternommene Versuch, die Macht des Menschen zu erweitern, hatte ähnliche Folgen. Nachdem man einmal angefangen hatte, Maschinen zu bauen, konnte jede weitere Maschine nur ein Zwischenglied auf der Suche nach einer noch vollkommeneren, stärkeren oder preiswerteren, aber kein Abschluß, nichts Endgültiges sein. Mit dem früheren beschaulichen Leben war es daher vorbei. Zu den bereits bekannten mußten dauernd neue Arten von Maschinen um so schneller und in so größerer Zahl treten, je mehr und je schneller die Naturwissenschaften neue Erkenntnisse und Entdeckungen zeitigten. Wer daher die moderne Technik wegen der unangenehmen Begleiterscheinungen der Maschine anklagt und für eine Geißel der Menschen hält, muß logischerweise auch die Naturwissenschaften anklagen und für ein nicht weniger großes Unglück halten, denn sie waren das Primäre, die moderne Technik in ihrem Wesen und ihren Auswirkungen nur ihre logische Frucht und Folge. Naturwissenschaftler, die die Maschine verdammen, verdammen damit unbewußt auch sich selber.

Trotz der engen Verbundenheit von Naturwissenschaft und Technik besteht ein gewisser Gegensatz zwischen Wissenschaftlern und Ingenieuren. Manche Wissenschaftler halten die Tätigkeit der Ingenieure der ihrigen als nicht ebenbürtig, da sie nicht „um eines hehren Ideales, sondern schnöder Gewinnsucht wegen" geleistet werde. Nun ist es mit solch hochtrabenden Bewertungen immer eine etwas mißliche Sache, und so selbstgerechte Menschen haben selten Format. Das Argument ist aber auch falsch, denn die meisten jungen Leute werden nicht wegen der Aussicht auf große Gewinne Ingenieure, sondern wählen ihren Beruf wie die meisten Wissenschaftler, weil er ihren Neigungen entspricht und ihnen „Spaß macht". Aber auch der fertige Ingenieur ist im Durchschnitt finanziell schwerlich wesentlich günstiger gestellt als der Wissenschaftler, der, da er vorwiegend staatlicher

Angestellter ist, unter Konjunkturschwankungen weniger zu leiden hat, siehe S. 173. Dagegen ist die Zahl derjenigen, die eine ihnen zusagende Tätigkeit über alle anderen Erwägungen stellen, bei Wissenschaftlern zweifellos größer als bei Ingenieuren, die schon ganze Kerle sein müssen, wenn sie nicht einem einflußreicheren und höher bezahlten Posten den Vorzug geben sollen. Nun gibt es an sich wenige Ingenieure, die derart in der reinen Technik aufgehen und sich gleichzeitig für leitende Posten in der Verwaltung eignen, zudem sind natürlich auch diese Posten in den allermeisten Fällen sehr interessant. Im übrigen werden in diesen Dingen Ingenieure um so mehr wie Wissenschaftler denken, auf ein je höheres Niveau die Technik kommt und je größer die Achtung des Publikums vor reiner Ingenieurarbeit wird, S. 163. Alles in allem käme man den tatsächlichen Verhältnissen aber näher und es wäre für beide Seiten ersprießlicher, wenn man sagte, die Technik müsse von dem unmittelbaren Ertrag ihrer Arbeit leben, die Wissenschaft nicht. Wenngleich aus dieser Formulierung kein Werturteil über die Wissenschaften abgeleitet werden kann, so kann man aus ihr noch weniger eine Minderwertigkeit der Technik folgern.

Die Ingenieure stoßen sich an der für ihr Empfinden gekünstelten Ausdruckweise mancher wissenschaftlicher Arbeiten, von der sie oft nicht wissen, ob sie Zufall oder Absicht ist, die sie aber um so mehr stört, je weniger Zeit sie zu ihrem Studium haben, und je schwieriger die behandelte Materie ist. Auch liegt der vielleicht etwas robusten, durch Zweckmäßigkeit beherrschten Denkweise der Ingenieure das bedächtig-umständliche Vorgehen mancher Wissenschaftler nicht. Darüber sind nun wieder die Wissenschaftler erbost, weil sie glauben, die Ingenieure halten sie für weltfremde Leute und hätten überhaupt nicht genügend Achtung vor wissenschaftlicher Arbeit. Wenn auch diese Querelen weiter nicht tragisch genommen zu werden brauchen, so erleichtern sie doch die Zusammenarbeit beider Stände nicht und sollten in einer Zeit, die zur Konzentrierung auf Wichtiges zwingt, über Bord geworfen werden.

Wir wollen uns nunmehr mit den Beziehungen zwischen Wissenschaft und Technik etwas näher beschäftigen. „Wesen und Kennzeichen der Wissenschaft ist: rationelles Vorhersagen. Die großen Fortschritte der Technik sind erst dann zu erwarten, nachdem die Wissenschaft ohne Rücksicht auf den Sonderfall die Fragen allgemein geklärt hat" (WI. OSTWALD). Auch wer die Wissenschaft nicht um ihrer selbst willen liebt, sollte aber wissen, daß sie uns so gut wie niemals einen leichten industriellen Gewinn in den Schoß wirft, wenn wir sie lediglich praktischer Zwecke wegen unterstützen. Sie ist eine kühle und stolze Spröde, die um ihrer selbst willen geliebt sein will, dann aber ihr gebrachte Opfer auch materiell immer wieder reich belohnt. SAUERBRUCH sagt: „Wissenschaftlicher Fortschritt reift wie die Frucht auf dem Felde.

Die Technik erfuhr gerade von solchen Erfindungen her stärkste Impulse, die nicht unter dem Gesichtspunkt augenblicklicher Verwertbarkeit gemacht worden sind. FARADAY dachte nicht an den Elektromotor und HERTZ nicht an den Rundfunk, aber die gesamte Elektrotechnik hätte sich nicht zu ihrer heutigen Blüte entwickeln können, wenn nicht jemand aus seinem Eigensten heraus in bisher unbekannte Gebiete des Lebens vorgedrungen wäre."

Die systematisch betriebene sog. Grundlagenforschung, die zunächst nur rein wissenschaftlichen Zwecken diente, bekam schnell große erfinderische Bedeutung, indem sie sich auf bestimmte technische Ziele einstellte. In der synthetisch-chemischen Industrie, bei der Entwicklung von Leichtmetallen, Edelmetallen und „Ersatzstoffen", wie z. B. dem natürlichem Gummi überlegenen Buna, wirkte sie wahre Wunder. Dank der durch sie erschlossenen Erkenntnisse konnte zu der Natur der Sonne, des Regens und der Winde die Natur der Hochdruckkonklaven, des Lichtbogens und elektrothermischer Bäder treten, die denen, die sie zu erfinden und anzuwenden verstehen, für die Menschen unentbehrliche, ihnen aber von einer mißgünstigen Natur versagte oder nur kümmerlich gewährte Stoffe in unerschöpflicher Menge in den Schoß werfen.

Der Umstand, daß oft sehr erhebliche Zeit vergeht, bis eine wissenschaftliche Erkenntnis so ausgereift ist, daß die Technik sich ihrer mit Erfolg bedienen kann, verführt manche Ingenieure zu einem abwegigen Urteil über den Wert der Wissenschaft. BAVINK sagt dazu mit Recht: „Im Anfang einer neuen Erkenntnis ist die reine intuitive Einsicht eines alten Praktikers der vorläufig noch unfertigen Theorie oft weit überlegen. Auf die Dauer aber muß die durch sorgfältige Zergliederung gewonnene Einsicht das bloße „Gefühl" besiegen und sich auch in praktischer Hinsicht ihm als weit überlegen erweisen"[1], siehe S. 60.

Darin besteht ein grundsätzlicher Unterschied, daß die Wissenschaft unabhängig von den Zeitumständen das Vollkommene, die Technik das durch die jeweiligen Zeitumstände bedingte Erreichbare anstrebt. Daher liegt ähnlich wie in der Politik die Beschränkung, der Kompromiß, die Notwendigkeit, das Wünschenswerte sorgfältig gegen das mit den zur Verfügung stehenden Mitteln Erreichbare abzuwägen, in der Natur der Technik. Eines dieser Mittel ist die Wissenschaft, von deren Entwicklungshöhe das Leistungsvermögen der Technik in hohem Maße abhängt. Die Wissenschaft hat ferner im allgemeinen „Zeit", die Technik nicht, weil sie häufig unter dem Zwang der Verhältnisse innerhalb sehr beschränkter Frist etwas, wenn auch vielleicht Unvollkommenes schaffen muß, das auch seinen Schöpfer nicht immer befriedigen wird. „Die Wirkungsstätte der Ingenieure ist die Welt mit ihren drängenden Aufgaben" (STODOLA).

---

[1] BAVINK, B.: Ergebnisse u. Probleme d. Naturwissenschaften. Leipzig 1940.

So wenig wie die Technik ist aber auch die Wissenschaft um ihrer selbst willen da, denn „alle Wissenschaft, die Beachtung und Förderung seitens der Gesellschaft beansprucht, muß den Nachweis ihrer Nützlichkeit und Notwendigkeit führen ... Ihre einzige Daseinsberechtigung ist ihr sozialer Nutzen" (WILHELM OSTWALD).

Ein ähnlicher Zwiespalt wie zwischen Ingenieuren und den Wissenschaftlern, die die vorwärtsstürmende Technik nicht begreifen können, weil ihr Entschlußkraft und Anpassungsfähigkeit verlangender Charakter ihrem auf Beschaulichkeit eingestellten statischen Wesen fremd ist, besteht zwischen einem kühnen Konstrukteur und einem wissenschaftliches Durchdringen seiner Arbeit liebenden Ingenieur, der nicht einzusehen vermag, daß es oft wichtiger ist, mit vereinfachten Berechnungsverfahren oder nach dem Gefühl etwas Unvollkommenes zu schaffen, als einem Bedürfnis überhaupt nicht abzuhelfen. Zwischen den beiden äußersten Flügeln der eigentlichen Ingenieure sind daher die Gegensätze oft ähnlich groß wie zwischen den Ingenieuren gemeinhin und den reinen Wissenschaftlern. Aber unabhängig von der Bewertung der Wissenschaft kann man sagen, daß wer den Kern einer Sache begriffen und einige Phantasie und Unternehmungslust hat, in der Technik fast immer erfolgreicher sein und schwierige Lagen besser meistern wird als ein Mensch mit großem theoretischen Wissen, aber ohne geistige Beweglichkeit, Phantasie und Entschlußkraft. Vor allem Ingenieure, die etwas schaffen, gestalten, konstruieren wollen, müssen auf das Anschauliche, Praktische eingestellt sein, sonst ist ihr Erfolg meist kein großer. Gelehrte wissenschaftliche Rabulistik ist ihnen ebenso fremd wie eine vom Gegenständlichen losgelöste, rein abstrakte Denkweise, und ihr den Erfolg anstrebender, allem „Nutzlosen" abholder Sinn fragt bei wissenschaftlichen und philosophischen Spekulationen, die die einfachsten Dinge und Erscheinungen zerreden oder in einen sterilen Pessimismus ausmünden, nüchtern: à quoi bon?

Den Unterschied zwischen Ingenieur und Wissenschaftler definiert WA. OSTWALD dahin, „der Techniker tut und verwirklicht stets etwas, z. B. etwas, was man bis dahin noch nicht oder doch noch nicht so leicht, so bequem, so billig, so groß, so stark tun konnte. Der Wissenschaftler denkt über etwas nach und macht klar, was bis dahin noch nicht gedacht oder verstanden worden ist. Der Naturwissenschaftler tut ähnlich wie der Techniker auch häufig Dinge, welche bis dahin noch nicht oder anders getan worden sind. Der Ingenieur tut das Neue aber des unmittelbaren Nutzens, der Naturwissenschaftler um der neuen Gedanken und Lehren willen".

Es wurde bereits auf die Förderung der Wissenschaft durch die Technik hingewiesen. Insbesondere Elektronenmikroskop, Röntgenröhre und Wilsonkamera haben die Grundlagen der Physik entscheidend beeinflußt, indem sie völlig neue Aufschlüsse über das Wesen der Atome und Moleküle gebracht und dadurch die Streitfrage vielleicht endgültig geklärt haben, ob Atom und Molekül nur „Bilder" oder eine „Realität" seien (BAVINK). Das Elektronenmikroskop könnte dazu berufen sein, beim Suchen nach dem letzten Elementarbaustein alles Lebendigen (Zelle, Bazillus, Virusarten) Dinge zu klären, die unsere ganze Vorstellung vom Verhältnis zwischen anorganischer und lebender Substanz in Mitleidenschaft ziehen.

Wenn den Ingenieuren von Wissenschaftlern zuweilen ihr Mangel an Wissenschaftlichkeit zum Vorwurf gemacht wird, so können die Ingenieure auf Erscheinungen hinweisen, die der Objektivität selbst hochbedeutender Wissenschaftler kein sehr günstiges Zeugnis ausstellen oder von denen man sagen könnte „si tacuisses, philosophus mansisses". Hierzu gehören z. B. folgende berühmt gewordene Definitionen des großen Philosophen HEGEL: „Die Wärme ist das Sichwiederherstellen der Materie in ihrer Formlosigkeit, ihre Flüssigkeit der Triumph ihrer abstrakten Homogenität über die spezifischen Bestimmtheiten, ihre abstrakte nur an sich seiende Kontinuität als Negation der Negation ist hier als Aktivität gesetzt", und „die Elektrizität ist die unendliche Form, die mit sich selbst different ist, und die Einheit dieser Differenzen; und so sind beide Körper untrennbar zusammenhaltend, wie der Nordpol und Südpol eines Magneten. Im Magnetismus ist aber nur mechanische Tätigkeit." Auch der hervorragendste Wärmetechniker oder Elektroingenieur wird, wenn man die Worte Elektrizität, Magnetismus und Wärme wegläßt, schwerlich angeben können, was mit diesen gedanklichen Mißgeburten gemeint ist, und man kann VERWEYEN nur zustimmen, wenn er sagt, es sei begreiflich, daß Naturforscher (und Ingenieure) sich von solcher Wissenschaft schaudernd abwenden.

Wenig Objektivität verrät die Ablehnung des zweiten Hauptsatzes der Wärmetheorie durch HÄCKEL, weil er meinte, aus ihm ergäbe sich der sog. Wärmetod des Universums, der zu seiner Theorie, die Welt bestehe von Ewigkeit zu Ewigkeit, nicht gepaßt haben würde, oder die entrüstete mit der Begründung, der Versuch habe mit wirklicher Wissenschaft nichts zu tun, noch vor knapp 70 Jahren erfolgte Ablehnung der Einladung eines Physikers, sich einen Versuch anzusehen, durch einen gefeierten Professor. Auch die Erklärung eines Historikers gehört hierher, die Frage der Mitwirkung der Erbmasse (deren Einfluß auf die Kulturleistungen eines Volkes über jeden Zweifel erhaben ist) an einer bestimmten historischen Entwicklung interessiere ihn nicht, „da die Geschichte als Wissenschaft von einer solchen Vermischung mit ganz anderen (lies ,niederen') biologischen Gesichtspunkten sich freihalten müsse" (BAVINK). Auch Leuchten der Wissenschaft täten daher gut daran, die alte Weisheit zu beherzigen, „wir sind allzumal Sünder", und die

Erhabenheit der Wissenschaft nicht mit der Erhabenheit ihrer eigenen Person zu verwechseln.

BAVINK sagt, die Technik übertreffe die Wissenschaft vielleicht noch an Objektivität. Sollte diese Ansicht zutreffen, so würde dies wohl mit davon herrühren, daß sich in der Technik schnell zeigt, ob etwas „richtig" ist, und davon, daß der Tatbestand sich fast immer einwandfrei rekonstruieren läßt. Noch so gelehrtes Reden allein hat eine falsch konstruierte Maschine noch nicht zum Laufen gebracht oder eine infolge falscher Theorien zusammengestürzte Brücke wieder heil auf ihre Fundamente gestellt.

Man kann über Geld denken wie man will, als Bewertungsmaßstab für viele Ideen und Taten hätte es den Vorteil, daß es undisputierbar nicht mehr vorhanden ist, wenn die Sache, in der es investiert wurde, nichts taugt, und von diesem Standpunkt aus könnte man es vielleicht bedauern, daß manche wissenschaftlichen und anderen Theorien keine „Investitionsgüter" sind. Außerdem spielt sich die Technik vor einer breiteren und unnachsichtigeren Öffentlichkeit ab als irgendeine andere menschliche Betätigung, und auch der Umstand dürfte die Objektivität der Technik begünstigen, daß Ingenieure sich fortwährend mit den tausend Widerwärtigkeiten des praktischen Lebens herumschlagen müssen, was oft wenig angenehm ist, aber zu nüchternem Denken, zu Bescheidenheit, sowie dazu zwingt, den Boden nicht unter den Füßen zu verlieren.

Ingenieuren bereiten zwei neuere Erscheinungen in der Physik, der Hauptgrundlage der Ingenieurwissenschaften, Kopfzerbrechen: die erstaunliche Tatsache, daß im Gegensatz zum Schall die Lichtgeschwindigkeit von der Relativitätsbewegung der Lichtquelle unabhängig ist, und der Angriff der neueren Physik auf das Kausalitätsgesetz (demzufolge eine bestimmte Wirkung eindeutig von einer bestimmten Ursache herrührt), das sie durch den Begriff der Wahrscheinlichkeit ersetzt. Die dem Ingenieur so unerläßlich, ja selbstverständlich erscheinende Anschaulichkeit versagt gegenüber den aus der konstant bleibenden Lichtgeschwindigkeit sich ergebenden Folgerungen vollständig, mußte doch die auf dieser Erscheinung aufgebaute, auch heute noch umstrittene Relativitätstheorie „die Anschauung durch ein im Grunde nur noch dem geschulten Mathematiker völlig durchsichtiges Begriffssystem ersetzen" (BAVINK). Mit dem Verzicht auf das bis vor kurzem universell anerkannte Kausalitätsgesetz geht aber „ein Stück unserer Weltanschauung verloren, an das zu glauben innerer *Zwang und tiefe Beruhigung war*" (STODOLA).

Auch die Physiker selbst beurteilen die neuere Entwicklung nicht einheitlich. Die einen halten z. B. die Relativitätstheorie „für eine der größten Taten menschlichen Geistes, die anderen für die Ausgeburt eines halbirren Mathematikergehirns" (BAVINK). Ingenieure verstehen derartige einander diametral entgegengesetzte Ansichten über eine rein wissenschaftliche Frage nur schwer. Immerhin könnte ich aus meiner eigenen Erfahrung einige Fälle von allerdings weit geringerer Bedeutung anführen. Z. B. sind seinerzeit bei der Erörterung des Wirkungsgrades gewisser Verbrennungsmotoren, der Reibung der „Ruhe" oder bei der Erscheinung der kaustischen Sprödigkeit bei Dampfkesseln die Meinungen ebenfalls viel schärfer aufeinander geplatzt, als es die Materie rechtfertigte, weil auch Ingenieure oft nicht der Versuchung widerstehen können, aus ihrem persönlichen Steckenpferd oder einer mehr zufälligen Erscheinung ein Dogma zu machen.

Man sprach schon von einer kranken Wissenschaft und warf der neueren Physik Unanschaulichkeit, Unfruchtbarkeit und Dogmatismus vor; STODOLA wieder hält den Vorwurf der Unfruchtbarkeit für ungerechtfertigt, weil die Physiker nie gewisse Versuche von grundlegender Bedeutung (Bestätigung der materiellen Wellenvorgänge) angestellt haben würden, wenn sie die Theorie nicht jeweilig gefordert hätte; PLANCK meint, ein Verzicht auf das Kausalitätsgesetz würde das Ziel der physikalischen Forschung erheblich zurückstecken. Die meisten Ingenieure dürfte die Auffassung, „der Intellekt wird sich seiner Grenzen bewußt und trachtet nicht mehr danach, den Schleier des Bildes von Sais zu lüften, sondern begnügt sich damit, aus der Tiefe einiges ‚Beobachtbare' herauszufischen" (STODOLA), am meisten befriedigen, müssen sie sich doch dauernd mit dem jeweils Erreichbaren begnügen, S. 39, und brachten sie doch tausend kleine Erfahrungen ihres täglichen Lebens zu der Erkenntnis STODOLA's auf viel bescheidenerem Wege. Diese Beschränkung ist aber für sie weder Enttäuschung noch Resignation[1], sondern die natürliche Einordnung in eine Weltordnung, die an Erhabenem, Gewaltigem und Wunderbarem dadurch nichts verliert, daß der Mensch hinter viele ihrer Wunder nicht kommen kann.

Es sind heute nur noch außerordentlich wenige, besonders befähigte Menschen imstande, in diesen erhabensten Gefilden forschend zu arbeiten, und die Zahl derer, die ihre Arbeiten wirklich verstehen, ist gleichfalls bescheiden. Der Rest der wissenschaftlich Gebildeten ist mehr oder weniger darauf angewiesen, ihnen zu glauben. J. H. RANDALL sagt hierzu: „Unsere Einstellung (zu den Wundern der Wissenschaft) hat viel Ähnlichkeit mit der des mittelalterlichen Gläubigen ... Der einzige Unterschied ist, daß unsere Wunder (Radio usw.) nie versagen. Die gründlicheren unter uns suchen deshalb angestrengt etwas von dem, was sie glauben, zu verstehen ... Unser Glaube ist der Glaube, der die

---

[1] RUDOLF VIRCHOW meinte: „Denn gleichwie es eine Hoffnung des Forschens und eine Gemeinschaft der Wissenden gibt, so gibt es auch eine Demut des Wissens, eine Resignation der Erkenntnis."

Maschine geboren hat und dem jeder technische Einfall, der unser
Leben und unsere Zivilisation ermöglicht, entspricht."

Ein Ingenieur hat volles Verständnis für das Bestreben der Wissenschaft, den letzten Dingen auf die Spur zu kommen und „alles Besondere
in ein allgemeines einzuordnen und Grundgesetze zu suchen, deren Folgen
und Spezialfälle alle einzelnen Naturgesetze sind" (BAVINK), denn er
muß in seinem eigenen Arbeitsbereich fortwährend ganz ähnlich vorgehen. Er hat aber kein Verständnis für „Wissenschaftler", die seine
Tätigkeit nicht für voll nehmen, weil er nicht bis zu den Wurzeln der
Wissenschaft vordringt, und er sagt sich wohl nicht ganz ohne Recht,
daß ein „Wissenschaftler", der ohne die Maschine auch keine Woche
lang sein nacktes Leben würde fristen und vielleicht nicht einmal seine
wissenschaftlichen Arbeiten weiterführen können, die Maschine vielleicht
nur schmäht, weil er ihre Macht instinktiv fühlt, sie aber nicht begreifen kann.

Ein sachlich Urteilender muß meines Erachtens etwa zu folgendem
Ergebnis kommen:

Technik und Wissenschaften sind Gebiete von so ungeheurer Aus-
dehnung geworden, daß auch der klügste Mensch schon aus Mangel an
Zeit nur noch kleine Teile von ihnen zu überblicken vermag. Eine
erfolgreiche Betätigung auf einem bestimmten technischen oder wissenschaftlichen Gebiete ist nicht nur Sache der Intelligenz, sondern auch
der Veranlagung. Im übrigen können Wissenschaft und Technik nur
bei gegenseitiger Unterstützung Höchstleistungen erzielen. Da die eine
auf die andere angewiesen ist, sollten Wissenschaftler und Ingenieure
einander bereitwillig helfen und das MOLTKESCHE Wort vom getrenn-
ten Marschieren und gemeinsamen Schlagen beherzigen. Die Arbeits-
und Denkweise des Ingenieurs ist auf seinem Platze ebenso nötig wie
die des Wissenschaftlers auf dem seinigen. Ob Ingenieure oder Wissenschaftler, Juristen oder Soldaten, Ärzte oder Bauern, ein Volk braucht
die Mitarbeit aller, wenn es existieren, der Fortschritt, wenn er wahrer
Fortschritt sein will. Nicht der Dünkel auf ein angeblich besonders
hochwertiges Tätigkeitsgebiet kann Maßstab für die Bewertung eines
Standes oder Individuums sein, sondern lediglich das, was sie auf ihrem
Gebiet für ihr Volk leisten.

Eine solche Volksverbundenheit könnte auch vielen wieder den Halt
geben, den sie früher an ihrer dörflichen oder gewerblichen Gemeinschaft
gehabt haben. Außer dem religiösen Glauben ist sie vielleicht allein
imstande, unser Denken und Handeln über den reinen Egoismus hinaus in die Sphäre zu erheben, die allein wirkliche Größe gibt. Das
Sicheinsfühlen mit einer großen Gemeinschaft ist auch in anderer Beziehung eine starke Quelle von Kraft. Jede Lebensauffassung nämlich,
die die Dinge ausschließlich vom Standpunkt des einzelnen Individuums

aus betrachtet, die nur unter diesem Gesichtspunkt danach fragt, ob etwas falsch oder richtig, gut oder schlecht, gerecht oder ungerecht ist, verstrickt sich in unentwirrbare Widersprüche, Pessimismus und Enttäuschung. Sieht man aber dieselben Dinge vom Standpunkt einer größeren Gemeinschaft — sei es Familie, Stamm oder gar ganzes Volk — aus an, so bekommen sie ein anderes Aussehen und erscheinen weit weniger als ein Spielball des blinden Zufalls. Selbst vieles, was einem sonst bitter „ungerecht" zu sein schien, wirkt dann versöhnend und sinnvoll. Einem Ingenieur sollte dies um so eher einleuchten, als ihm seine berufliche Tätigkeit immer wieder zeigt, daß er nur in Gemeinschaft mit anderen Großes vollbringen kann.

Der Umstand, daß ein Ingenieur auf wissenschaftlichem Gebiete nicht dasselbe leisten und wissen kann wie in seinem Berufe, besagt natürlich nicht, er brauche sich nur um letzteren zu kümmern. Vielmehr sollte er mit allen Mitteln versuchen, sich ein möglichst umfassendes Wissen auf anderen Gebieten anzueignen, so wie es anderen Berufen nur nützen kann, wenn sie auch von technischen Dingen etwas verstehen, weil sie die Technik dann gerechter beurteilen und ihre eigene Tätigkeit fruchtbarer und vielseitiger gestalten können. Ein Zeichen von Dünkel ist es, wenn ein Angehöriger eines bestimmten Berufes bei Äußerungen von Vertretern anderer Berufe über sein Arbeitsgebiet nicht in erster Linie darauf achtet, ob sie das, worauf es ankommt, richtig erkennen, sondern auf kleinen Unstimmigkeiten oder unvollkommenen Formulierungen herumreitet, die auf die Sache ohne Einfluß sind.

g) Technik und Zukunft. Wer sich mit seinem Volk verbunden fühlt, kann die Technik ebenso wenig ablehnen, wie er nicht imstande ist, die Geschehnisse der letzten 150 Jahre rückgängig zu machen. Er muß sich vielmehr mit den Tatsachen abfinden und aus ihnen lernen. Nicht auf das Bejammern der durch die Maschine ausgelösten Entwicklung kommt es an, sondern darauf, sie in eine gesündere Richtung zu drängen und die Folgen der Maschine den seelischen Bedürfnissen der Menschen anzupassen, was auch bei geschicktem Vorgehen nur allmählich gelingen kann. Der bekannte Schilderer der spät- und nachviktorianischen englischen Gesellschaft JOHN GALSWORTHY meint, Menschen seien gar nicht imstande, ihre eigenen Erfindungen zu kontrollieren, sondern könnten bestenfalls eine Anpassungsfähigkeit an die neuen Bedingungen schaffen, die diese Erfindungen schufen. Manche Ablehnung der Maschine durch Gebildete rührt wohl mit von einer Art Ressentiment her, das sich auch bei sonst klugen Menschen findet und über das wir bereits auf S. 29 gesprochen haben. SPENGLER sagt hierzu, „man begeistert sich an den verlegenen Schilderungen antiken Großstadtlebens ..., aber demselben Stück Wirklichkeit in heutigen Weltstädten geht man klagend und naserümpfend aus dem Wege. Man würde eine Dampfmaschine als Symbol menschlicher Leidenschaft und Ausdruck vitaler Energie erst dann gelten lassen, wenn Heron von Alexandrien sie erfunden hätte". Infolge dieser Einstellung interessiert der moderne Ingenieur, der zwar kein Perpetuum mobile, keinen Stein der Weisen und keinen Homunculus zu schaffen versucht, aber mit leidenschaftlicher Hingabe riesige Wüsteneien in einen Gottesgarten verwandelt und die Weite der Ozeane für Auge und Ohr auf die Bedeutung von Ententümpeln herabgedrückt hat, viele Gebildete noch immer weniger als mittelalterliche Alchimisten. Diese klugen Leute merken dabei gar nicht, daß er seinen Vorgängern an Wissen um grundlegendste ideelle Dinge turmhoch überlegen ist, weil er im Gegensatz zu den mittelalterlichen Adepten begriffen hat, daß den Menschen nur das nützen kann, was sie sich selber erkämpfen, und daß ihr Heil allein in der Zucht des Geistes und dem Erkennen der Natur und der dem Menschen gesetzten Grenzen liegt.

Da gegen Unsachlichkeit und Überheblichkeit der Hieb die beste Parade ist, sollten Ingenieure eine solche negative Einstellung zur Gegenwart als das kennzeichnen, was sie ist, als das Lamentieren Hilfloser, die es für eine Tat halten, wenn sie hinter dem vorwärtsstürmenden Wagen der Technik her schimpfen, die die Errungenschaften der Technik zwar bereitwillig benutzen, sich jedoch nach einem imaginären Hellas sehnen, aber natürlich als die Herren und nicht als die Sklaven, ohne die die griechische Kultur ebenso wenig möglich gewesen wäre wie die unsrige ohne Technik und Maschinen.

Der Einsatz der Technik wird sich ohne Zusammenarbeit der großen Industrievölker vielleicht nie zu einem Optimum gestalten lassen, nur werden wir gut daran tun, auf das baldige Zustandekommen einer solchen Verständigung keine großen Hoffnungen zu setzen, sondern im eigenen Lande nach dem Rechten zu sehen und sich im Bewußtsein, daß zur Zeit nicht mehr zu erzielen ist, möglichst stark und von fremdem gutem Willen unabhängig zu machen.

Die Welt steht vor ungeheuren Aufgaben, wenn sie aus dem Zustand, in den sie Inkompetenz, Scheelsucht, Egoismus und gedankenloses Beibehalten veralteter Methoden gebracht hat, herauskommen will. Deutschland sieht sich besonders großen und drängenden Problemen gegenübergestellt, die sowohl eine Lenkung der Menschen, an denen großer Mangel herrscht, als der Mittel erfordern. Der nun schon mehrere Jahre angestaute Bedarf an Produktionsgütern und an Stoffen für die Bauwirtschaft, die lange Zeit hindurch nur unzulänglich ausgeführten Reparaturarbeiten, der fehlende Schiffsraum, die abgenutzten Transportmittel zwingen zu größter Rationalisierung der menschlichen Arbeitskraft in allen Berufen, besonders in der aufgeblähten Verwaltung. Aber selbst dann wird eine Lücke bleiben, die nur verstärkter Einsatz der Maschine überbrücken kann.

Für die Lösung dieser vielfältigen und weitreichenden Aufgaben ist die Mitarbeit der Ingenieure schon wegen der Sachlichkeit ihres Denkens, der gründlichen Systematik ihrer Untersuchungsmethoden und ihrer Eigentümlichkeit, nach dem Vollkommenen zu streben und sich mit dem Erreichbaren abfinden zu können, unentbehrlich. An ihre Hingabe und Zielstrebigkeit werden nicht weniger große Anforderungen gestellt werden als an ihr Verständnis für Fragen von allgemeinem Interesse. Vor allem aber wird die Technik nur dann ihre Aufgabe erfüllen und den ihr zustehenden Rang im öffentlichen Leben einnehmen können, wenn sie nicht mehr ähnlich handelt, wie ein auf dem Wege zur Großmachtstellung begriffener Staat handeln würde, wenn er zwar eine vorzügliche Innenpolitik betriebe, aber auf eine eigene Außenpolitik verzichtete und sich darauf verließe, daß sie ein anderer Staat für ihn treuhänderisch besorgt.

h) Technik und Volk. Jedes Individuum, jede Gemeinschaft, jeder Stand und Staat müssen ihr Verhalten und ihre Arbeit zunächst so einrichten, daß sie leben können. Erst wenn eine gewisse Existenzgrundlage geschaffen ist, können sie sich Aufgaben widmen, deren Lösung zwar erwünscht, zum Befriedigen der unmittelbaren Lebensbedürfnisse aber nicht unbedingt notwendig ist. Je mehr sich ihr Wohlstand hebt, um so mehr kann sich ihre Tätigkeit von den dringendsten Bedürfnissen des Alltages frei machen. In dem Zwischenstadium zwischen diesem erstrebenswerten fortgeschrittenen Zustand und dem Beginnen mit kargen Mitteln sind Schwierigkeiten unvermeidlich. Da die Technik sich noch in ihm befindet, ergeben sich Spannungen, für die weniger die Technik als das überschnelle Wachstum, das ihr Durchgangsalter verrät, weniger böser Wille als Mangel an Erfahrung schuld ist.

Jede kleine und einfache Organisationsform kann nur dann gedeihen, wenn es der höheren Organisationsform, von der sie einen Teil bildet, gut geht. Sie muß daher ihre Arbeit und ihr Verhalten nach der letzteren ausrichten. Ähnliches gilt für parallel arbeitende Organisationen, die sich entweder aufeinander einstellen oder von einer ihnen übergeordneten Form gesteuert werden müssen. Bleibt eine von ihnen zurück oder wird sie von einer anderen zu sehr überschattet, so leidet das Ganze. Ein Beispiel hierfür war das lange Zeit bestehende Übergewicht der Industrie über die Landwirtschaft. Aber auch innerhalb derselben Organisationsform muß Ausgeglichenheit herrschen, wenn sie blühen soll. So wie in einem industriellen Unternehmen zwischen Kaufleuten, Ingenieuren, Arbeitern und den in der Verwaltung tätigen Angestellten ein vernünftiges Gleichgewicht bestehen muß, so müssen in einem Staate Industrie, Landwirtschaft, Militär und die übrigen Stände richtig aufeinander abgestimmt sein. Damit aber die Ingenieure hierzu das ihrige beizutragen vermögen, müssen sie diese Zusammenhänge kennen und für sie Verständnis haben. Gemeinsames Ziel und Streben aller muß stets das Gemeinwohl und kein Sonderinteresse sein.

Ingenieure sind in hohem Maße auf die Gemeinschaftsarbeit mit anderen Menschen der verschiedenartigsten Bildung, sozialen Stellung, Lebensanschauung, Bedürfnisse und Tätigkeit (Kopf- und Handarbeiter) angewiesen. Auch hieraus ergibt sich wieder für sie die Notwendigkeit eines über ihr engeres Arbeitsgebiet hinausgehenden Wissens und einer starken Anteilnahme an öffentlichen Angelegenheiten.

Ingenieure arbeiten überwiegend mit fremdem Gelde. Sie müssen daher nicht nur etwas technisch Hochwertiges und preislich Konkurrenzfähiges schaffen können, sondern aus dem ihnen anvertrauten Kapitel einen bestimmten Nutzen herauswirtschaften. Ein wesentliches Moment für die Ingenieurtätigkeit sind also Preiswürdigkeit und Nutzen. Aber auch in einem völlig unkapitalistischen Staate müßte wirtschaftliches Umgehen mit Gut und Arbeit eines der obersten Gesetze jeder Technik sein, da sich aus den zahllosen möglichen technischen Lösungen fast stets nur auf diese Weise diejenigen herausfinden lassen, die allein wertvoll sind. Der Umstand, daß für einen Versuch oft Hunderttausende ausgegeben werden, hat oberflächliche Ingenieure zu der leider auch sonst nicht selten anzutreffenden Meinung geführt: „Geld spielt gar keine Rolle." Hätte die deutsche Technik diese Auffassung, die außer in Zeiten nationaler Not überall unweigerlich zu Schlendrian, Mißwirtschaft und Rückschritt führen muß, nicht stets energisch abgelehnt, so hätte sie niemals gelernt, die Rohstoffe (Kohlen, Erze und Mineralien, pflanzliche und tierische Produkte) ebenso wie die bei der Fabrikation entstehenden, früher als wertlos angesehenen Abfallprodukte (Thomasschlacke, heizwertarme Gase, durch Öl und andere Stoffe verunreinigte Abwässer, metallischen oder mineralischen Staub enthaltende Abluft oder Abgase, Sink- und Faulstoffe aus industriellen Abwässern, Sulfitlauge usw.) bis zum äußersten auszunutzen und eine in dieser Beziehung wohl von keinem anderen Industrievolke erzielte „Wirtschaftlichkeit der Materie" zu erreichen, die wegen unserer beschränkten Rohstoffquellen von geradezu ausschlaggebender Bedeutung ist. In diesem Sinne könnte man von der Technik dasselbe sagen, was namhafte Gelehrte von der Wissenschaft gesagt haben, daß ihre einzige Daseinsberechtigung ihr sozialer Nutzen ist, wobei sozialer Nutzen soviel bedeuten würde als sparsames Umgehen mit den beschränkten verfügbaren Mitteln zum Wohle der Allgemeinheit.

Mindestens in leitenden Posten werden von Ingenieuren neben technischem Wissen kaufmännische und juristische Fähigkeiten verlangt, die sich die betreffenden meist neben ihrem Berufe her aneignen müssen, was in einem zweckmäßig aufgezogenen und geleiteten industriellen Unternehmen im Laufe der Zeit auch durchaus möglich ist. Was technische Rechtsfragen betrifft, liegen die Verhältnisse häufig so, daß auch ein Fachjurist sein Urteil von so vielen Wenn und Aber abhängig macht und so sehr auf eine zutreffende Schilderung des technischen Sachverhaltes durch den Ingenieur angewiesen ist, daß es alles in allem oft besser und manchmal schon aus Mangel an Zeil das einzig mögliche ist, daß der Ingenieur wenigstens in kleineren Angelegenheiten auch in juristischen Fragen eine selbständige Entscheidung trifft.

Vom technischen und wirtschaftlichen Erfolg der Ingenieurarbeit hängt das Wohlergehen vieler Tausende ab, die der Ingenieur persönlich überhaupt nicht kennt. Versagt der Ingenieurstand, so kann ein ganzes Volk darunter leiden müssen. Die Tätigkeit der Ingenieure hat größere soziale, handels- und machtpolitische Probleme aufgeworfen als diejenige irgendeines anderen Standes. Da sie über Reichtum, Macht und Ansehen einzelner Individuen und ganzer Völker entscheidet, mußte sie auch stärkere Reaktionen auslösen. Von welcher Seite aus man also Technik und Ingenieure betrachten mag, überall zeigt sich ihre Verbundenheit mit der Allgemeinheit. Ein Ingenieur muß daher die großen, im Sinne des Guten wie des Bösen in der Technik schlummernden Möglichkeiten und die Auswirkungen der Technik auf das Leben der Allgemeinheit wenigstens in großen Zügen kennen. Er allein wird zwar auch dann den Mißbrauch der Technik nicht verhindern, ohne diese Kenntnis sie aber auch nie in dem Sinne einsetzen können, der sie allein zu einer Angelegenheit des öffentlichen Wohles macht.

3. Homo sapiens.

Mit drei Dingen haben Ingenieure dauernd zu tun: Mit Baustoffen, Herstellungsverfahren und Menschen, mit den letzteren als Käufer, Betreiber und Nutznießer von Maschinen einerseits, als Mitwirkende bei allem, was mit ihrer Herstellung und ihrem Vertrieb zusammenhängt, andererseits. Kenntnis der Menschen ist daher für sie nicht weniger wichtig als Kenntnis der Baustoffe und Verfahren; ohne Menschenkenntnis werden sie weder vollen beruflichen Erfolg haben, noch die großen Zusammenhänge zwischen Technik und öffentlichem Leben richtig verstehen; mit Menschenkenntnis erzielen sie größere sachliche Leistungen, ersparen sich manchen Ärger und erreichen vieles freiwillig und freudig, was ein anderer nur mit Zwang fertigbringt.

Im folgenden sollen einige mehr seelisch als intellektuell bedingte Eigenheiten erörtert werden, die sich auch bei tüchtigen und kenntnisreichen Menschen finden. Sie können, wenn sie ein gewisses Maß überschreiten, für die, die sie haben, ebenso schädlich wie für denjenigen,

der mit ihnen in nähere Berührung kommt, lästig werden. Verfehlt
wäre es, sich über sie besonders zu erregen, weil fast niemand ganz
frei von ihnen ist.

Das Leben lehrt immer wieder, daß selbst wertvolle Charaktereigenschaften, falls sie übertrieben oder mit gewissen anderen Eigenschaften gemischt sind, die ihre negative Seite voll hervortreten lassen,
für den Betreffenden zu einer Schwäche und für seine Umgebung zu
einer Qual werden können. Großes Selbstbewußtsein und Eitelkeit,
große Korrektheit und Selbstgerechtigkeit, viel Tatkraft und Rück-

Abb. 3. Beispiel einer mustergültigen Kanalisierung[1]. (Der kanalisierte Main bei Dorfprozelten.)
Schöner Uferwuchs, keine Verunstaltung der Landschaft.

sichtslosigkeit, großer Wagemut und Mangel an Überlegung, übertriebene Sachlichkeit und Pedantrie, tiefgründige Gelehrsamkeit und
Weltfremdheit, großes Spezialwissen und Einseitigkeit, starke Phantasie
und Flüchtigkeit, ausgeprägter Individualismus und Rechthaberei, Hang
zum Grenzenlosen und Mangel an gesundem Menschenverstand sind
nahe miteinander verwandt.

Eine unglückliche Mischung solcher Eigenschaften oder ihre stark
einseitige Entwicklung gibt die Besserwisser, die Kleinigkeitskrämer,
die Ressentiment-Menschen, die Nörgler, die Rechthaber, die Doktrinäre,
die Jäger nach Phantomen und jene ideologisch Verrannten, die in der
Technik wie in der Politik, im privaten wie im öffentlichen Leben viel
Unheil anrichten, weil sie einem bestimmten Probleme oder einem bestimmten Teil eines solchen ein ungebührliche, bis zum völligen Über-

---

[1] Aus Deutsche Wasserwirtschaft.

sehen aller anderen wichtigen Dinge gehende Bedeutung beimessen und infolgedessen zu verhängnisvollen Schlüssen gelangen. Da bei ihnen manchmal weniger das einzelne Argument als die Gesamtbeurteilung einer Lage falsch ist und sie eine einmal gefaßte falsche Meinung oft mit erstaunlichem Geschick verteidigen, kann ein näherer Umgang mit ihnen zur Tortur werden.

Wer eine starke Vorliebe für Ordnung und Gründlichkeit hat, neigt oft zu übertriebenem Organisieren. Wenngleich gute Organisation der halbe Erfolg ist, so schadet auch hier ein Übermaß, weil durch das

Abb. 4. Beispiel einer schematischen Kanalisierung[1]. Die allzu gerade Linienführung ist unschön und kann Schäden hervorrufen.

Aufbauen umständlicher Organisationen oft mehr Zeit verlorengeht als bei geschicktem Improvisieren. Mit einem aus ein paar Balken behelfsmäßig zusammengenagelten Gerüst lassen sich z. B. auch größere Montagearbeiten oft schneller und billiger ausführen, als wenn erst umständlich hochwertige Montagekräne aufgestellt werden. In zahllosen bedeutungsvolleren Fällen verhält es sich nicht viel anders. Auch der Aufwand an Formularen, Fragebogen, Rundfragen, Anweisungen und dergleichen mancher privaten und amtlichen Organisationen steht in keinem Verhältnis zu dem mageren Ergebnis. Hat aber unnützes Organisieren erst einmal Wurzel gefaßt, so hält es sich bald für die Hauptsache und breitet sich wie ein Ölfleck aus.

Wer alles in eine Theorie zu kleiden versucht, verliert leicht den Blick für die Wirklichkeit und wird doktrinär, wer alles zu ernst nimmt,

---

[1] Schweizerische Luftverkehrs A.-G.

regt sich schließlich über die gleichgültigsten Dinge auf und hält alles für grundsätzlich falsch, was nicht genau so ausgeführt wird, wie er es gewohnt ist. Er vergißt, daß ein Scherzwort eine etwas verfahrene Sache meist schneller wieder in Ordnung bringt als pathetische Rethorik. Zu allen Zeiten und auf allen Gebieten hat der Eifer zelotischer Jünger der Sache ihres Meisters mehr geschadet als genutzt, ob es sich nun wie bei GIACOMO SAVONAROLA um religiös-soziale oder wie bei FRANZ ANTON MESMER (1734—1815) um medizinische Dinge handelte. Auch in der Technik richtet Zelotentum manchen Schaden an; daß er nicht so groß ist wie auf anderen Gebieten, rührt mit davon her, daß die einzelnen Perioden in der Technik rascher ablaufen und daher die Ursache von Fehlern viel leichter und schneller sichtbar wird. Schließlich lassen sich manche Ingenieure und Wissenschaftler in Überschätzung ihrer vielleicht bedeutenden Forschungen zu dem Trugschluß verleiten, sie hätten die Ursache einer Erscheinung gefunden, während sie tatsächlich nur eine der Ursachen gefunden haben.

Die Technik zeigt im kleinen wie die Weltgeschichte im großen, daß eine neue Idee um so leidenschaftlicher und mit um so fragwürdigeren Mitteln bekämpft wird, je umwälzender und größer sie ist, selbst wenn sie sich schließlich gerade für diejenigen als segensreich erweist, die sie am meisten befehdet haben. Auch in der Technik muß man zwischen einer Idee (bzw. Erfindung) und den Personen unterscheiden, von denen sie stammt oder die sie vorwärtstreiben, und sollte daher nicht die Idee angreifen und schlechtmachen, weil ihre Urheber oder Anhänger charakterlich nicht einwandfrei oder einem unsympathisch sind. Gegen diese Forderung sündigen aber viele Menschen innerhalb und außerhalb ihres Berufes unablässig, obgleich sie bei einiger Aufmerksamkeit merken könnten, daß eine gute Idee noch lange segensreich weiterwirkt, wenn ihre ihrer Größe nicht gewachsenen Anhänger längst von der Bildfläche verschwunden sind. Mit Bezug auf neue Gedanken sind die meisten Menschen leidenschaftliche Anhänger des Status quo. Sie lieben körperlich und geistig die Ruhe mehr als die Bewegung; das Geführtwerden mehr als das Führen; das Altvertraute mehr als das Neue; die geruhsame Betrachtung und das Bereden einer Sache mehr als energisches Handeln; das Geborgensein mehr als den Kampf mit dem Ungewissen, Werdenden. Selbst dem Tüchtigen fällt es zuweilen schwer, sich zu etwas aufzuraffen, was er nicht gewohnt ist und was aus dem Gleichmaß seines Lebens herausfällt. Innere Ausgeglichenheit ist aber für den Erfolg eines Ingenieurs nicht weniger wichtig als Anpassungsvermögen an neue Erscheinungen und Tatsachen und als geistige Wendigkeit. „Entweder-Oder-Menschen" mögen zunächst bestechen, in der Technik kommen aber, von genialen Ausnahmen abgesehen, die „Sowohl-Als-auch-Menschen", auf lange Sicht betrachtet, weiter, denn gerade im ruhigen Abwägen der Vor- und Nachteile einer Sache, im leidenschaftslosen Auswählen des Brauchbaren, auch wenn es einem gefühlsmäßig vielleicht nicht zusagt, besteht ja die Kunst der Ingenieure. Deshalb sollten wir auch die Berechtigung unserer Ansichten und Empfindungen von Zeit zu Zeit ebenso kontrollieren wie die Handlungen von Menschen, die uns unterstellt und für die wir mit verantwortlich sind. Ein gewisses Maß von Kontrolle und Kritisiertwerden ist für die allermeisten Menschen segensreich. Wenngleich man für eine zutreffende Kritik seiner Mängel und Fehler dankbar sein sollte und daher gut daran tut, gegen Kritik lieber etwas zu unempfindlich als zu empfindlich zu sein, so gibt es doch Fälle, wo sie nicht gegen den spricht, auf den sie gemünzt ist, sondern gegen den, von dem sie stammt. Der Lieferer und Hersteller von Maschinen wird auch eine unberechtigte Kritik oft stillschweigend einstecken und zu den „geistigen" Spesen rechnen, die im Interesse des Geschäftes nun einmal getragen werden müssen.

Eitelkeit und Selbstvergötterung sind gefährliche Narkotika, weil sie den Blick trüben und die Tatkraft lähmen; viele Söhne scheiterten im Leben nur infolge der an sie verschwendeten Affenliebe ihrer Eltern. Im übrigen ist der Mensch ein Gewohnheitstier, das zwar sehr am Gewohnten hängt, sich aber mit Geduld und Ausdauer auch an etwas anderes gewöhnen läßt.

In der Technik ergeben sich ähnlich wie in der Politik immer wieder Lagen, die selbst ein die Materie beherrschender Mensch wohl logisch beurteilen, deren Ausgang er aber schließlich auch nicht sicherer voraussagen kann als ein Ignorant. Da dieser lediglich infolge der Gesetze der Wahrscheinlichkeitsrechnung gelegentlich „Recht behält", der kluge Mensch manchmal nicht, halten sich ausgemachte Nichtswisser für berechtigt, in Dingen mitzureden, von denen die überhaupt nichts verstehen und sind noch beleidigt, wenn sie die passende Antwort erhalten. Oft ahnen sie ihre geistige Inferiorität nicht einmal und sind dann besonders unsympathisch.

Die Denkweise der meisten Menschen ist zu spezialistisch eingestellt, d. h. sie sehen in allen Erscheinungen nur isolierte Einzelfälle, aber nicht den inneren Zusammenhang oder das gemeinsame System, in das sie bei Entkleidung von Nebensächlichem oder Zufälligem passen. In den folgenden Abschnitten wird daher wiederholt gezeigt, welche Analogien oft zwischen Dingen bestehen, die scheinbar nichts miteinander zu tun haben und auf ganz verschiedenen Gebieten liegen. Auch dieserhalb sollten wir den Dingen auf den Grund gehen, weil uns dann aus allen möglichen Gebieten und bei den verschiedensten Anlässen Anregungen zuströmen, die andere nicht erhalten und wir dadurch vieles uns sonst verborgen Bleibende begreifen und voraussehen können.

Man kann die Menschen in vorwiegend statisch und vorwiegend dynamisch Veranlagte einteilen. Statisch veranlagte Menschen eignen sich in der Technik mehr für Forschen und Berechnen als für Konstruieren und Betreiben von Maschinen. Dynamisch Veranlagte sind mehr Freunde der Selbsthilfe als von Vorschriften und Reglementierungen, sie verlassen sich lieber auf sich selber als auf die Zusammenarbeit mit anderen, sie marschieren lieber allein als in geschlossenen Verbänden.

Eine zusammenfassende Betrachtung der eben erörterten etwas negativen Eigenschaften zeigt, daß sie überwiegend von einem Mangel an Takt, gutem Geschmack und Gefühl für Proportionen, d. h. davon herrühren, daß die Betreffenden etwas nicht besitzen, was Ingenieure auch sonst besonders notwendig brauchen. So wie ein Ingenieur ohne guten Geschmack und Gefühl für technische Proportionen keine harmonische, d. h. hochwertige Maschine bauen kann, so ist ohne dieselben Eigenschaften in menschlicher Beziehung ein harmonischer Mensch nicht denkbar. Wir sollten uns daher bemühen, Mängel in dieser Beziehung auszugleichen, denn wer nicht selber eine einigermaßen harmonische Persönlichkeit ist, kann auch keine Harmonie um sich verbreiten und das, was er schafft, nicht mit dem erfüllen, was ihm erst Rang und Dauer zu verleihen vermag.

III. Die Eigenart des Ingenieurberufes.

FRIEDRICH WILHELM HARKORT
(1793—1880)[2].

Weitblickender Industriebegründer und Förderer von Industrie, Verkehr, Bildungswesen. Selbstloser, volksverbundener Mann.

a) Grundlagen der Ingenieurtätigkeit. In früheren Jahrhunderten bezeichnete man mit Ingenieuren hauptsächlich Menschen, die die Kriegsbaukunst ausüben und Kriegsgeräte herstellen und bedienen, Titelbild. In diesem Sinne wird das Wort in Deutschland seit dem 17. Jahrhundert benutzt[1]. Um 1750 entstand in Italien, Frankreich und England der Begriff des Zivilingenieurs. Der Gebrauch des Wortes Ingenieur für die Tätigkeit, die man sich heute darunter vorstellt, ist in Deutschland erst etwa 100 Jahre alt. In diesem Buche wird der Begriff Ingenieur auf Hochbauer, Tiefbauer und Berg- und Hüttenleute ausgedehnt. Vieles von dem, was es zu sagen hat, gilt aber auch für industriell tätige Chemiker. Da, wo nur Ingenieure im engeren Sinne gemeint sind, geht es aus dem Zusammenhang hervor.

Aufgabe der Ingenieure ist es, mit den Mitteln der Technik durch Verbessern und Verbilligen vorhandener und Erfinden neuer Maschinen, sowie durch zahlreiche hiermit zusammenhängende Maßnahmen die Bedürfnisse des einzelnen und eines ganzen Volkes zu decken. Ingenieure haben wohl von allen Ständen mittelbar und unmittelbar am meisten zum Verbilligen der Gebrauchs- und Verbrauchsgüter beigetragen, deren ununterbrochene Preissenkung vor allem die letzten 50 Jahre kennzeichnet und in diesem Ausmaße etwas Neues in der Weltgeschichte ist. Der Abnahme der Herstellungskosten des Endproduktes und seiner Zunahme an Güte bzw. Leistung müssen sich als den primären Forde-

---

[1] SCHIMANK, H.: Das Wort Ingenieur. Z. VDI 1939 S. 325—331.
[2] Aus dem „Corpus Imaginum" der Photographischen Gesellschaft, Berlin.

rungen fast alle Maßnahmen der Ingenieure unterordnen. Tun sie dies nicht, so ist ihre Arbeit meist verfehlt, so klug und gründlich sie im einzelnen sein möge. Bald ist niedrigerer Preis, bald bessere Qualität die wichtigere Forderung und nicht selten wird das billigste bzw. preiswerteste Endprodukt nicht mit den billigsten oder den hochwertigsten Maschinen erzielt.

An der Herstellung derselben Maschine arbeiten gleichzeitig und unabhängig voneinander zahlreiche Ingenieure und Firmen in einem oft erbitterten Wettbewerb. So wie im Kampf ums Dasein sich unter Pflanzen, Tieren und Menschen die lebenstüchtigsten, stärksten am besten durchsetzen und auf die Dauer allein erhalten bleiben, so unterliegen auch die Maschinen einem unablässigen Sichtungsprozeß, der die weniger brauchbaren zugunsten der besseren ausscheidet und allmählich verschwinden läßt. Dieser Prozeß mag sich im einen oder anderen Falle durch Geld oder Propaganda verzögern lassen, vermeiden läßt er sich nicht. Vor allem jungen Menschen, die mit einem Kopf voller Ideale ins Leben treten, mögen diese Tatsachen hart erscheinen, sie sind aber ein unerbittliches Gesetz.

Schon hieraus erhellt, daß Ingenieure, um sich in- und außerhalb ihres Berufes behaupten zu können, mit gründlichem fachlichem Wissen allein nicht auskommen, sondern Eigenschaften brauchen, die zusammen mit ihrem Fachwissen das ausmachen, was man Lebenstüchtigkeit nennt. Sie hängt von sehr vielen Umständen ab, und der Besitzer eines gewaltigen Bizeps ist für den Lebenskampf oft weit weniger tüchtig als ein mit erheblichen körperlichen Gebrechen behafteter, aber kenntnisreicher und willensstarker Mann. Immer aber muß sich ein Ingenieur, der mit sauberen Mitteln nach oben kommen und oben bleiben will, rühren und sein Wissen um Menschen und Maschinen dauernd neuen Erkenntnissen und Tatsachen anpassen.

Der Aufgabenkreis von Ingenieuren ist, worauf schon in Kapitel I und II hingewiesen worden ist, ein außerordentlich weiter, erstreckt er sich doch auf die Versorgung mit Kraft, Licht und Wärme ebenso wie auf Bekleidung und Ernährung; auf das friedliche Leben eines Volkes ebenso wie auf seinen Schutz vor Feinden; auf geistige Dinge ebenso wie auf materielle. Er berührt den Menschen vor seiner Geburt und über seinen Tod hinaus, es gibt wohl kein Gebiet, das er nicht mittelbar oder unmittelbar umfaßte. Die Ingenieure spielen außerdem wieder eine überaus wichtige Rolle auf dem Gebiete, von dem ihr Name stammt, im Kriegswesen.

Man übertreibt daher nicht, wenn man den Ingenieurberuf als einen der umfassendsten aller Berufe ansieht, und darf, wie wir bereits gesehen haben und wie in den beiden folgenden Kapiteln noch im einzelnen gezeigt wird, mit gutem Grunde behaupten, daß die Technik seit etwa 100 Jahren sich als ein Geschichte machender Faktor allerersten Ranges erwiesen hat. Die Dinge liegen in der Tat so, daß bei Beginn der französischen Revolution (1789), die vielen Menschen über ein Jahrhundert lang als eine außerordentliche Tat erschienen ist, bereits etwas existierte, dessen ungeheure, die ganze Welt erfassende revolutionäre Wirkung sich erst unserer Zeit ganz offenbart: Die Dampfmaschine. Während aber die französische Revolution im Jahre 1793 oder, wenn man reichlich rechnen will, im Jahre 1814 abgeschlossen war, befinden wir uns auf einem Gipfel der durch die Maschine verursachten Revolution, die seit rund $1^1/_2$ Jahrhunderten die ganze Welt in Atem hält.

Aber auch dadurch zeichnet sich der Ingenieurberuf aus, daß ihn Männer der verschiedensten Veranlagung und Lebensauffassung voll Befriedigung und mit größtem Erfolge ausüben können. LEONARDO DA VINCI, einer der berühmtesten Maler aller Zeiten, war als Ingenieur nicht weniger hervorragend; GEORGE STEPHENSON, der Erfinder der Dampflokomotive, war ein leidenschaftlicher Liebhaber von Pflanzen und Tieren; JAMES MASMYTH, der Erfinder des Dampfhammers, ein Mann mit großen wissenschaftlichen Interessen; WERNER VON SIEMENS, der Schöpfer der Elektroindustrie, ein ebenso leuchtender Stern am Himmel der Wissenschaft wie CARL VON LINDE, der die Kälteindustrie geschaffen hat. Empfindsame Schriftsteller, wie HEINRICH SEIDEL oder MAX EYTH, und tiefreligiöse Männer, wie MORSE, MARCONI, GOTTLIEB DAIMLER oder WILHELM SCHMIDT, der die Heiß- und Hochdruckdampftechnik schuf, stehen neben kühlen unsentimentalen Erfindern und Forschern, wie HUGO JUNKERS, und manchen in ihrem ungestümen Tatendrang beinahe brutal wirkenden Schöpfern großer Industrien. Aber auch in sich selbst weisen viele bedeutende Ingenieure große, miteinander anscheinend unvereinbare Gegensätze auf. Z. B. war der hervorragende Elektrotechniker KARL STEINMETZ, soweit es sich um elektrotechnische Fragen handelte, ein scharfsinniger Denker, aber mit den wirtschaftlichen Bedürfnissen, die die meisten großen Erfindungen ins Leben rufen, völlig unvertraut[1], während HUGO JUNKERS eine fast seherische Gabe für technische Entwicklungen neben einem erstaunlichen Mangel an Menschenkenntnis hatte[2].

Wie vielseitig, groß und beglückend muß aber ein Beruf sein, der so verschieden gearteten Männern Befriedigung bieten und sie zu ihren Taten begeistern konnte!

Die Ingenieurtätigkeit läßt sich ganz roh etwa in folgende Kategorien unterteilen:

---

[1] LEONARD, N. L.: Das Leben des Karl Proteus Steinmetz. Berlin und Leipzig 1930.

[2] BLUNK, R.: Hugo Junkers. Der Mann und das Werk. Berlin 1940.

1. Beschaffen und Veredeln der erforderlichen Rohstoffe.

2. Befriedigung des unmittelbaren, oft durch plötzlich eintretenden Notstand sich ergebenden Bedarfes an Maschinen und technischen Bauwerken.

3. Erkennen von neuen Bedürfnissen.

4. Entwickeln entsprechender Maschinen bis zum marktfähigen Zustand und Verbessern vorhandener Maschinen.

5. Herstellen der Maschinen und der hierzu benötigten Werkzeuge und Vorrichtungen.

6. Erledigung der einschlägigen verwaltungstechnischen und organisatorischen Aufgaben von der Gewinnung der Rohstoffe bis zum Verkauf der fertigen Maschinen.

7. Verkauf der Erzeugnisse.

8. Betrieb und Instandhaltung der Maschinen in den Maschinen erzeugenden und gebrauchenden Industrien.

9. Beschaffen des erforderlichen wissenschaftlich-technischen Rüstzeuges und Erziehung des technischen Nachwuchses.

10. Erledigung technischer Aufgaben der Gemeinden, Behörden und des Staates.

In der Maschinenindustrie kann man etwa unterscheiden zwischen Berechnungs-, Konstruktions-, Fabrikations-, Versuchsfeld-, Betriebs-, Verkaufs-, Werbe- und Verwaltungsingenieuren. Hinzu kommen in anderen Industrien und Betrieben, insbesondere bei der Wehrmacht, zahlreiche Ingenieurgruppen, deren Bedeutung nicht geringer und deren Betätigung nicht weniger vielfältig ist.

Die Ingenieure kann man aber auch einteilen in solche,

die mehr die Tätigkeit eines Beamten oder mehr die eines schaffenden Künstlers oder eines Geschäftsmannes ausüben,

die vorwiegend Neues schaffen oder vorwiegend Bekanntes verbessern,

die vorwiegend wissenschaftlich bzw. konstruktiv oder vorwiegend in der Fertigung bzw. beim Betreiben von Maschinen tätig sind,

die vorwiegend eigentliche Ingenieuraufgaben (Konstruieren und Fabrizieren) oder vorwiegend verwaltungstechnisch-kaufmännische Aufgaben erledigen,

die vorwiegend mit Personen innerhalb oder vorwiegend mit Personen außerhalb des eigenen Unternehmens zu tun haben.

Je nach der Art ihrer Beschäftigung werden an Wissen, Können und Veranlagung von Ingenieuren außerordentlich verschiedene Anforderungen gestellt. Den Ingenieurberuf können daher die verschiedenartigsten Menschen ergreifen, wenn sie nur Freude an technischen Dingen haben. Da aber selbst zum Erledigen einfacher Aufgaben die loyale Zusammenarbeit zahlreicher Ingenieure mit den verschiedensten

Fähigkeiten, Veranlagungen und Temperamenten nötig ist, sollte das Verständnis für kameradschaftliches Verhalten im Nachwuchs früh geweckt und schon die Jugend an einen ungezwungenen, hilfsbereiten Umgang mit anderen gewöhnt werden.

b) Bedeutung der Wissenschaft. Ohne die hochentwickelte Wissenschaft wäre, wie im Kapitel II gezeigt wurde, unsere hochentwickelte Technik undenkbar. Die gewaltige Förderung, die sie ihr verdankt, kennzeichnet der Engländer H. G. WELLS[1] mit den Worten: „In ihrer Einstellung zur Wissenschaft waren die Deutschen weiser als wir. Die Berufsgelehrten zeigten hier nicht denselben Haß gegen die neue Wissenschaft. Sie gestatteten ihre Entwicklung. Der deutsche Geschäftsmann und der deutsche Fabrikant wieder hegten gegen den Mann der Wissenschaft nicht dieselbe Verachtung wie ihre britischen Konkurrenten. Die Deutschen waren der Ansicht, daß das Wissen für jene, die es befruchtet, eine gute Ernte zeitigen könnte ... Die wissenschaftliche Arbeit Deutschlands in den sechziger und siebziger Jahren begann im nächsten Jahrzehnt Früchte zu tragen, und der Deutsche bekam langsam in der Technik und Industrie die Oberhand über Britannien und Frankreich." Jeder Ingenieur sollte daher die Wissenschaft stets zu fördern versuchen. Für ihn ist sie aber nur eines der Werkzeuge, das er bei seiner Arbeit braucht. Das Wesen des Ingenieurschaffens und die Rolle der Wissenschaft bei ihm können, wenn man statt „Kriegsführung" „Ingenieurschaffen" setzt, vorzüglich mit dem Satz der deutschen Heeresdienstvorschrift: „Die Kriegsführung ist eine Kunst, eine auf wissenschaftlicher Grundlage beruhende freie schöpferische Tätigkeit" gekennzeichnet werden, und auch der ihm folgende Satz: „An die Persönlichkeit stellt sie die höchsten Anforderungen", trifft auf die Ingenieurkunst zu. Der Umstand, daß den meisten Ingenieuren die Wissenschaft nur Mittel zum Zweck ist, ist mit daran schuld, daß manche Wissenschaftler von einer Profanierung der Wissenschaft durch die Technik sprechen, anstatt die Worte eines der hervorragendsten Wissenschaftler unserer Zeit, MAX PLANCK, zu beherzigen: „Ich bin mein Leben lang davon überzeugt gewesen, daß jede Theorie ihre Begründung und ihre Rechtfertigung nur in dem Maße findet, wie sie angewendet werden kann, sonst bleibt sie im besten Falle geistvolles Akademikertum und ohne sachliche Höhe."

In manchen Zweigen der Technik, wie z. B. in der Elektrotechnik, im Flugzeug- und Wärmekraftmaschinenbau spielen Wissenschaft und Theorie eine große Rolle, in anderen dienen sie mehr dazu, eine Maschine zu verfeinern und das letzte aus ihr herauszuholen oder die Ursachen von Erscheinungen zu ergründen, für die eine Erklärung zunächst fehlt. Schließlich können mit Hilfe der Wissenschaft oft einander scheinbar widersprechende Erfahrungen in ein logisches System eingereiht, dadurch

---

[1] WELLS, H. G.: Die Geschichte unserer Zeit. Berlin 1932.

ihres zufälligen Charakters entkleidet und für zukünftige Fälle erst ganz nutzbar gemacht werden.

Es gibt aber Erfindungen, die frei von aller Wissenschaft lediglich durch intuitives Gefühl für das Richtige und oft gegen den Widerstand der Theoretiker gemacht wurden, lange bevor die Wissenschaft in der Lage war, die ihnen zugrunde liegenden Erscheinungen zu erfassen. Auch hat wissenschaftliche Spekulation wiederholt zu Enttäuschungen geführt und dem Werk tüchtiger Praktiker Abbruch getan, besonders wenn stark theoretisch eingestellte Menschen der Versuchung unterlagen, nicht die Theorie den Tatsachen anzupassen, sondern den umgekehrten Weg zu beschreiten. Selbst angesehene Ingenieure stehen daher der Theorie manchmal etwas kühl gegenüber. Aber bei vielen Maschinen kommt die Zeit, wo das Ausbleiben oder die Ablehnung ihrer wissenschaftlichen Behandlung weitere Fortschritte verlangsamt oder verteuert, besonders wenn sie mit anderen Maschinen in Wettbewerb treten müssen oder wenn die in ihnen auftretenden oder die von ihnen ausgelösten Wirkungen so groß geworden sind, daß sie von den Baustoffen nicht mehr ohne weiteres aufgenommen werden[1]. DOLIVO-DOBROWOLSKY, der Schöpfer des Drehstrommotors, S. 90, sagt über den Gegensatz zwischen reinen Wissenschaftlern und reinen Empirikern, es hätten sich in den Entwicklungsjahren des Wechselstromes die Theoretiker, die alles kritisierten, aber · selbst nichts fertigbrachten, und die reinen Praktiker gegenübergestanden, die nur weniges auszubilden vermochten und nur „fortwurstelten".

Der Schritt von der betriebs- zur marktfähigen Konstruktion ist ohne Hilfe der Wissenschaft oft nur mit viel Kosten und Zeitverlust möglich. In einem Lande, wo das Geld knapp und das Interesse des breiten Publikums an der Technik nicht stark ist, ist man daher auf frühzeitige wissenschaftliche Behandlung mehr angewiesen, als z. B. in Amerika, das über große Mittel verfügt und wo die Öffentlichkeit am technischen Fortschritt lebhaften Anteil nimmt. Wenngleich also in der Technik schöpferisches Gestalten das Primäre ist, so sollte ein Ingenieur doch immer danach streben, Erscheinungen, die er beobachtet, und Erfahrungen, die er sammelt, wissenschaftlich zu verarbeiten und systematisch zu ordnen, im übrigen aber das Wort „wissenschaftlich", das heute für die nebensächlichsten Dinge mißbraucht wird (man spricht schon von wissenschaftlich betriebener Wanzenvertilgung, von wissenschaftlichem Tanzunterricht und von auf wissenschaftlicher Grundlage hergestellten Hühneraugenpflastern), aus Achtung vor der Wissenschaft recht sparsam benutzen.

Aber auch aus folgendem Grunde wird die Wissenschaft von Ingenieuren nicht immer richtig gewürdigt. Bei der Berechnung eines

---

[1] MÜNZINGER, F.: Dampfkraft. Berlin 1933.

technischen Vorganges oder einer Maschine handelt es sich um zwei Dinge: Um das richtige Aufstellen der Ansätze für die Berechnung und um deren richtige mathematische Durchführung. Das Aufstellen der Ansätze ist Sache des Ingenieurs, die Rechnung könnte oft ebensogut ein Mathematiker besorgen. Nur wenn die Ansätze die tatsächlichen Verhältnisse zutreffend wiedergeben, kann ihre mathematisch-theoretische Behandlung ein richtiges Ergebnis zeitigen. Aus Mangel an Erfahrung oder Einfühlvermögen wird aber oft von Ansätzen ausgegangen, die sich mit der Wirklichkeit nicht decken. Man kommt dann zu Resultaten, die trotz aller wissenschaftlichen Verbrämung irreführend sind und schweren Schaden anrichten können. Menschen, die diese Zusammenhänge nicht übersehen, machen in solchen Fällen fälschlicherweise der Wissenschaft einen Versager zum Vorwurf.

c) Bedeutung der Erfahrung. Das Wort „Probieren geht über Studieren" gilt auch für die moderne Technik. Nicht selten führt Probieren schneller und billiger zum Ziel als Berechnen oder Diskutieren. Es darf nur nicht in planloses Herumtasten ausarten. Erfahrung ist eines der stärksten Fundamente der Technik. Ein erfahrener Ingenieur vermag durch Vielzahl und geschickte Kombination ihm bekannter Tatsachen und durch sein geschultes Auge oft in wenigen Augenblicken Möglichkeiten und Schwächen zu erkennen, auf die ein junger Fachgenosse, der noch keine Erfahrungen hat sammeln können, auch wenn er hochintelligent ist, erst nach langem Überlegen kommt. Erfahrung in Gemeinschaft mit einer erfinderischen Ader machen aber Menschen ohne theoretisches Wissen manchmal zu reinen Empirikern mit allen ihren Schwächen.

Kein Glied unseres Körpers ist für erfolgreiches Ingenieurschaffen so wichtig und kein Glied ließ eine verkehrte Erziehung Dezennien hindurch so verkümmern wie das Auge. Es ist in vielen Fällen ein zuverlässigerer Statiker und ein unbestechlicherer Beurteiler als jede Theorie und Berechnung, wenigstens solange man sich nicht auf Neuland bewegt, wo alle Vergleichsmöglichkeiten mit bekannten Erscheinungen fehlen, und das Auge sich noch nicht „justieren" konnte. Ist eine solche Einstellung aber einmal erfolgt, so ist es für den Unerfahrenen erstaunlich, wie sicher ein erfahrener Ingenieur oft mit einem Blick sieht, ob etwas falsch oder richtig ist. Er kann allerdings nicht immer angeben, wo der Fehler liegt, denn er fühlt die Schwäche oft mehr, als er sie verstandesmäßig erkennt, und wird dann nur sagen können, „so würde ich es nicht machen". Bei anderen und mir selber konnte ich immer wieder feststellen, wie berechtigt sich ein solches „Gefühl" über kurz oder lang oft erweist. „Mathematik-Ingenieure", die es nicht haben und die glauben, alles was nicht mit Zirkel, Winkel und Formeln sich beweisen läßt, existiere nicht, halten die Worte „so würde ich es nicht machen", aber oft für kein Argument und kümmern sich daher um diesen Rat nicht. Eine Auseinandersetzung mit ihnen über konstruktive Fragen ist für einen wirklichen Ingenieur ähnlich unerquicklich, wie eine Unterhaltung über Fragen der Kunst mit einem gänzlich amusischen Menschen.

Das Auge rechnet häufig schneller und fehlerloser als ein guter Mathematiker und erfaßt Zusammenhänge in Sekunden, zu deren Erkennen, ohne sie gesehen zu haben, umständliche Erläuterungen nötig sind. Die Zeichnung ist daher nicht nur das präziseste, sondern auch das kürzeste Verständigungsmittel der Menschen. Vom Auge gilt aber auch der Satz, daß mit keinem anderen Organ unseres Körpers soviel gestohlen wird, was in die urbanere Sprache der Technik übersetzt etwa besagen will, daß ein geschultes Auge ein mächtiger Anreger ist und auf den entlegensten Gebieten wertvolle Analogien oder Anregungen sieht, die „Mathematik-Ingenieuren" verborgen bleiben, selbst wenn man sie mit der Nase daraufstieße. Aus allen diesen Gründen ist Sehenlernen für Ingenieure von allergrößter Wichtigkeit.

d) Bedeutung des gesunden Menschenverstandes. Eine so auf das Praktische eingestellte, vielseitige Tätigkeit wie die der Ingenieure verlangt vor allem etwas, das „einfache" Menschen oft mehr haben als studierte, nämlich gesunden Menschenverstand, d. h. die Fähigkeit, auf Grund einfacher, naheliegender und der Gelegenheit angepaßter Überlegungen das Richtige zu tun. Gesunder Menschenverstand, der die grundsätzliche Richtigkeit eines Vorgehens mit Hilfe einfacher Überlegungen schnell kontrollieren kann, nützt oft mehr als theoretische Spitzfindigkeiten und schützt auch vor ungebührlichem Überschätzen der Theorie. Viele schwere Mißerfolge in der Technik wie im übrigen Leben rühren nämlich weniger von fehlerhaften Feinheiten der Berechnung als von ganz groben, aber gelegentlich auch tüchtigen Menschen unterlaufenden Irrtümern bei der allgemeinen Beurteilung eines Problems her und könnten oft vermieden werden, wenn man das Problem einmal auf Grund eines oberen, das andere Mal auf Grund eines unteren Grenzwertes betrachten würde, die sich beide bei einigem Nachdenken oft fast von allein ergeben.

Die Folgen des Mangels an gesundem Menschenverstand zeigen sich bei den verschiedensten Gelegenheiten. Zum Beispiel wird oft viel Geld in die Entwicklung einer Maschine gesteckt, obgleich man sich bei nüchterner Überlegung sagen müßte, daß es selbst bei einem guten Umsatz nie wieder hereinkommen kann, oder überflüssige Konstruktionen werden lediglich aus Freude am Neuen herausgebracht, oder Zeit und Geld an die Diskussion über Dinge verschwendet, die zwar nicht gerade gleichgültig, aber gegenüber anderen durchaus untergeordnet sind. Einen Mangel an gesundem Menschenverstand verraten auch Ingenieure, die eine Rechnung mit verwickelten Formeln auf Dezimalen genau in Fällen durchführen, in denen ein Blinder sieht, daß die Ausgangswerte schon vor dem Komma nicht mehr zuverlässig sind, oder in denen es im Rahmen des ganzen Problems praktisch gleichgültig ist, ob man die betreffende Größe 10% kleiner oder größer wählt. Besonders wissenschaftlich aufgemachte „genaue" Rechnungen richten häufig Schaden an, weil sie eine Zuverlässigkeit vortäuschen, die nicht existiert, und weil auch studierte Menschen selbst vor falsch angewendeter Wissenschaft einen an Atavismus grenzenden Respekt haben.

Zuweilen müssen wichtige Entscheidungen so schnell getroffen werden, daß man keine Zeit zu längeren Berechnungen und Überlegungen hat, wenn man nicht Gefahr laufen will, daß einem inzwischen ein anderer zuvorkommt. Deshalb ist es z. B. beim Verkauf einer Maschine oder bei Lieferverträgen oft wichtiger, den angemessenen Preis oder einen anderen Wert im Bruchteil einer Stunde auf 10%, als in einem Tage auf 1% genau zu kennen, weil man dann entweder eine gewisse Sicherheit in den verlangten Preis einrechnen oder schon aus der Größenordnung des ermittelten Wertes erkennen kann, ob das Geschäft überhaupt Interesse bietet. Schließlich ist bei manchen Maschinen eine bestimmte Ausführungsart einer anderen zuweilen nicht nennenswert überlegen, so daß es gleichgültig ist, welche man wählt. Häufig verläuft die die Wertigkeit einer Maschine kennzeichnende Kurve in der Nähe ihres günstigsten Wertes so flach, daß die Unterschiede gegenüber dem Maximum auf einem ziemlich weiten Bereich kaum größer als die Genauigkeit der Rechnung sind. Wird z. B. als Wertigkeit eines Kraftwerkes die Summe der Kapital-, Kohle- und Betriebskosten für eine erzeugte Kilowattstunde gewählt, so werden die Ergebnisse zweier voneinander unabhängiger, auf Kostenanschläge verschiedener Firmen sich stützender Berechnungen oft schon deshalb nicht zum selben Ergebnis gelangen, weil der Preis von Maschinen von Zufälligkeiten abhängt und überhaupt nicht immer eine starre Größe ist. Ein Ingenieur, der diese Dinge überblickt, wird sich deshalb in solchen Fällen für eine bestimmte Ausführung auf Grund praktischer Erwägungen und nicht errechneter, geringe Bruchteile eines Pfennigs betragender Unterschiede entscheiden. In dem eben erwähnten Falle eines Kraftwerkes können z. B. einfache oder stark überlastbare Maschinen weit vorteilhafter als wärmewirtschaftlich besonders hochwertige, aber empfindliche sein, weil ein auch nur kurzzeitiges Versagen der hochwertigeren Maschine oft viel größeren Schaden verursacht, als der Mehrverbrauch an Kohle der einfacheren kostet. Die Auswahl der zweckmäßigsten Maschine ist dann mehr Sache der Erfahrung und des gesunden Menschenverstandes als großer theoretischer Kenntnisse. Gerade Dinge, die man ebensogut so als auch anders machen kann, sind ein beliebter Tummelplatz rede- und konferenzenfreudiger Menschen und führen zu arger Zeitverschwendung und nutzlosen Meinungsschlachten. Auch leben viele Ingenieure in dem Wahn, es geschehe ein Unglück, wenn nicht jedes Ding auf Erden taxiert, normiert und registriert, sondern dem Ermessen des einzelnen etwas Spiel gelassen wird.

Fähigkeit zur Konzentration auf das Wichtige, Entschlußkraft und gesunder Menschenverstand sind eng miteinander verwandt. Wer eine dieser Eigenschaften nicht hat, besitzt oft auch die anderen nicht, und ist dann zum Bekleiden mancher Stellungen ungeeignet, so tüchtig er sonst sein möge.

e) Bedeutung der Zeit. Ein Ingenieur muß erkennen, ob die Zeit für die Einführung einer neuen Maschine reif ist, ob die zu ihrer Herstellung benötigten Baustoffe und Vorrichtungen vorhanden sind und die Entwicklung auf anderen Gebieten, von denen ihr Erfolg abhängen kann, genügend fortgeschritten ist. Auch eine vorzügliche Idee ist zum Mißerfolg verurteilt, wenn man sie vorzeitig zu verwirklichen versucht. Die Dampfüberhitzung, ohne die das neuzeitliche Dampfkraftwesen nicht möglich wäre, konnte sich z. B. erst etwa 100 Jahre, nachdem sie erstmals angeregt worden war, durchsetzen, weil es vorher keine geeigneten Baustoffe und den hohen Temperaturen gewachsene Schmiermittel gegeben hat. Das Automobil war erst lebensfähig, nachdem brauchbare Betriebsstoffe, Zündvorrichtungen und Luftreifen existierten. Die gewaltigen Leistungen der heutigen Flugmotoren waren erst erzielbar, als die Herstellung der Kraftstoffe aufs höchste verfeinert und Fertigungsverfahren von früher unvorstellbarer Genauigkeit geschaffen worden waren. Daran, daß solche Voraussetzungen fehlten, sind viele Erfindungen gescheitert, und manche Erfinder hatten nur deshalb einen schnellen Erfolg, weil sie zufällig sämtliche benötigten Hilfsmittel vorfanden.

Nichts in der Technik ist so beständig wie der Wechsel. Auch für die Technik gilt der Satz, daß selbst gut gebaute Wahrheiten nur 20 Jahre dauern, und nicht einmal diese Lebensdauer erreichen viele „technische Wahrheiten". Das Aufkommen neuer Bedürfnisse, Fertigungsverfahren oder Baustoffe kann die Sachlage mit einem Schlage ändern und eine Maschine aussichtsreich machen, die es vorher nicht war, oder den Todeskeim in eine blühende Fabrik legen, wenn sie ihre Erzeugnisse nicht rechtzeitig den neuen Tatsachen anzupassen versteht. Schließlich ist es oft richtiger, schnell aber mit einem gewissen Risiko zu bauen, als Gefahr zu laufen, daß ein wichtiger Auftrag an die Konkurrenz fällt oder eine Konjunktur verpaßt wird.

Richtiges Bewerten der Zeit ist daher für den Ingenieur von größter Bedeutung. Er muß sowohl den Zeitpunkt für das Anpacken eines Unterfangens als auch die Zeitdauer, innerhalb der es durchgeführt werden muß, zutreffend einschätzen können. Die Unkenntnis der

Bedeutung der Zeit führt zu manchen Fehlurteilen über Erfolge und Mißerfolge von Ingenieuren, ihre falsche Einschätzung oft zu großen Verlusten. Auch die schwere Kunst des „Wartenkönnens" gehört hierher, gleichgültig, ob es sich um das Ausreifenlassen einer Idee oder technisch-wissenschaftlichen Arbeit, das Hervortreten mit einer Erfindung, einer wichtigen Erkenntnis, geschäftspolitische Maßnahmen oder nur um persönliche Dinge handelt, wie z. B. das Verlangen nach Beförderung.

f) Bedeutung des Risikos. Für den Ingenieur sind die Hilfsmittel und Arbeitsmethoden des Mathematikers und Physikers in vielen Fällen unentbehrlich. Sobald er aber Neuland betritt, wo nur die Erfahrung zeigen kann, ob die ihm für seine Berechnungen zur Verfügung stehenden Ausgangswerte und Annahmen zuverlässig sind, kann ihm die reine Wissenschaft nur bis zu einem bestimmten Punkte den Weg weisen, darüber hinaus muß er sich auf Erfahrung, Instinkt und gutes Glück verlassen. Ist also schon im rein technischen Teil seiner Tätigkeit der Erfolg trotz Umsicht, Fleiß und Sorgfalt oft dadurch unsicher, daß er einen der 20 oder 30 Einflüsse übersehen oder nicht ganz richtig eingeschätzt hat, oder daß ein für sein Werk verhängnisvolles Ereignis eintritt, das sich jeder menschlichen Voraussicht entzog, so gilt dies kaum weniger für den geschäftlichen Teil. Wenigen anderen Berufen macht die Tücke des Objektes so viel zu schaffen wie Ingenieuren. Immer wieder ergeben sich Lagen, in denen auch tüchtige und erfahrene Ingenieure nicht sicher sagen können, wie sich eine bestimmte Maßregel auswirken wird. Dies kann außerordentlich quälend sein, wenn z. B. eine neuartige Maschine dringend benötigt wird und ohne Erprobung geliefert werden muß, weil, bis man über ihre Bewährung klar sieht, viele Monate vergangen und zahlreiche Maschinen mit demselben Fehler auf den Markt gekommen sein können. Oder es kann eine in größeren Mengen auf Vorrat gebaute Maschine sich aus einem unvorhergesehenen Grunde nicht bewähren oder durch eine andere überflügelt und damit unverkäuflich werden. Je bedeutender und vom Bekannten abweichender etwas Neues ist, um so größer ist das mit seiner Einführung verbundene Risiko.

Ohne Wagemut und Entschlußkraft lassen sich Fortschritte nicht erzielen. Große Ingenieure haben Großes riskiert und oft ihre ganze Existenz aufs Spiel gesetzt. Je größer aber ein Wagnis ist, um so weniger sollte man es in der Technik oder sonst ohne Zwang noch weiter erhöhen und daher auch die geringste Kleinigkeit, die auf den Erfolg von Einfluß sein könnte, sorgsam beachten. Je besser vorbereitet die Absprungstelle ist, um so weiter trägt der Sprung und um so breiter darf der Abgrund sein, über den man setzt. In der Art, wie er ein Wagnis anpackt und durchführt, unterscheidet sich der ernsthafte Ingenieur vom Spekulanten und Hasardeur.

g) Bedeutung des Spezialistentums. Die moderne Technik ist ein so umfangreiches verwickeltes Wissensgebiet, daß der einzelne selbst in einem verhältnismäßig kleinen Arbeitsbereich nicht mehr alles selber zu erledigen vermag. Dinge, die noch vor einem halben Menschenalter als etwas ganz Einfaches erschienen, erfordern heute großes Spezialwissen, obgleich sie oft nur ein kleiner Teil einer Maschine sind. Ein Beispiel hierfür sind die so einfach anmutenden Kolben hochbelasteter, leichter Verbrennungsmotoren, bei denen nur ein Fachmann erkennt, welche Sonderkenntnisse ihre Hochzüchtung erforderte. Aber bereits bei den Ausgangsstoffen hat sich infolge der immer größeren und vielseitigeren an sie gestellten Anforderungen eine weitgehende Spezialisierung nicht nur bei ihren Herstellern, sondern auch Gebrauchern als unerläßlich erwiesen. Ein schönes Beispiel hierfür sind Stähle, zu deren Kennzeichnung noch im Jahre 1910 Begriffe wie Festigkeit, Streckgrenze, Dehnung und Härte genügten, die sich einfach feststellen ließen, weil sie nur bei Zimmertemperatur gemessen zu werden brauchten. Die Verhältnisse änderten sich, als Hochdruckbehälter für die chemische Industrie, weittragende Geschütze, Hochleistungswerkzeuge, Kraftwagen und Verbrennungsmotoren, elektrische Maschinen und Apparate, Dampfkessel und Dampfturbinen ganz neue Forderungen an die Baustoffe stellten. Allein auf dem doch immerhin beschränkten Gebiete des Dampfkesselbaues mußten infolge der immer größeren Dampfdrücke (bis 200 Atmosphären) und Dampftemperaturen (bis 530°) Stähle entwickelt werden, die auch bei so hohen Temperaturen noch genügend fest und gegen Korrosion durch Flüssigkeiten, Dämpfe oder Gase, gegen den Angriff von Laugen oder die Verzunderung durch heiße Rauchgase genügend unempfindlich sind. Das Glühen oder Schweißen stellte weitere Anforderungen, und zu den bekannten Legierungsstoffen (Phosphor, Silizium, Mangan und Kohlenstoff) mußten seltene Metalle (Nickel, Chrom, Molybdän, Vanadium, Titan), zu bekannten Festigkeitsbegriffen, die dem Umstand nicht Rechnung trugen, daß von einer bestimmten Temperatur an die Höhe dieser Temperatur und die Dauer der Belastung auf die zulässige Baustoffbeanspruchung von großem Einfluß sind, mußten außer der Kerbzähigkeit neue Festigkeitsbegriffe, wie Warmstreckgrenze, Dauerstandsfestigkeit und Dauerbelastbarkeit, zu den bekannten Berechnungsverfahren und Sicherheitsbeiwerten neue Verfahren und Sicherheitszahlen hinzutreten. Die Technik braucht daher viele Spezialingenieure, die auf einem engen Gebiete so eingehende Kenntnisse haben müssen, daß sie oft nur schwer Zeit zum Beschäftigen mit Fragen außerhalb desselben erübrigen können. Die Beschränkung auf ein kleines Sondergebiet hat zu erheblichen Mißständen geführt, weil aus dem eben erörterten Grunde viele Spezialisten im Laufe der Zeit die Fühlung mit benachbarten

Arbeitsgebieten und das Verständnis für große Zusammenhänge verlieren und einseitig und wirklichkeitsfremd werden. Im folgenden werden unter „Spezialisten" im negativen Sinne des Wortes Menschen verstanden, die die Dinge nur von einem engen Standpunkt aus zu beurteilen vermögen und deshalb, sowie infolge eines Mangels an Phantasie, oft zu falschen Ergebnissen kommen.

Spezialisten versagen hauptsächlich dadurch,

daß sie die Bedeutung von Erscheinungen auf einem fremden Arbeitsgebiete für den Bereich, in dem sie selber tätig sind, nicht erkennen,

daß sie zu wenig darauf achten, ob die für die Aussichten einer neuen Maschine maßgebenden technischen oder sonstigen Voraussetzungen schon oder noch bestehen,

daß sie bei der Entwicklung einer neuen Maschine Risiken eingehen, die in keinem Verhältnis zum möglichen Nutzen stehen.

Folgende Beispiele mögen dies zeigen. Der Bau großer, hohen Ansprüchen gewachsener Dampfkessel, der mit der Errichtung des Klingenbergwerks durch die AEG im Jahre 1925 dem deutschen Kraftwerksbau ein anderes Gesicht gab, wurde im wesentlichen durch die von Stahlgerippen getragenen feuerfesten Decken und Wände ermöglicht, die die in Deutschland üblichen gemauerten Gewölbe und Wandungen ersetzten und das Überspannen auch der breitesten Feuerräume und das Herstellen ausgedehnter feuerfester Wandungen gestatteten. Nur wenige Ingenieure erkannten seinerzeit die Bedeutung dieser amerikanischen Konstruktion, die überwiegende Mehrzahl richtete ihr Augenmerk auf nebensächliche, aber mehr in die Augen fallende Dinge. Als man sich vor 30 Jahren an den Bau sog. Nebenproduktengewinnungsanlagen machte, bestand der Anreiz im Anfall von Teer und Ammoniak. Trotzdem wurden für die Entwicklung weitere Mittel aufgewendet, als ein paar Jahre nachher die preiswerte Gewinnung von Stickstoff durch den elektrischen Lichtbogen geglückt und damit eine wesentliche wirtschaftliche Grundlage der Nebenproduktengewinnung weggefallen war. Etwa 10 Jahre später wurde fast derselbe Fehler bei der Entwicklung von Schwelanlagen für Braunkohle wiederholt, indem die Spezialisten nicht beachteten, daß das Haupterfordernis für eine Rentabilität, nämlich auskömmliche Ölpreise, noch fehlten. Beide Male ging viel Geld verloren.

Schließlich lassen sich, häufig aus Prestigegründen, Ingenieure immer wieder zum Bau einer neuartigen teuren Maschine verleiten, von der im günstigsten Falle nur ganz wenige Ausführungen benötigt werden und gehen für sie mit so hohen Vertragsstrafen verbundene Garantien ein, daß deren Nichterfüllung die Prosperität eines Unternehmens gefährden kann. Als viertes Beispiel möchte ich ein persönliches Erlebnis anführen. Geheimrat KLINGENBERG beauftragte mich als jungen Ingenieur, ohne meinen Hinweis auf meine geringen Kenntnisse im Dampfturbinenbau zu beachten, meine Firma bei einer Aussprache über die Verhütung von Schaufelbrüchen infolge von Wasserschlägen zu vertreten, zu der ein großes Elektrizitätswerk zahlreiche Dampfturbinenfabriken eingeladen hatte. Da der Einberufer und die Eingeladenen ausschließlich über die turbinentechnische Seite sprachen, hatte ich es schon angesichts meines jugendlichen Alters nicht leicht, mit meiner Auffassung durchzudringen, daß nicht ein konstruktiver Fehler der Turbine, sondern ein Überspeisen der Kessel und unzweckmäßig angeordnete Dampfleitungen schuld seien, es daher mehr auf die Beseitigung dieser Mängel als auf den Bau wasserschlagsicherer Turbinen ankomme. Als KLINGENBERG nach meiner Rückkehr meine Verwunderung darüber merkte, daß er nicht einen erfahrenen Turbineningenieur statt meiner entsandt hatte, sagte er: „Hätte auch ich einen Spezialisten geschickt, so wäre die Zusammenkunft fast mit Sicherheit fruchtlos verlaufen, weil Spezialisten bei solchen Gelegenheiten fast nie an Ursachen außerhalb ihres Fachgebietes denken."

Das übertriebene Spezialistentum in der Technik hat seine Parallele in der Heilkunde, wo gleichfalls immer mehr Stimmen vor ihm warnen. So wie manche Spezialärzte den Menschen nicht mehr als Ganzes betrachten und daher trotz ausgezeichneter Sonderkenntnisse oft den Ort der Beschwerden mit dem Sitz, die Symptome mit der Ursache eines Leidens verwechseln, so machen Spezialingenieure dadurch, daß sie nur noch an ihr Arbeitsgebiet denken, ähnlich schwere Fehler. Ingenieurspezialisten halten vor allem Dinge, die sie von Jugend auf kennen, für unabänderlich und gewissermaßen sakrosankt. Sie merken weder, daß die Technik ein dauerndes Werden und Vergehen, eine immerwährende Erneuerung von Überholtem ist, noch erkennen sie manchmal den Wald vor lauter Bäumen. Dies ist einer der Gründe, weshalb Kaufleute und Juristen in technischen Dingen zuweilen klarer sehen, und deshalb kommt soviel darauf an, im Ingenieur Interesse an großen Zusammenhängen außerhalb seines engeren Arbeitsgebietes zu erwecken. Der falsche Einsatz der Technik überhaupt ist, soweit nicht selbstische Rücksichten eine Rolle spielen, zu einem erheblichen Teile auf das Spezialistentum zurückzuführen, wobei man sich freilich darüber klar sein muß, daß es im allgemeinen viel einfacher und leichter ist, wichtige spezialistische Einzelheiten als den springenden Punkt und die großen Zusammenhänge einer Sache zu erkennen.

h) Bedeutung geschickter Menschenbehandlung. Da sich große technische Leistungen nur durch die Gemeinschaftsarbeit ganzer Arbeitsgruppen unter einigen führenden Köpfen erzielen lassen, müssen diese es verstehen, die am gemeinsamen Werk Beteiligten zu willigem Zusammenwirken zu bringen und den einzelnen so anzufassen, wie es seine Individualität und das gemeinsame Ziel erfordern, d. h. ihn richtig zu behandeln. So unentbehrlich manchmal ein scharfer Befehl ist, so kommt in der Technik auch ein überragender Mann mit Befehlen allein auf die Dauer nicht aus. Er muß vielmehr Verstimmungen beseitigen, seine Mitarbeiter von der Richtigkeit seiner Ansichten überzeugen, sie für seine Ideen begeistern und bei Schwierigkeiten aufmuntern können. Ein solches Verhalten, das oft große Selbstüberwindung verlangt, muß auch von den Führern kleiner und weniger wichtiger Arbeitsgruppen verlangt werden. Strenge und Nachgiebigkeit, Befehlen und Überzeugen, Tadel und Lob, jedes zu seiner Zeit, immer aber Treue und Gerechtigkeit gegenüber den Untergebenen sind für den Enderfolg unentbehrlich.

Auch der Verkauf einer Maschine, das Beilegen von Schwierigkeiten bei ihrem Betrieb, das Vertrösten bei Überschreiten der Lieferzeit verlangen viel Geschick, und es ist nicht immer einfach, die richtige Grenze zwischen den Interessen der eigenen Firma und denen des Kunden zu finden, zumal geschäftliche Rücksichten ein starres Beharren auch auf einem unzweifelhaften Recht oft verbieten. Bei mehreren annähernd gleichwertigen Lösungen lege man sich einem Kunden gegenüber so lange nicht fest, als man seinen Standpunkt wenigstens nicht ungefähr kennt. Ein schroffes Nein, das für beide Parteien meist gleich peinlich ist, läßt sich bei geschäftlichen Verhandlungen oft vermeiden, indem der Teil, der etwas haben möchte, vorfühlt, bevor er die entscheidende Frage stellt, und indem der andere, der etwas gewähren soll, zusehends zurückhaltender wird, je mehr sich die Verhandlungen dem kritischen Punkte nähern, wenn er das Gewünschte nicht gewähren will. Gewandte Unterhändler verstehen sich auch in schwierigen Fragen durch bloße Andeutungen.

Geschickte Menschenbehandlung setzt gute Menschenkenntnis voraus. Wer führen will, muß imstande sein, zu erkennen, was der einzelne zu leisten vermag, für welche Tätigkeit er sich eignet, welche charakterlichen Stärken und Schwächen er hat und wie er angefaßt werden muß. Wie der gebildete, so will auch der einfache Mensch von Ehrgefühl vor allem „ästimiert" sein. Gute Arbeit verlangt auch ideelle Anerkennung, und ein zur rechten Zeit gesprochenes freundliches Wort nützt oft mehr als klingender Lohn. Der Charme mancher Menschenführer in dieser Beziehung kann auch beim einfachen Mann Wunder wirken.

i) Bedeutung der schöpferischen Begabung. Der Kern der Technik, das Schaffen von Neuem, hat mit Wissenschaft oft weniger zu tun als mit dem intuitiven Erfassen des Richtigen, gleichgültig, ob es sich um das Hervorbringen von etwas Neuem oder um die zweckmäßige Kombination bereits bekannter Dinge unter sich oder zusammen mit etwas Neuem zum Erreichen eines neuen Zweckes handelt. Ein Mensch ohne mathematische Kenntnisse und ohne wissenschaftliche Vorbildung kann ein vorzüglicher Ingenieur, ein ausgezeichneter Mathematiker dagegen

für eigentliches Ingenieurschaffen völlig ungeeignet sein. Jedes Neu-
gestalten von Werken der Technik ist, wie schon in Abschnitt b) erwähnt wurde, eine Art künstlerischer Vorgang und ohne Kombinationsgabe, Intuition und Phantasie ebensowenig möglich wie das Schaffen
von Werken der Kunst. Der Erfinder des Dampfhammers NASMYTH
sagt: „Ein Ingenieur, der sich nicht im Kopfe eine Konstruktion und
ihr Arbeiten vorstellen kann, wird viel Enttäuschungen erleben", und
fährt dann fort: „die frühe Pflege der Phantasie gibt erst die richtige

Abb. 5. Daimler-Kraftwagen aus dem Jahre 1897

geistige Beweglichkeit zu allen Vorgängen. Geschäft, Handel und Maschinenbau gehen alle viel besser mit ein wenig gesunder Einbildungs-
kraft[1]."

Die Fähigkeit, in der Technik etwas Neues hervorzubringen, läßt
sich zwar entwickeln, muß aber angeboren sein, denn auch die beste
Schule kann sie den, dem ihr Samenkorn nicht in die Wiege gelegt
wurde, nicht lehren. Es erfordert erfinderische Tätigkeit zum Fassen
und Formulieren der ihm zugrunde liegenden Idee, logisches Denken,
Berechnen und Konstruieren zum Überführen der Idee in einen aus-
führungsreifen Entwurf und zahllose Arbeiten auf dem Versuchsstand
und in der Werkstätte, bis aus dem Entwurf eine betriebs- und markt-

[1] MATSCHOSS, C.: Große Ingenieure. München-Berlin 1937.

fähige Maschine geworden ist. Es muß also ein sehr langer Weg zurückgelegt werden, bis der Erfindungsgedanke sich in einem verkaufsfähigen Produkt verkörpert hat. Die glücklichsten Ergebnisse werden erzielt, wenn der Erfinder ein guter Konstrukteur ist, weil dann die bis zur Vollendung der fertigen Konstruktion erforderliche Strecke am schnellsten durchlaufen wird und die Gefahr am kleinsten ist, sich in uferlosen Projekten zu verlieren. Die Vereinigung beider Eigenschaften in einem Individuum ist aber selten, selbst hervorragende Erfinder hatten ein bescheidenes konstruktives Können. Erfinden spielt sich also meist anders ab, als gemeinhin angenommen wird. Die populäre Vorstellung des Erfinders als eines Menschen, der durch einen glücklichen Gedanken mit einem Schlag in den Besitz von Ehre und Reichtum

Abb. 6. Moderner Daimler-Benz-Kraftwagen.

kommt oder von der Mitwelt verkannt dahinvegitiert, ist fast immer eine Chimäre. Da über Entstehen und Folgen von Erfindungen höchst unklare Vorstellungen herrschen, aber beide Dinge für die Würdigung der Ingenieurtätigkeit wichtig sind, werden sie in Kapitel IV und V näher behandelt.

Je mehr die Maschine Gegenstand des täglichen Bedarfes wurde, um so stärker wurde ihre Formgebung Gegenstand künstlerischer Ansprüche. Heute gilt als selbstverständliche Pflicht jedes Ingenieurs, dem, was er konstruiert, eine nicht nur zweckmäßige, sondern auch ansprechende Gestalt zu geben, weil dann die Maschine das Auge erfreut, für ihre Herstellerin wie den ganzen Ingenieurstand als gute Visitenkarte wirkt und weil — wie wir noch sehen werden — eine gute äußere Form sehr oft eine technisch zweckmäßige Lösung verrät. Man kann sich nur schwer vorstellen, wie Maschinen im Beginn des Maschinenzeitalters auf Menschen mit Kunstverständnis gewirkt haben, für die sie eine Erscheinung ohne Vorgänger und etwas völlig Neues waren. Bei technischen Schöpfungen ist nämlich der Eindruck der Schönheit ein durchaus zeitbedingter, mit ihrer Entwicklung wechselnder Begriff, Abb. 5—17. Kraftwagen und Flugzeuge sind hierfür zwei kennzeichnende Beispiele, weil unsere Generation bei ihnen eine Wandlung der Form miterlebt hat, die nicht weniger gründlich ist als die Wandlung ihrer Leistungsfähigkeit und der an sie gestellten Ansprüche, die die Wandlung der Formgebung großenteils erst verursachten. Ein im Jahre 1900 gebauter Kraftwagen, den wir seinerzeit als vollkommen schön empfanden, macht heute auf uns diesen Eindruck nicht mehr, weil selbst ein Nichtingenieur fühlt,

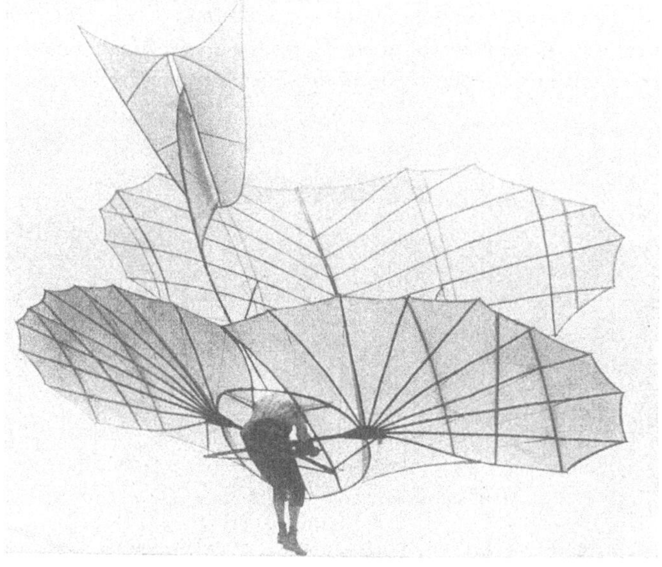

Phot. Dtsch. Museum

Abb. 7. Flugapparat von Otto Lilienthal aus dem Jahre 1895.

wie technisch unzweckmäßig und daher unharmonisch manche Teile bemessen, ausgebildet und angeordnet waren. Auf den Kenner sehr schneller Flugzeuge machen langsamere einen etwas unbeholfenen Eindruck, weil er instinktiv an hohe Geschwindigkeiten denkt und fühlt, daß sie mit den älteren Formen unerreichbar sind, Abb. 8 u. 9. Um die Schönheit von Maschinen beurteilen zu können, ist daher außer Kunstempfinden ein Gefühl für Dynamik oft ebenso notwendig wie zum Beurteilen von Werken der Architektur ein Gefühl für Statik. Viele abfällige Stimmen des Publikums über mangelnde Schönheit technischer Werke werden verstummen, wenn es mit Wesen und Zweck von Schöpfungen der Technik besser vertraut geworden ist. Daß technisches und künstlerisches Schaffen so oft in Gegensatz zueinander gesetzt werden, rührt mit davon her, daß den Ingenieuren im Anfang des Maschinenzeitalters vielfach jedes Vorbild und daher auch ein einigermaßen sicheres Gefühl für die zweckmäßige, d. h. harmonische und daher als schön empfundene Formgebung fehlte. Aber selbst damals sind ohne Vorbilder Neukonstruktionen entstanden, die trotz ihrer längst veralteten Formen die Hand des Genies noch heute verraten und auch für ein verwöhntes modernes Auge von hohem ästhetischem Genuß sind. Später, als die Grund-

Abb. 8. Grade-Flugzeug aus dem Jahre 1911.

Abb. 9. Modernes Messerschmitt-Flugzeug.
Beachte in Abb. 5 bis 9 den großen Wandel der äußeren Form.

formen festlagen und es sich mehr um Verbesserung und Verbilligung der Maschinen handelte, ging das Konstruieren aus der Hand von Ingenieurkünstlern, die viele große Erfinder waren, in die von Ingenieurhandwerkern über: das Genie wurde zunehmend durch den Routinier ersetzt, dem es nur auf möglichst billige Herstellung ankam und der oft bar jeden Schönheitsgefühls war. Ähnlich wie beim stürmischen Hochschießen amerikanischer Städte wurden alle Kräfte der Ingenieure bei dem nicht weniger stürmischen Aufbau der modernen Technik für das

Erfüllen der unmittelbarsten Bedürfnisse derart in Anspruch genommen, daß für künstlerisches Gestalten Muße und Spannkraft nicht mehr ausreichten. Dadurch entstanden Konstruktionen, die mit Recht als häßlich bezeichnet werden und vielfach auch in technischer Beziehung nicht zweckmäßig waren. Während derselben Periode standen aber auch Architektur, Malerei und Bildhauerei nicht immer unter einem glücklichen Stern. Aber so wie ein höchste Leistungen hergebender Körper schön sein muß, weil nur dann das seiner Größe angemessene Gewicht zweckmäßig verteilt sein kann, und unser in Jahrtausenden geschultes Auge diese Zweckmäßigkeit als harmonisch und schön empfindet, kann

Abb. 10. Stahlhängebrücke.

auch nur eine harmonisch gestaltete und daher als schön empfundene Maschine mit einem angemessenen Baustoffaufwand höchste Ansprüche erfüllen. Großes „totes“ Gewicht ist also häufig eine Verschlechterung und keine Verbesserung einer Maschine. Das andauernde Hinaufschrauben der an Werke der Technik gestellten Anforderungen hatte denn auch infolge der immer stärkeren Ausnutzung der Baustoffe, die der Wettbewerb bedingt, in einer gewissen Zwangsläufigkeit gefällige Formen zur Folge. Dies zeigen z. B. moderne Brücken, die frei von den Zutaten sind, mit denen man sie früher zu schmücken versuchte und die um so störender empfunden wurden, je mehr es zunehmender Erfahrung glückte, ihre Schönheit aus ihren Bauelementen heraus zu entwickeln und sie harmonisch ins Landschaftsbild einzufügen, Abb. 2, 10 u. 11. Heute ist eine ästhetisch befriedigende, ja hervorragende Formgebung von Kraft-, Arbeits- und Werkzeugmaschinen, Verkehrsmitteln und anderen technischen Schöpfungen fast die Regel, Abb. 6, 9, 10, 11, 14,

17, 19, 20, 29, und nicht selten bedienen sich Firmen, um sie zu erreichen, des Rates und der Mitarbeit bildender Künstler.

k) Ingenieur und Wissenschaftler. Wir haben gesehen, daß ein Hauptunterschied zwischen Ingenieur und Wissenschaftler außer in der verschiedenen Arbeitsmethode und der in manchen Dingen anderen Denkweise vor allem im Risiko besteht, das den Erfolg der Ingenieurarbeit trotz Fleiß, Können und Umsicht immer wieder in Frage stellt. Ferner

Phot. Schächterle, Z. VDI 1938, S. 625/629

Abb. 11. Eisenbetonbrücke.

Beachte: Völliges Fehlen „schmückender" Zutaten. Beide Brücken wirken lediglich durch die geschickte Ausnützung ihrer Bauelemente und ihre Anpassung an die Landschaft.

sind in technischen Dingen häufig mehrere Probleme so eng miteinander verwebt, daß sie sich nicht scharf voneinander trennen und einzeln verfolgen lassen, was eine weitere Unsicherheit mit sich bringt. Schließlich spielt der Begriff des Wirkungsgrades vielleicht in keinem anderen Berufe eine derartige Rolle wie in der Technik. Auf den allerverschiedensten Gebieten wird verlangt, daß von dem einer Maschine zugeführten Aufwand an Stoff oder Energie ein tunlichst hoher Prozentsatz des theoretisch Möglichen in derselben oder einer anderen Form wiedergewonnen wird. Eine bestimmte Wasser- oder Strommenge soll in einer Turbine oder einem Elektromotor ein Höchstmaß von Arbeit leisten; von der in der Kohle einem Kessel zugeführten Wärmemenge soll im erzeugten Dampf tunlichst viel wiedergewonnen werden; die Zerspanungsleistung einer Werkzeugmaschine soll ein Höchstmaß der verbrauchten Antriebsleistung betragen. In zahlreichen anderen Fällen liegen die Verhältnisse ähnlich, der Ingenieur spricht sogar häufig vom Wirkungsgrad seiner und anderer Menschen Arbeit. Trotzdem ist der Wirkungsgrad fast niemals allein maßgebend, sondern neben ihm spielen z. B. bei Wärmekraftmaschinen ihr Preis, ihre mittlere jährliche Belastung, der Zinsfuß, der Preis des Brennstoffes, also Dinge eine Rolle, die man gleichfalls zahlenmäßig bewerten kann. Hierzu gesellen sich Einfachheit und Betriebssicherheit, gesicherte Brennstoffzufuhr und andere Punkte, deren Einfluß sich nur mit Erfahrung, gesundem Menschenverstand und „Gefühl" bewerten läßt. Immer wieder hat man es in der Technik mit solchen Problemen zu tun, bei denen durch wissenschaftlich-mathematische Methoden objektiv klärbare Dinge mit anderen verbunden sind, deren Klärung nur auf durchaus subjektive Weise möglich ist. In dieser Tatsache, die einem reinen Wissenschaftler vielleicht unsympathisch ist, besteht für den Ingenieur einer der größten Reize seines Berufes.

Ähnlich wie es eben im Zusammenhang mit dem Wirkungsgrad gezeigt wurde, müssen in anderen Fällen oft ähnlich verschiedenartige Forderungen miteinander in Übereinstimmung gebracht und gegeneinander abgewogen werden oder man muß zunächst Klarheit darüber schaffen, welcher Gesichtspunkt die führende Rolle spielen soll. Der Ingenieur muß daher ein Mann des Ausgleichens und der Kompromisse, des Anpassens und Aufpassens, der Geschmeidigkeit und des Verständnisses für fremde Bedürfnisse, wenn es not tut, aber auch entschlossen sein, sich allen Widerständen zum Trotz durchzusetzen und das scheinbar Unmögliche möglich zu machen. Eine Oase stiller Beschaulichkeit ist der Ingenieurberuf nicht, wodurch er sich vielleicht gleichfalls von mancher rein wissenschaftlichen Betätigung unterscheidet.

l) Zusammenfassung. Wir haben erkannt, daß der Ingenieurberuf außer fachlichem Wissen und Können bestimmte Charaktereigenschaften erfordert und in manchem anders geartet ist als andere Berufe, aber Menschen der verschiedenartigsten Temperamente, Veranlagungen und Neigungen tiefe Befriedigung und die Möglichkeit bietet, mit ihren Gaben etwas zu leisten. Seine einzelnen Zweige stellen vom fast rein wissenschaftlich tätigen Ingenieur über den Konstrukteur und Erfinder bis zum vorwiegend kaufmännisch und verwaltungstechnisch tätigen Ingenieur höchst verschiedenartige Anforderungen. Eine ausgesprochene Ingenieurbegabung ist natürlich erwünscht, aber nicht unbedingte Voraussetzung für erfolgreiches Bekleiden einer Ingenieurstellung. Sie erleichtert nur das Erreichen führender Posten und macht einen Menschen für die verschiedensten Arten von Ingenieurtätigkeit vielseitiger verwendbar. Jedoch kann jemand, sofern er nur Freude an technischen Dingen hat, auch ohne ausgesprochene Ingenieurbegabung mindestens mittlere Stellungen erlangen und ein gutes, auch innerlich befriedigendes Auskommen finden. Auf führende Posten wird er um so leichter gelangen, je größer sein Fleiß und eine je stärkere Persönlichkeit er ist. Auf S. 65 wurde bereits erwähnt, daß die Tätigkeit vieler Ingenieure mit erheblichem Risiko verknüpft ist und daher außer Wissen, das sich durch Examen nachprüfen läßt, Eigenschaften erfordert, deren Vorhandensein nur das Leben, aber kein wie auch immer geartetes Prüfungsverfahren feststellen kann. So wie manche, selbst hervorragende Mediziner sich für die blitzschnelles Handeln verlangende Tätigkeit eines Chirurgen nicht eignen, so eignen sich manche sehr tüchtige Ingenieure für gewisse industrielle Posten nicht. Wer dies nicht erkennt, kommt leicht zu Folgerungen, deren Propagierung und Durchführung der Technik und dem Ingenieurstand in seiner Gesamtheit nur abträglich sein könnten.

Da nun Studenten meist nicht zuverlässig beurteilen können, welche Art von Ingenieurtätigkeit für sie am besten paßt, und da in manchem von ihnen konstruktive Fähigkeiten schlummern, die nur geweckt und entwickelt zu werden brauchen, sollten sie nicht aus Sorge, Konstruieren liege ihnen nicht, oder aus Bequemlichkeit Spezialgebiete studieren, die wenig Konstruieren verlangen, sondern sich ein solides, wenn auch etwas enges Wissen in den Fächern aneignen, die das eigentliche Fundament der Technik bilden und zu denen Konstruieren immer gehören wird. Dann können sie später auf den verschiedensten Gebieten Fuß fassen und leichter von der allgemeinen Technik auf ein Sondergebiet übergehen, als wenn sie ein Sondergebiet studiert hätten und dann in der Praxis allgemeinen Maschinenbau betreiben müßten.

So wichtig die Fähigkeit des schöpferischen Gestaltens ist, so wird sie doch nur von verhältnismäßig wenigen Ingenieuren verlangt. Die meisten kommen mit Kenntnissen aus, die ein einigermaßen intelligenter Mensch mit Freude an technischen Dingen sich durch Fleiß und Ausdauer unschwer aneignen kann. Hat er noch Willen, Tatkraft, Selbstvertrauen und gewandte Umgangsformen, so braucht ihm um seine Zukunft als Ingenieur nicht bange zu sein.

Jeder Irrtum rächt sich beim Ingenieurschaffen und ist noch nach vielen Jahren nachweisbar. Auch in rein geschäftlichen Dingen hat daher derjenige die besten Erfolge, der den Problemen auf den Grund geht und dem Zufall möglichst wenig überläßt. Das Streben nach Erkenntnis und Wahrheit stellt den Ingenieur in seinem Berufe und außerhalb desselben auf eine hohe Stufe, verleiht ihm den Nimbus der Persönlichkeit und läßt ihn — wenigstens in reiferen Jahren — gelassen auf Dinge schauen, denen er sich nicht immer entziehen kann, die aber oberflächlichen Naturen das Dasein sehr sauer machen können.

Hohe menschliche Eigenschaften sind für das Ausüben des Ingenieurberufes ebenso wichtig wie großes technisches Wissen, denn vom rechten
Ingenieurgeist beseelt sein, heißt die Erkenntnis der Erkenntnis wegen
suchen; das Verlangen nach Wissen und Ergründen wie eine verzehrende
Leidenschaft in sich spüren; auf Grund seiner Erkenntnisse mit Phantasie, Wagemut und gesundem Menschenverstand sich bemühen, Vorhan-
denes zu verbessern und Neues zu schaffen; die eigene Arbeit lieben
und fremde Arbeit und Ansichten, auch wenn sie von den eigenen abweichen, achten und den Trieb haben, anderen zu helfen.

Folgenden Punkt können aber Ingenieure nicht sorgsam genug beachten, weil von ihm der Ertrag ihrer Tätigkeit und die Befriedigung abhängen, die sie ihnen bieten kann. So wie in der Technik ein paar in
ihrem Wesen einfache Grundgesetze eine überragende Rolle spielen,
von denen viele weniger wichtige Gesetze nur eine andere Ausdrucksweise sind, so gelten auf sämtlichen Gebieten des menschlichen Lebens
— in Kunst, Literatur, Theologie und Wissenschaft ebenso wie in
Heereswesen, Medizin, Chemie oder Technik — gewisse gerade ihrer Einfachheit wegen so große Wahrheiten, die sich uns in der verschiedensten
manchmal etwas entstellten Gestalt immer wieder offenbaren. Eine von
ihnen lautet, daß nur Hingabe und Glaube an eine Idee Großes und
Dauerndes zu leisten vermögen. Menschen, die von ihnen nicht beseelt
sind, mögen es zu Ehren und Reichtum bringen, ihr Werk wird aber
fast immer entweder nicht groß oder nicht von Bestand sein. Diese
Tatsache, die WERNER VON SIEMENS unter Anwendung auf Erfinder in
die Worte kleidete: „nur diejenigen Erfinder eröffnen der Entwicklung
der Menschheit neue Bahnen, die ihr ganzes Sein und Denken dieser
Fortentwicklung um ihrer selbst willen widmen", wird durch das Leben
fast aller hervorragender Forscher und Ingenieure bestätigt und jeder,
der offene Augen hat, wird sie im Laufe seines Lebens, wenn auch in
bescheidenerem Rahmen, in seiner eigenen Umwelt bestätigt finden.
Viele Menschen erkennen sie nur deshalb nicht, weil sie sich durch Augen-
blickserfolge täuschen lassen und 5 oder 10 Jahre für eine lange Frist
halten. Auch die Arbeit von Ingenieuren ohne geniale Begabung wird
unabhängig von ihrem materiellen Lohn nur dann vollen sachlichen Erfolg haben und nur dann wirkliche Befriedigung bringen, wenn Glaube
und Hingabe sie erfüllen.

IV. Werdegang einiger großer Erfindungen.

1. Über das Entstehen von Erfindungen.

Krüger pinx.

AUGUST BORSIG (1804—1854)[1].

Hervorragender Ingenieur von ungewöhnlichem Weitblick und einer der bedeutendsten deutschen Industriebegründer.

Die Geschichte des Entstehens einiger bedeutender Erfindungen ermöglicht aufschlußreiche Einblicke in den Erfindungsvorgang und die Erfinderpersönlichkeit. Infolge voneinander abweichender Quellen und aus anderen Gründen stimmen möglicherweise nicht alle folgenden Daten, was aber unerheblich wäre, da das Buch nicht eine exakte historische Darstellung geben, sondern aus der Historie einige für unsere Betrachtungen wichtige Punkte herausschälen will. Außer den Hauptetappen der Erfindungen werden Äußerungen ihrer Urheber und deren Zeitgenossen angeführt, weil man Erfindern nur gerecht werden kann, wenn man sie aus den Verhältnissen, die zu ihrer Zeit herrschten, zu begreifen versucht. Ingenieure müssen sich nämlich besonders davor hüten, die Zweckmäßigkeit von in längst zurückliegenden Epochen getroffenen Maßnahmen nach heutigen Maßstäben und Erkenntnissen zu beurteilen, wenn sie nicht zu einer völlig falschen Einstellung kommen wollen, denn die Verhältnisse ändern sich in der Technik oft noch schneller und gründlicher als in der Geschichte und Politik. Vor einem Menschenalter, geschweige denn zu den Zeiten von WATT oder STEPHENSON, waren z. B. weder Baustoffe noch Fertigungsverfahren und technischwissenschaftliche Erkenntnisse auch nur annähernd auf ihrem heutigen

---

[1] Aus dem „Corpus Imaginum" der Photographischen Gesellschaft, Berlin.

Stand, weshalb für Menschen jener Periode vieles, was für uns selbstverständlich ist, ein sehr schwieriges Problem bedeutete, S. 64 u. 93.

a) Die Erfindung der Dampfmaschine. Haupttriebfeder für die Erfindung der Dampfmaschine durch JAMES WATT war die Schwierigkeit, mit den damals bekannten Mitteln die großen Wassermassen zu bewältigen, die durch Ausbeutung tieferer Kohlenflöze in die Bergwerke einbrachen. Die sehr primitiven Dampfmaschinen jener Zeit wurden ausschließlich zum Wasserheben verwendet, ein sonstiges Bedürfnis für motorische Kraft bestand noch nicht. Deshalb hatten auch die ersten WATTschen Dampfmaschinen nur hin- und hergehende Bewegung, die zum Antrieb der Gestängepumpen am vorteilhaftesten und konstruktiv am einfachsten zu ermöglichen war. Erst später ging WATT zur Drehbewegung über und erschloß dadurch der Dampfmaschine ihren Siegeszug durch die ganze Welt[1].

1640—1660 OTTO VON GUERICKE (1602—1686) erfindet die Luftpumpe und führt den luftleeren Raum vor, ein für seine Zeitgenossen außerordentliches Ereignis.

1690 PAPIN erfindet die Dampfpumpe.

1698 SAVERY erhält ein Patent auf eine verbesserte Dampfpumpe.

1712 PAPIN stirbt völlig verarmt.

1713 NEWCOMEN liefert die erste atmosphärische Maschine[2] für eine Wasserhaltung.

1729 Der Bau atmosphärischer Wasserhaltungsmaschinen breitet sich in England langsam, aber stetig aus.

1759 JAMES WATT (1736—1819) beschäftigt sich erstmals mit Dampfmaschinen.

1765 WATT schreibt: „Alle meine Gedanken sind auf die Dampfmaschine gerichtet, ich kann an nichts anderes mehr denken.“

1769 WATT erhält sein grundlegendes Patent.
WATT baut verschiedene kleinere Dampfmaschinen.

1771 WATT schreibt: „Ich bin jetzt 35 Jahre alt und habe der Welt noch nicht für 35 Pfennig genützt“ und: „Es gibt nichts Törichteres im Leben, als zu erfinden.“

1773 WATTS Dampfmaschine Beelzebub (Zylinderdurchmesser 460 mm, Hub 1500 mm) arbeitet zufriedenstellend.

1775 WATTS Patent wird durch Parlamentsbeschluß um 25 Jahre verlängert.

---

[1] MATSCHOSS, C.: Entwicklung der Dampfmaschine Bd. 1. Berlin.

[2] Atmosphärische Maschinen waren Dampfmaschinen, bei denen Dampf von annähernd atmosphärischer Spannung in sehr primitiver Weise zum Erzeugen einer die Arbeitsleistung bewirkenden Luftleere benutzt wurde.

1776 WATT schließt sich mit dem Industriellen BOULTON und den Ingenieuren WILKINSON und MURDOCK zusammen[1].

1778 WATT beginnt, große Einnahmen zu erzielen.

1782 WATT baut auf BOULTONS Rat die erste Dampfmaschine mit Drehbewegung.

1783 WATTsche Dampfmaschinen haben die atmosphärischen Maschinen verdrängt und nur noch 25% ihres Kohlenverbrauches.

1785 WATT wird mutlos, die Lage der Maschinenfabrik BOULTON und WATT kritisch, da die für jene Zeit ungeheure Summe von 800000 RM. ohne entsprechende Gewinne in die Dampfmaschine gesteckt worden war.

1788 Die Krise ist überwunden. Gewaltige Einnahmen setzen ein. „Kaiser und Könige besuchen BOULTON und WATT."

1800 WATTS Monopol auf Dampfmaschinen läuft ab. Die Welt wird maschinentoll.

b) Die Erfindung der Dampflokomotive. Haupttriebfeder für die Erfindung der Dampflokomotive war die Schwierigkeit, die immer größer werdenden Kohlentransporte mit Pferdefuhrwerken zu bewältigen.

1769 CUGNOTS Dampfwagen läuft mit 4 km/h Geschwindigkeit.

1781—1786 MURDOCK baut mehrere Dampfwagen.

1797—1801 TREVITHICK (1771—1833) baut mehrere Dampfwagen[2].

1803 TREVITHICKS erste Dampflokomotive.

1803 EVANS setzt in Nordamerika die erste Straßenlokomotive in Gang.

1811 BLENKINSOPS Zahnradlokomotive.

1813 HEDLEYS Lokomotive Puffing Billy.

1814 STEPHENSONS (1781—1848) erste Lokomotive.

1829 STEPHENSONS Lokomotive Rocket (3,3 atü Druck, 12 PS Leistung, 34 km/h Höchstgeschwindigkeit, 8—9 kg/PSh Kohlenverbrauch statt 14—18 kg/PSh älterer Lokomotiven) siegt bei RAINHILL über die Lokomotiven von HACKWORTH, BURSTALL und von BRAITHWAITE und ERICSSON (1803—1889).

1833 TREVITHICK stirbt völlig verarmt.

1836 STEPHENSONS Patentlokomotive gibt der Dampflokomotive ihr im wesentlichen endgültiges Gesicht.

c) Die Erfindung des Kraftwagens. Die seit dem Altertum immer wieder unternommenen Versuche zum Bau eines „selbstfahrenden Wagens", siehe S. 16, waren so lange zum Scheitern verurteilt, als

---

[1] DICKINSON, H. W., u. A. TITLEY: Richard Trevithick. The engineer and the man. Cambridge 1934.

[2] DICKINSON, H. W.: A short history of the steam engine. Cambridge 1938.

es keine zugleich starke und leichte Kraftquelle gab, die erst GOTTLIEB DAIMLER und CARL BENZ Anfang der achtziger Jahre des letzten Jahrhunderts geschaffen haben.

1863 DAIMLER empfiehlt den Bau eines Verbrennungsmotors für Straßenfahrzeuge[1].

1867 DAIMLER sieht erstmals einen Flugkolbenmotor von OTTO, S. 84 und Abb. 34, und will nunmehr „jedem Schaffenden zumindest eine Pferdekraft zur Verfügung stellen, damit die wertvolle Kraft menschlicher Hände für andere Aufgaben frei werde".

Phot. Dtsch. Museum

Abb. 12. STEPHENSONS Lokomotive „Rocket" aus dem Jahre 1829.

1883 DAIMLER erhält das grundlegende DRP. Nr. 28022 auf die Glührohrzündung.

1883 Der erste DAIMLER-Versuchsmotor erreicht eine Drehzahl von 900 U/min gegenüber höchstens 200 U/min von Motoren mit der bis dahin üblichen „Flammenzündung".

1885 Erster DAIMLER-Fahrzeugmotor mit gekapseltem Triebwerk von 40 kg/PS gegenüber den bisherigen 300—600 kg/PS Leistungsgewicht.

1885—1886 Fahrten DAIMLERS mit Motorrad (Zweirad), Motorwagen und Motorboot.

1885—1886 Fahrten von BENZ auf Motorwagen mit elektrischer Zündung, Wasserkühlung und Oberflächenvergaser.

---

[1] SIEBERTZ, P.: Gottlieb Daimler. München-Berlin 1941.

1886 Benz erhält DRP. Nr. 37 435, die „Geburtsurkunde" des modernen Kraftwagens.

1888 Verwendung eines Daimler-Motors im Luftschiff von Wölfert, S. 86.

1891 Erstes Motorwagenrennen (Paris-Brest).

1893 Daimler und Karl Maybach erfinden den Spritzvergaser.

Phot. Dtsch. Museum

Abb. 13. Borsig-Lokomotive „Adler" aus dem Jahre 1835.

Abb. 14. Moderne Schnellzuglokomotive.

1894 Erstes internationales Motorwagenrennen zwischen Paris und Rouen.

1900—1901 Der Daimler'sche „Mercedes"-Wagen leitet eine neue Epoche im Kraftwagenbau ein.

d) Die Erfindung des Dieselmotors. Im Gegensatz zu den Zeiten von James Watt und George Stephenson gab es vor der Erfindung des Dieselmotors bereits zu großer Vollkommenheit entwickelte Wärmekraftmaschinen. Rudolf Diesel hatte aber infolge der benötigten hohen Drücke, genauen Dosierung und feinen Zerstäubung des Brennstoffes aus praktischen und infolge Überschätzens des „Carnotschen

Kreisprozesses"[1] aus theoretischen Gründen mit außerordentlichen Schwierigkeiten zu kämpfen, obgleich sich der Maschinenbau auf einer ungleich höheren Entwicklungsstufe befand als Ende des 18. Jahrhunderts.

1860 LENOIR bringt die erste gangbare Gasmaschine heraus.

1860 OTTO beginnt sich mit LENOIR-Maschinen zu beschäftigen.

1867 OTTO (1832—1891) erfindet den Flugkolbenmotor.

1872 BRAYTON baut einen verbesserten Gasmotor.

1876 OTTOS erster betriebsfähiger Viertakt-Motor läuft.

1884 DIESEL (1858—1913) will einen Ammoniakmotor bauen.

1886 DIESEL entwirft einen Ammoniakmotor.

1886 DIESEL sieht sich nach einem anderen Arbeitsverfahren um.

1892 DIESEL erhält sein grundlegendes Patent.

1893 DIESEL veröffentlicht sein Verfahren.
DIESEL gewinnt die Maschinenfabrik Augsburg und die Firma FRIEDRICH KRUPP in Essen als Lizenznehmer.
Der Dieselmotor erzielt die erste Zündung (10. August).

1894 Der Dieselmotor gibt erstmals ruckweise Arbeit her und läuft etwa 1 Minute lang leer (17. Februar).
Andauernde Enttäuschungen und Quertreibereien.

1895 Der Wärmeverbrauch des Dieselmotors ist nur noch etwa halb so groß wie der aller anderen Wärmekraftmaschinen (26. Juni).

1897 Der DIESEL-Viertaktmotor hat seine für viele Jahre maßgebende Form erreicht.

1900 Die Versuche haben rund 600000 RM. verschlungen. DIESEL ist fünffacher Millionär.
Der Compoundmotor von DIESEL erweist sich als Fehlschlag.

1897—1905 Der DIESEL-Motor hat noch mit großen Fabrikationsschwierigkeiten zu kämpfen.

e) Die Erfindung des lenkbaren Luftschiffes. Während bei Dampfmaschinen und Verbrennungsmotoren große Vorteile für die gesamte Wirtschaft und entsprechende Gewinne lockten, ist die Erfindung des lenkbaren Luftschiffes vorwiegend militärischen und sportlichen Erwägungen zu verdanken. Sein Bau machte wegen der mangelhaften meteorologischen und aerodynamischen Kenntnisse, der ungeeigneten Antriebsmotoren und Baustoffe und dem geringen Verständnis des Publikums außerordentliche Schwierigkeiten.

1835 Graf LENNOXS Luftschiff „Adler" wird beim ersten Flugversuch vernichtet, Abb. 15.

1852 GIFFARDS erster Flug mit einem Luftschiff.

---

[1] Der CARNOTsche Kreisprozeß gibt an, auf welche Weise Wärme theoretisch besonders vorteilhaft in Arbeit verwandelt werden kann.

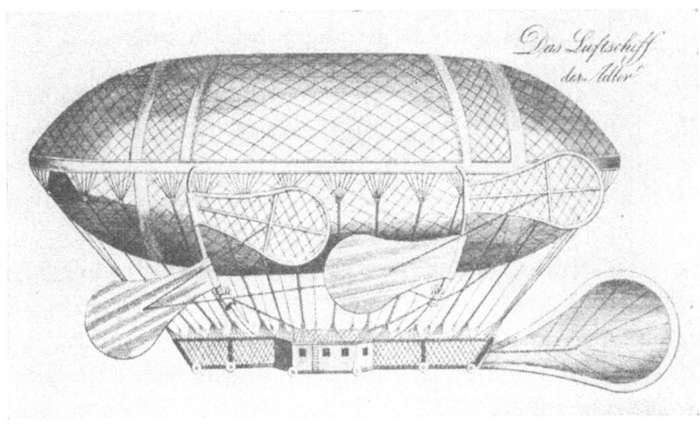

Abb. 15. Luftschiff „Adler" des Grafen LENNOX für eine „Luftkommunikation zwischen London und Paris" aus dem Jahre 1835.

Abb. 16. Luftschiff von SCHWARZ mit Aluminium-Ballonhülle aus dem Jahre 1897.

Abb. 17. ZEPPELIN-Luftschiff Hindenburg. Baujahr 1936.

Beachte in den Abbildungen 15—17 den Wandel der äußeren Form und wie häßlich uns heute Abb. 16 erscheint, weil das Luftschiff aerodynamisch und konstruktiv verfehlt ist.

1872 PAUL HÄNLEIN baut ein Luftschiff (3,6 PS Leistung).

1873 Graf ZEPPELIN (1838—1917) fertigt den ersten Entwurf eines starren Luftschiffes an.

1874 Der Postminister VON STEPHAN sagt die Revolutionierung des Weltverkehrs durch die Luftfahrt voraus.

1884—1885 RENARD und KREBS bauen das Luftschiff La France (8,5 PS).

1892—1893 Graf ZEPPELIN entwirft ein starres Luftschiff.

1894 Das Preußische Kriegsministerium lehnt den Bau eines ZEPPE-LIN-Luftschiffes ab.

1896 Der Verein Deutscher Ingenieure erstattet ein für Graf ZEPPE-LIN günstiges Gutachten.

1897 Die Luftschiffe von Dr. WÖLFERT und von SCHWARZ, Abb. 16, verunglücken.

1900 Versuchsfahrt mit dem ersten „Zeppelin" (30 PS Leistung, 11300 m³, 28 km/h Geschwindigkeit).

1901 SANTOS-DUMONTS Luftschiff (12 PS Leistung).

1903 Abbruch des ersten „Zeppelin" aus Mangel an Mitteln. „Der verrückte Graf."

1904 Bau des zweiten „Zeppelin" (170 PS Leistung, 11300 m³, 44 km/h Geschwindigkeit).

1904 LEBAUDYS Luftschiff (40 PS Leistung).

1906 Zerstörung des zweiten „Zeppelin" im Sturm. Das Privatvermögen von ZEPPELIN ist verbraucht.
Fahrt des dritten „Zeppelin". Die kritische Stimmung von Publikum und Behörden schlägt um.

1908 Zeppelin Z 4 (210 PS, 15000 m³, 49 km/h) wird auf 24 stündiger Dauerfahrt kurz vor dem Heimathafen vom Sturm zerstört. Die Lebensarbeit von Graf ZEPPELIN scheint vernichtet zu sein. Volksspende bringt in kurzer Frist 6 Millionen Mark ein.

1910 Abermalige Vernichtung eines „Zeppelin" im Gewitter. Öffentliche Meinung schlägt erneut um.

1914—1918 101 „Zeppeline" legen in 470 Fahrten 1700000 km zurück.

1924 Der Zeppelin „Los Angeles" fliegt nach Nordamerika (2000 PS, 70000 m³).

1930 Beginn regelmäßiger Fahrten mit „Zeppelinen" nach Übersee.

1936 Luftschiff LZ 139 „Hindenburg" (3600 PS, 200000 m³, 125 km/h Geschwindigkeit, 50 zahlende Fahrgäste) fertiggestellt, Abb. 17.

1937 Luftschiff „Hindenburg" bei der Landung in Lakehurst vernichtet (7. Mai).

2. Stimmen der Zeitgenossen.

Die Ansichten von Zeitgenossen über Erfindungen ihrer Epoche sind ebenso reizvoll wie aufschlußreich.

a) Äußerungen über die Dampfmaschine. Über Watt sind meines Wissens authentische Äußerungen nicht bekanntgeworden, wohl aber machten ihm seine Zeitgenossen durch versuchte Eingriffe in seine Schutzrechte viele Jahre hindurch schwer zu schaffen. Bemerkenswert ist der Ausspruch über Richard Trevithick, der es als erster mit Erfolg wagte, zu hohen Dampfdrücken überzugehen (10,5 atü gegenüber nur 0,5 atü von Watt), „er verdiene gehängt zu werden, weil er die Hochdruckdampfmaschine eingeführt habe", doch wird angenommen, daß er vom Sohn von James Watt herrührt[1].

Trevithick nach der ersten erfolgreichen Fahrt seines Straßen-Dampfwagens mit 10 t Eisenlast und 70 Menschen im Jahre 1804: „... Wir werden auf die nächste Reise 40 t Eisen mitnehmen. Bis jetzt nannte mich das Publikum einen Projektemacher, aber jetzt hat sich sein Ton erheblich geändert ..." Derselbe im Jahre 1830: „Das tiefeingewurzelte Vorurteil des Publikums, Hochdruckdampf (man verstand hierunter jenesmal Dampf von rund 10 at) sei nicht vorteilhaft, ist durch das überlegene Arbeiten meiner Maschine ... fast überwunden, aber es dauerte 26 Jahre, bis die englischen Ingenieure die Augen wenigstens teilweise öffneten."

b) Äußerungen über die Dampflokomotive. Mr. Alderson im englischen Parlament: „Ich denke, es ist erwiesen, daß der Stephensonsche Plan der abgeschmackteste ist, der je in einem Menschengehirn ausgeheckt wurde ... Ich behaupte, daß Stephenson nie einen Plan gehabt hat und daß er gar nicht fähig ist, einen zu entwerfen." An derselben Stelle Sir Isaac Coffin: „Weder das auf dem Feld pflügende, noch das auf den Triften grasende Tier wird dies Ungeheuer ohne Entsetzen wahrnehmen. Die Eisenpreise werden sich wahrscheinlich verdoppeln, wenn die Eisenvorräte nicht, was wahrscheinlich ist, ganz erschöpft werden. Die Eisenbahn wird der größte Unfug sein."

Karl Leuchs in seinen Erinnerungen an die Eröffnung der Nürnberg—Fürther Bahn (1835)[1]: „Die einen bezweifelten, daß der Bahndamm halten würde, daß jemand sein Leben dem so schnell fahrenden Dampfwagen anvertrauen werde. Wieder andere sahen voraus, daß die Schienen gestohlen oder von den Kutschern, die durch sie um ihren

---

[1] Rein technisch ist der Ausspruch verständlich, da die Werkstoffe und Herstellungsverfahren für mit hohem Druck arbeitende Dampfkessel noch außerordentlich primitiv, Explosionen aber wegen des Fehlens einer chemischen Wasserreinigung weit leichter möglich waren als 100 Jahre später. Bemerkenswert ist der Ausspruch aber insofern, als er zeigt, daß auch damals selbst sehr bedeutende Ingenieure vollkommen in zeitbedingten Vorstellungen befangen waren.

Verdienst kamen, zerstört würden, oder bei einem Krieg von dem Feinde weggenommen werden ..."

Das berühmt gewordene Gutachten des Königlich-Bayerischen Obermedizinal-Kollegiums, demgemäß der Anblick der schnell fahrenden Lokomotive bei Reisenden wie Zuschauern schwere Gehirnerkrankungen erzeugen werde und man daher den Bahnkörper mit hohen Zäunen umgeben müsse, ist nicht authentisch.

Der damals in Amerika lebende Nationalökonom FRIEDRICH LIST (1789—1846): „New York wird die Steinkohle von Newcastle brennen, die Bewohner von Philadelphia werden sich zuweilen die im niedersächsischen Staate gewachsenen Kartoffeln schmecken lassen ... Nun bedenke man, wie unermeßlich die Produktionskräfte von ganz Deutschland gesteigert würden, wenn eine der Seefracht an Wohlfeilheit und Schnelligkeit gleichkommende Landfracht bestände."

Bei Eröffnung der Berlin—Potsdamer Bahn (1838) riet der Berliner Pfarrer GOSNER seinen Frommen, „sich um ihrer Seligkeit willen von dem höllischen Drachen fernzuhalten". Der für die Eisenbahn begeisterte Kronprinz FRIEDRICH WILHELM sagte am gleichen Tage: „Diesen Karren, der durch die Welt rollt, hält kein Menschenarm mehr auf", während sein Vater König FRIEDRICH WILHELM III., der seine Einwilligung zum Bahnbau nur widerstrebend gegeben hatte, in seiner bekannten kurzen Ausdrucksweise meinte: „Sehe keinen Vorteil dabei, wenn eine Stunde früher in Potsdam."

c) **Äußerungen über den Kraftwagen.** DAIMLERS Vorschlag im Jahre 1863, Verbrennungsmotoren für Straßenfahrzeuge zu bauen, wird als „utopisch" abgelehnt. Das gleiche Schicksal widerfuhr seinem 1884 der Gasmotorenfabrik Deutz gemachten Anerbieten, seine Erfindungen zu verwerten. Der sterbende französische Ingenieur EDOUARD SARAZIN dagegen sagte 1887 zu seiner Frau: „Ich rate dir ... die geschäftliche Verbindung mit DAIMLER weiterzupflegen, seine Sache ... wird eine Zukunft haben, deren Größe wir uns heute gar nicht vorstellen können." Die kurzsichtig dumme, fast 20 Jahre lang währende Animosität des Publikums gegen Kraftwagen und Motorboot zeigen folgende Äußerungen: „das seien Ideen eines spinneten Teufels", „man könne ja ruhig abwarten, bis er mit seinem stinkigen Kasten in die Luft fliege". Über BENZ sagte man: „er sei im Oberstübchen nicht ganz richtig und werde sich mit seiner verrückten Idee ruinieren". 1887 untersagte die Frankfurter Polizei die Fahrt des DAIMLER-Motorbootes, „weil alle maßgebenden Stellen erklärten, der mit Benzin vollgefüllte Kahn müßte in die Luft fliegen", und noch 1896 erhielt der Pariser Polizeipräfekt folgende Mitteilung: „... Hierdurch zeige ich an, daß ich von morgen ab ... auf den ersten tollen Hund schießen

---

[1] BECKH, M.: Deutschlands erste Eisenbahn. Nürnberg 1935.

werde, der auf einem Automobil oder einem Benzin-Dreirad sitzt."
Auch hier bewahrheitete sich der alte Spruch Mundus vult decipi.
Die „Täuschung" bestand in zahlreichen Rennen, die dem Kraftwagen
nicht nur viel schneller eine Gasse bahnten, als es jede auf seine praktische
Bedeutung gerichtete Bearbeitung der öffentlichen Meinung hätte erreichen können, sondern sich als ein sehr wirkungsvolles Mittel zu seiner
Hochzüchtung erweisen sollten. DAIMLER und BENZ zeigen besonders
deutlich, auf welche Schwierigkeiten Erfinder nicht nur bei Ingenieuren
und Geldleuten, sondern vor allem beim Publikum, das oft alles andere
als fortschrittlich gesinnt ist, stoßen können, selbst wenn sie handwerk-
lich ebenso gewandt sind wie konstruktiv, als Erfinder ebenso hervorragend wie als Leiter bedeutender Fabriken, als Menschen ebenso solide
und groß wie als Ingenieure.

d) Äußerungen über den Dieselmotor. DIESEL wurde vorgeworfen,
er sei kein Motorenfachmann, sondern ein Eismaschinen-Ingenieur[1]; es
sei alles ganz anders gekommen, als er vorausgesagt habe; seine berühmt
gewordene Schrift sei ein einziger großer Irrtum gewesen; er habe entgegen seinen Prophezeiungen seinen Motor mit einem Kühlmantel ver-
sehen und die Isotherme nicht verwirklicht usw. ....[2]

Der Motorenfachmann CAPITAINE: „Das, was DIESEL geleistet hat,
ist bekannt gewesen, und das, was neu war, hat nichts getaugt."

Der berühmte Prof. REULEAUX zum jungen DIESEL: „Man darf
Ihnen deshalb Glück wünschen und zugleich diejenige Ausdauer, die
jede neue technische Aufgabe erfordert. Ihre Maschine führt abermals
einen Stoß gegen die mächtige Dampfmaschine, indem sie deren Wärme-
ausnutzung übertrifft."

e) Äußerungen über lenkbare Luftschiffe. WERNER VON SIEMENS
etwa im Jahre 1890[3]: „Noch schlimmer als mit Flugmaschinen steht es
mit den lenkbaren Luftschiffen. Die Aufgabe, solche herzustellen, ist
im Prinzip längst gelöst, denn jeder Luftballon kann durch einen passenden Bewegungsmechanismus, der in der Gondel angebracht ist, bei wind-
stillem Wetter in beliebiger Richtung fortbewegt werden. Dies kann
aber nur langsam geschehen, weil einmal hinlänglich leichte Kraftmaschinen noch fehlen, um den voluminösen Ballon in größerer Geschwindigkeit durch die Luft oder gegen den Wind zu treiben, und weil
zweitens das Material des Ballons einen starken Gegendruck der Luft
gar nicht vertragen würde, wenn man auch solche Maschinen besäße.
Die längliche Form, welche die Erfinder dem Ballon geben, damit er

---

[1] Mit fast demselben Argument arbeiten auch heute noch Spezialisten mit
Vorliebe, wenn ein ihnen an Fähigkeiten überlegener Außenseiter ihre Kreise stört.

[2] DIESEL, E.: Diesel. Hamburg 1937.

[3] SIEMENS, W. VON: Lebenserinnerungen. Berlin 1938.

Münzinger, Ingenieure. 2. Aufl. 7

die Luft besser durchschneide, vermehrt sein Gewicht bei gleichem tragenden Volumen und ist daher ohne Wert ..."

Gegen die ZEPPELINsche Erfindung wurden die verschiedensten Einwände gemacht, die sich zum Teil mit den eben genannten decken.. Bemerkenswert durch Sachlichkeit und Weitblick ist das dem Grafen ZEPPELIN günstige Gutachten des Vereins Deutscher Ingenieure aus dem Jahre 1896. Um die Jahrhundertwende wurde ZEPPELIN in weitesten Kreisen nicht anders als „der verrückte Graf" bezeichnet. Ich kann mich noch gut entsinnen, daß man sich nur darum stritt, ob ZEPPELIN ein Narr oder ein Schwindler sei. Davon, daß das, was er vorhabe, vollkommener Unsinn sei, war ein großer Teil des Publikums fest überzeugt. Dem Grafen ZEPPELIN erging es nicht viel anders als 100 Jahre vorher dem ersten erfolgreichen Erbauer eines Dampfbootes, JOHN FITCH, der verlacht und verkannt und in „äußerster Erschöpfung und Armut" sich im Jahre 1798 vergiftete, oder den gleichfalls verkannten Pionieren des Flugzeugbaues, Prof. LANGLEY und OTTO LILIENTHAL.

Interessant sind 2 Äußerungen des Grafen ZEPPELIN aus dem Jahre 1896[1]. Er meinte: „Das Luftschiff hat gegenüber dem Flugzeug den ungeheueren Vorteil voraus, daß es — vom Unglücksfall einer Entzündung abgesehen — niemals jäh abstürzen kann." Über die Flugmaschine von Prof. WELLNER bemerkte er: „Der Seiltänzer zeigt seine Kunst in schwindelnder Höhe erst, nachdem er sie nahe über der Erde erlernt hat. Wer sich zum Führer der Flugmaschine ausbilden wollte, wird regelmäßig beim ersten Flug das Genick brechen." Diese heute als völlig undiskutierbar erscheinende Flugmaschine, für die ZEPPELINs Behauptung zweifellos zutraf, hatte aber von „berufener Seite", darunter von dem berühmten Professor des Maschinenbaues RADINGER, hohe Anerkennung gefunden. Sie war übrigens die erste Erscheinung der Luftschiffahrt, die in der Zeitschrift des Vereins Deutscher Ingenieure behandelt wurde (1894), ein Zeichen, für wie utopisch auch Ingenieure damals Flugzeuge noch hielten.

f) Äußerungen über sonstige Erfindungen und Entdeckungen. Auch die Elektrotechnik bietet schöne Beispiele für das Verkennen der Bedeutung großer Erfindungen. Noch 2 Jahre vor der berühmten Drehstrom-Hochspannungs-Fernübertragung Lauffen a. N.—Frankfurt a. M. (1891), die dem elektrischen Strom erst die Welt ganz erschlossen hat, lehnte EDISON eine Einladung des Chefelektrikers der AEG, M. VON DOLIVO-DOBROWOLSKY, sich den von ihm geschaffenen Motor anzusehen, mit dem Bemerken ab, Wechselstrom sei ein Unding und habe keine Zukunft, er wolle daher nichts davon wissen und sehen. Sachverständige behaupteten, von der Primärleistung würden höchstens 13% in Frankfurt ankommen (in Wirklichkeit waren es 75%) und wiesen eine Über-

---

[1] ZEPPELIN, Graf F.: Z. VDI 1896 S. 408—414.

tragung mit 30000 Volt höhnisch als undurchführbar zurück (heute sind 250000 Volt etwas Selbstverständliches). DOLIVO-DOBROWOLSKY sagte hierüber: „Na, mit solchen Maximalberechnungen haben sich schon früher manche Autoritäten blamiert." Die Fehlbeurteilung von Neuerungen ist aber keineswegs eine der Technik eigentümliche Erscheinung, denn auf fast allen Gebieten haben sich zeitgenössische Urteile von Sachverständigen und bedeutenden Persönlichkeiten über Erfindungen und Neuerungen oft als falsch und abwegig erwiesen. Über den beabsichtigten Bau des Suezkanales äußerte sich der Premierminister PALMERSTON im englischen Parlament[1]: „Es handelt sich um ein Unternehmen, das in die Klasse jener Schwindelunternehmen gehört, die von Zeit zu Zeit der Leichtgläubigkeit einfältiger Geldleute glauben Schlingen legen zu können. Abgesehen davon, halte ich den Plan vom technischen Standpunkt aus für absolut undurchführbar, mindestens aber mit so enormen Kosten verbunden, daß von einer Rentabilität keine Rede sein kann . . ." Der Sohn ROBERT (1803—1859) von GEORGE STEPHENSON, ein Ingenieur von Weltruf, meinte, der Kanal hätte, da zwischen Mittelmeer und Rotem Meer kein Höhenunterschied bestehe, keine Strömung, weshalb sein Wasser bald faulen würde.

Das deutsche Oberkommando maß noch im November 1917 Tanks nur geringe Bedeutung bei[2], und die völlig falschen Ansichten der französischen Generale über die Maginotlinie zeigen ihre folgenden Äußerungen: „Kein Anmarsch motorisierter Truppen wird diese Schranke überraschend überschreiten können"; „an der Maginotlinie wird sich eine ganze Welt auch gegen den am stärksten gerüsteten und furchtbarsten Angreifer verteidigen können"; „unsere Befestigungen schützen das Land gegen jeden versuchten Einfall und gegen jede Überraschung."

Die Jünger Äskulaps nannten IGNAZ SEMMELWEIS, den Entdecker der antiseptischen Wundbehandlung, einen Verräter an der ärztlichen Sache, und EDWARDS JENNER (1749—1823), der Begründer der Pockenschutzimpfung, stieß in Fachkreisen zunächst auf scharfe Ablehnung.

Über die reinen Wissenschaftler schließlich sagte LUIGI GALVANI im Jahre 1792: „Ich bin von den Weisen und den Dummen angegriffen worden. Den einen wie den anderen bin ich ein Spott und man nennt mich den Tanzmeister der Frösche" (Hinweis auf das berühmte Experiment mit den zuckenden Froschschenkeln). Die Worte, die einer der 40 „Unsterblichen" der französischen Akademie der Wissenschaften dem Vorführer des ersten Phonographen von EDISON zugerufen haben soll: „Sie Schuft, glauben Sie, wir lassen uns von einem Bauchredner zum besten halten", verraten eine Art negativen Aberglaubens. Er war nämlich von der Unmöglichkeit eines Wunders so überzeugt, daß er

---

[1] SCHALL, J.: Die Pforte der Welt. Völk. Beobachter 1940.
[2] GUDERIAN, Generaloberst: Achtung Panzer.

etwas wirklich Existierendes lediglich deshalb für Schwindel hielt, weil er seine Tatsache nicht bestreiten konnte, sich seine Wirkung aber nicht zu erklären vermochte.

3. Lehren der Geschichte großer Erfindungen.

a) Allgemeines. Fast jeder Fortschritt stößt infolge der geistigen Trägheit der Menschen, auch wenn er keine finanziellen Interessen berührt, zuerst auf oft erbitterten Widerstand. Der Ausspruch Schopenhauers, jedes Problem durchlaufe bis zu seiner Anerkennung drei Stufen, in der ersten erscheine es lächerlich, in der zweiten werde es bekämpft und in der dritten gelte es als selbstverständlich, wird durch zahlreiche Erfindungen und Fortschritte der Technik glänzend gerechtfertigt. Menschliche Leidenschaften werden daher bei Erfindungen, die dem einen Reichtum, dem anderen schwere Nachteile bringen können, besonders leicht zum Ausbruch gelangen. Der Erfinder neigt dazu, die Vorteile seiner Erfindung zu übertreiben, seine Gegner lassen aus Mißgunst und Rückständigkeit oft kein gutes Haar an ihr und die Öffentlichkeit, die die Zusammenhänge nicht kennt, weiß nicht, was sie denken soll, bis sich im Laufe der Zeit die Gemüter beruhigen. Aber auch wenn man von persönlichen Motiven absieht, werden manche fragen, weshalb sich bedeutende Fachgenossen in der Beurteilung großer Erfindungen so irren können, und was man von einer Wissenschaft halten soll, deren hervorragendsten Vertretern derartige Irrtümer unterlaufen. Die Gründe werden deshalb im folgenden näher erörtert.

b) Konzeption und Ausführung einer Erfindung. Rudolf Diesel sagte: „Erfinden heißt, einen aus einer großen Reihe von Irrtümern herausgeschälten richtigen Grundgedanken durch zahlreiche Mißerfolge und Kompromisse hindurch zum praktischen Erfolge führen." Graf Gobineau kommt mit den Worten: „Die Sicherheit des Blickes für das Richtige und Wahre gibt noch lange keine Gewähr dafür, daß man es auch zu schaffen vermöge", in ganz anderem Zusammenhang gleichfalls zum Ergebnis, daß Erkennen und Verwirklichen von etwas Richtigem zwei sehr verschiedene Dinge sind, also besondere Fähigkeiten zum Verwirklichen einer Erkenntnis gehören. Wie wenig erfinderische Ideen es aber bis zur marktfähigen Erfindung bringen, zeigt die Äußerung von Werner von Siemens: „Auf dem Wege vom gelungenen Experiment bis zum brauchbaren, praktisch bewährten Mechanismus brechen sich zwischen 99 und 100 (von 100) Erfindungen den Hals" und die von Rudolf Diesel, der von einem ungeheueren Abfall von Ideen beim Erfinden spricht.

Entgegen der populären Ansicht sind große Erfindungen fast immer die Frucht mühseliger Anstrengungen des Erfinders und seiner

Mitarbeiter, zu denen nicht selten viele namenlose Vorgänger kommen. Nach WERNER VON SIEMENS „haben Ideen an und für sich nur einen sehr geringen Wert. Der Wert einer Erfindung liegt in ihrer praktischen Durchführung, in der auf sie verwendeten geistigen Arbeit, den auf sie verwendeten Arbeits- und Geldsummen". Da aber nur die erfolgreiche Erfindung der Allgemeinheit etwas nützt, gilt als Erfinder nicht der, der einen bestimmten Gedanken erstmals äußerte, sondern der, der ihm als erster praktisch brauchbare Form gab. Deshalb nennt man WATT den Erfinder der Dampfmaschine und STEPHENSON den Erfinder der Dampflokomotive, obgleich es schon vor ihnen Dampfmaschinen und Dampflokomotiven gegeben hat. Bevor sie verkaufsfähig sind, müssen manche Erfindungen so einschneidende Änderungen durchmachen, daß von der ursprünglichen Idee oft kaum mehr etwas übrigbleibt, was an ein in der Weltgeschichte oft beobachtetes Phänomen erinnert, das HILAIRE BELLOC in die Worte kleidet[1]: „Die Früchte, die das Werk eines Mannes trägt, sind niemals diejenigen, die er erwartet. Immer gibt es eine Nebenwirkung, die nach einer gewissen Zeit als Hauptwirkung erscheint." Solche Abweichungen von der ursprünglichen Idee sind, wie das Beispiel RUDOLF DIESELS zeigt, oft Gegenstand einer schulmeisterlichen Kritik, die anmutet, wie wenn die Erstbesteigung eines Berges nur dann eine alpine Leistung wäre, wenn sie genau auf dem Wege erfolgte, der vom Tal aus gesehen als der geeignetste erschienen war. In der Technik passiert hier und da aber auch etwas Ähnliches wie das, was COLUMBUS zugestoßen ist: Man glaubt, man habe etwas bereits Bekanntes nur auf einem anderen Wege gefunden, während in Wirklichkeit etwas ganz Neues herausgekommen ist.

Die Überführung eines Erfindungsgedankens in praktisch brauchbare Form gelingt oft erst, nachdem geeignete Baustoffe und Fertigungsverfahren oder Zubehörteile entwickelt worden sind (was gleichfalls viel Mühe machen kann), selbst wenn das Zubehör im Rahmen des Ganzen nur sekundäre Bedeutung hat (Stopfbüchsen bei den ersten doppelt wirkenden WATTschen Dampfmaschinen, Einspritzdüsen, Brennstoff- und Luftpumpen bei Dieselmotoren, Einbau und Antrieb der Luftschrauben bei „Zeppelinen", Verwendung von Duraluminium bei Ganzmetallflugzeugen). Eine an sich richtige Überlegung bzw. Entdeckung kann sich als praktisch unbrauchbar erweisen und trotzdem die Entwicklung fördern. Beispielsweise hielt man auf Grund schlechter Erfahrungen in den neunziger Jahren die Erzeugung von Dampf in einer beheizten ununterbrochenen Rohrschlange derart, daß das kalte Wasser an ihrem einen Ende ein-, der überhitzte Dampf an ihrem anderen Ende austritt, fälschlicherweise für unmöglich. BENSON kam nun auf den Gedanken, die Verdampfung unter einem über dem kritischen Druck

____
[1] BELLOC, H.: Characters of the Reformation. London 1936.

des Wassers (225 at) liegenden Druck durchzuführen, weil es dann plötzlich als Ganzes vom flüssigen in den dampfförmigen Zustand übergeht. Derartige Kessel arbeiteten zwar schließlich einwandfrei, waren aber wegen des sehr hohen Druckes der Speisepumpe (rund 300 at) und aus anderen Gründen nicht lebensfähig, bis man durch Zufall merkte, daß in ihnen auch Dampf von beliebigem Druck sich sicher erzeugen läßt. Die Ursache ist darin zu erblicken, daß man während des rund 10 Jahre währenden kostspieligen Experimentierens unter überkritischem Druck im Bau der Feuerungen, der Regelvorrichtungen und der Anordnung der Rohrschlangen Erfahrungen gemacht hatte, die man rund 30 Jahre vorher noch nicht besaß. Aber erst durch die Möglichkeit, Dampf von beliebigem Druck erzeugen zu können, erhielten die BENSON-Kessel ihre heutige Bedeutung.

Schließlich kann während der Entwicklung einer Erfindung das Erscheinen einer demselben Zweck dienenden anderen Konstruktion (JOSSEsche Schwefligsäure-Maschinen bei Aufkommen der Dampfturbinen) oder die Feststellung, daß einer der von einer Erfindung erwarteten Vorteile nicht die ihm beigemessene Bedeutung hat, ihren Wert erheblich beeinträchtigen. Beispielsweise erwies sich der von Graf ZEPPELIN befürchtete jähe Absturz eines Flugzeuges bei versagendem Motor später als weit ungefährlicher als die Brand- und Sturmgefährdung gasgefüllter Ballone, und seine Annahme, Flugzeuge seien nur bis zu Entfernungen von etwa 1000 km geeignet, ist durch die Entwicklung längst überholt. Damit hängt es zusammen, daß selbst 40 Jahre nach dem Aufstieg des ersten „Zeppelin" die Aussichten des lenkbaren Luftschiffes noch immer sehr umstritten sind, trotz der gewaltigen Leistungen des Grafen und seiner Ingenieure und trotz der vielen glänzenden Fahrten seiner Luftschiffe.

So wie „Not, Krieg und Luxus wichtige Geburtshelfer beim Entstehen einer Erfindung sind", ist der Zufall eine große Hilfe bei ihrer Vervollkommnung. Beispielsweise wurde die ursprünglich mit 2 Gängen ausgeführte Schiffsschraube von SMITH dadurch erheblich verbessert, daß infolge des bei einer Kollision erfolgten Wegbrechens eines Ganges das Schiff wesentlich schneller lief, was SMITH auf die richtige Bemessung brachte.

c) Beurteilen der Aussichten von Erfindungen. Hält man sich diese Umstände vor Augen, so ist es unschwer erklärlich, weshalb zeitgenössische Urteile über Erfindungen so stark voneinander abweichen. Es ist also durchaus nicht so, daß diejenigen, die sich über eine später berühmt gewordene Erfindung skeptisch äußerten, töricht oder bösartig oder die anderen eo ipso Leute von Urteil und Weitblick gewesen zu sein brauchen. Weshalb eine Voraussage über ihren Wert bei manchen Erfindungen so schwer ist, wird vielleicht am besten klar, wenn man eine fertige Erfindung mit einem fertigen Buch vergleicht. Eine marktfähige Erfindung unterscheidet sich nämlich von dem ihr zugrunde liegenden erfinderischen Gedanken etwa so wie ein gedruckter Roman von der ihm zugrunde liegenden Idee. Die Idee ist oft schnell gefaßt, das Schreiben des Buches aber eine langwierige Arbeit, und wenn es fertig ist, taugt es manchmal trotz der guten Idee nicht viel. Ähnlich wie man auf Grund seiner tragenden Idee, wenn sie auch noch so geistreich ist, nicht sicher sagen kann, ob der fertige Roman gut sein wird, kann man im Anfangsstadium vieler Erfindungen ihnen schon deshalb keine zuverlässige Prognose stellen, weil die fertige Erfindung das Produkt der erfinderischen Idee, der Begleitumstände und der technischen und charakterlichen Werte des Erfinders, d. h. von Faktoren ist, die man nur zum Teile kennt. Derselbe Erfindungsgedanke kann nämlich einen recht verschiedenen praktischen Wert haben, je nachdem, ob z. B. der Erfinder eine ernsthafte, willensstarke und kenntnisreiche Persönlichkeit ist oder nicht.

Übrigens waren sich manche großen Erfinder über die Aussichten ihrer Erfindungen oft lange Zeit ähnlich unklar wie manche Denker und Dichter über den Erfolg des Werkes, das sie unsterblich machen sollte. Wenn aber selbst Erfinder sich über ihr eigenes Geisteskind täuschen, können fremde Fehlbeurteilungen erst recht nicht überraschen.

Daß ein vorzüglicher Fachmann eine Erfindung manchmal zu Unrecht skeptischer beurteilt als der ihm an positivem Wissen vielleicht weit unterlegene Erfinder, rührt davon her, daß er die zu erwartenden Schwierigkeiten besser kennt. Es ist ähnlich wie beim Bergsteigen, wo ein krasser Laie einen spaltenreichen verschneiten Gletscher aus Unkenntnis der drohenden Gefahren manchmal in einem Bruchteil der Zeit überwindet wie ein routinierter Alpinist, aber eben nur „manchmal". Die Dinge liegen also so, daß bei einer einzelnen Erfindung auch ein hervorragender Ingenieur sich täuschen kann, daß aber bei einer Summe von Erfindungen die Summe der Urteile kenntnisreicher Ingenieure zutreffender ist als diejenige von Menschen mit einer erfinderischen Ader, aber ohne solides Fachwissen.

Unter den großen Erfindern waren GEORGE STEPHENSON, ALFRED KRUPP, WERNER VON SIEMENS und HUGO JUNKERS einige der wenigen, die die volle Bedeutung ihrer Erfindung von Anfang an erkannt und bis an ihr Ende einen kühlen Kopf behalten haben. Ein Biograph von STEPHENSON kleidete dies in die Worte, er habe zum ersten Male „das Bild des Eisenbahnverkehrs in seiner Gesamtheit gesehen, während alle anderen nur ein Herumstümpern auf den Schienen wahrnahmen", Worte, die mit Bezug auf den Luftverkehr auch für HUGO JUNKERS[1] gelten.

---

[1] BLUNK, R.: Hugo Junkers. Der Mann und das Werk. Berlin 1940.

Im übrigen sind Äußerungen auch bedeutender Ingenieure über eine im Anfangsstadium befindliche Erfindung manchmal nicht viel mehr als stimmungsmäßige Vermutungen. Beweiskräftig können aber nur sachlich fundierte Ansichten sein und auch diese nur, wenn die Erfolge einer Erfindung auf sie und nicht auf andere Ursachen zurückzuführen sind. Da im Anfangsstadium vieler Erfindungen gar nicht bekannt sein kann, welche unter Umständen „nebensächlichen" Bestandteile später Schwierigkeiten machen oder welche besonderen Baustoffe und Fertigungsverfahren für ihre Durchführung benötigt werden, oder welche Hindernisse auftreten, kann eine sonst richtige Beurteilung der Aussichten einer Erfindung allein dieser Unkenntnis wegen sich als falsch erweisen. Es wird aber immer Menschen geben, die dies nicht begreifen, sondern fest davon überzeugt sind, daß sie die Aussichten einer großen Erfindung sofort erkannt hätten, wenn sie sie nur miterlebt haben würden. Sie merken leider nur nicht, welche Irrtümer und Fehlschlüsse sie selber zu ihrer Zeit begehen. Manche falschen Voraussagen müssen daher milde beurteilt werden. Anders ist es, wenn sie auf Mißgunst, verletzte Eitelkeit oder auf wissenschaftlichen Dünkel zurückzuführen sind, der glaubt, eine gerade herrschende Theorie habe Ewigkeitswert. Solche Dogmatiker bieten auch in der Politik, der Heilkunde und auf anderen Gebieten wenig erfreuliche Parallelen.

4. Erfindung und Erfinderpersönlichkeit.

Die geschichtlichen Daten auf S. 80—86, aber auch moderne Erfindungen, wie der JUNKERS-Motor mit gegenläufigen Kolben, zeigen, daß die Entwicklung großer Erfindungen bis zur marktfähigen Konstruktion etwa 15—30 Jahre dauert, selbst wenn man von der Zeit absieht, die Vorgänger für die Verwirklichung derselben Idee geopfert haben. Das Auffinden der zweckmäßigsten Form ist oft ein noch länger dauernder Vorgang (Abb. 12—14, 15—17). Das Herausbringen großer Erfindungen ist also meist ein sehr teures Unterfangen, von dem Sein oder Nichtsein einer Firma abhängen kann. Es ist daher verständlich, wenn ein Unternehmen manchmal eine an sich hoffnungsvolle Entwicklungsarbeit abbricht, weil es glaubt, das Hineinstecken von weiterem Geld nicht mehr verantworten zu können. Erkennt ein Fabrikant diesen Zeitpunkt nicht, so wird er leicht zum Spekulanten. Aber auch wenn er angesichts der ihm zur Verfügung stehenden Mittel mit Recht auf die weitere Auswertung verzichtet, wird ihm die Öffentlichkeit oft nicht gerecht, wenn ein anderer mit der Erfindung schließlich doch Erfolg hat.

Erfinder aber können an ihrer seelischen Konstitution, ihrem Hang zum Grenzenlosen und weil die Zeit noch nicht reif ist, scheitern. Es hängt daher oft viel davon ab, ob sie die erforderliche Unterstützung finden. Rudolf Diesel sagt hierzu: „Wenn ein Genie ... nicht eine außerordentliche Begabung für den Lebenskampf hat, hat es sehr wenig Aussicht, sich im Lebenskampf zu erhalten, wenn ihm dabei nicht geholfen wird." Denis Papin, den James Watt als das größte Genie unter seinen Vorgängern bezeichnet hat, starb verarmt und erfolglos, weil die zur Verwirklichung seiner Ideen erforderlichen Herstellungsverfahren noch fehlten. Der von Ideen überschäumende energische Trevithick, dessen Leben „eine Folge von Sonnenschein und Unglück" war, scheiterte, weil er sich mit zu vielen Dingen beschäftigte. Das erfinderische Genie des übervorsichtigen, gehemmten James Watt kam erst zur vollen Auswirkung, als er sich mit dem optimistischen, die Dinge von hoher Warte betrachtenden und über große Mittel verfügenden Industriellen Boulton[1] zusammentat. Watt suchte ähnlich wie Junkers, bevor er sich an die Ausführung machte, aus vielen Ideen sorgfältig diejenige aus, die ihm zum Erreichen des gesteckten Zieles am geeignetsten erschien. Bei Trevithick, dem dieses systematische Vorgehen nicht lag, nahm dagegen eine Erfindung fast unmittelbar nach ihrer Konzeption praktische Form an. Während es aber Watt verhältnismäßig schnell zu Wohlstand brachte, kam Trevithick mit seinen Erfindungen stets ein paar Jahre zu früh, um sie verwirklichen zu können und starb, den Kopf voller neuer Ideen, nach einem faustischen Leben verarmt und verlassen. Zum Vollenden großer Erfindungen wie für den Erfolg als Ingenieur überhaupt gehört also ein starker Charakter und gelegentlich auch fremde Hilfe. Wenngleich der Zufall eine Rolle spielt, so kommt doch kaum eine große Erfindung ohne hervorragende technische und charakterliche Leistungen zustande.

Nicht viele Erfinder haben die Einsicht und Selbstüberwindung, die aus folgenden Worten von Ernst Alban (1791—1856), dem Erfinder des Kammerwasserrohrkessels, spricht: „Seitdem ich aber gezwungen war, als praktischer Maschinenbauer einen sicheren Weg zu gehen, habe ich den Druck der Dämpfe in meiner Maschine mehr ermäßigt (Alban hatte zuerst Drücke von 50—70 at vorgeschlagen) und erfahren, daß ich mich sehr wohl dabei befinde... Wenn nun gleich diese Tendenz vielleicht weniger wissenschaftlich als die frühere, von manchen gar inkonsequent gescholten werden sollte..., so will ich mich lieber für jetzt einer Inkonsequenz bezichtigen lassen, als halsstarrig in einer angenommenen Meinung verharren, deren Früchte für das Leben noch in weiter Ferne liegen."

Am Leben des Grafen Zeppelin kann man sehen, zu welchen Opfern ein Erfinder bereit sein muß. Die heutige Generation kann sich kaum mehr vorstellen, was es vor einem halben Jahrhundert für einen der Aristokratie angehörenden General bedeutete, unter die „Erfinder" zu

---

[1] Dickinson, H. W.: Mathew Boulton. Cambridge 1936.

gehen und dazu noch ein lenkbares Luftschiff bauen zu wollen. ZEPPELIN, der unter den deutschen Erfindern vielleicht die ausgeglichenste Persönlichkeit ist, sich über das, was seiner harrte, vollkommen klar war, und sich durch Hohn, Spott und schwerste Rückschläge nicht entmutigen ließ, sollte immer ein leuchtendes Beispiel für den überragenden Wert eines großen Charakters für technisches Schaffen sein. Da er aber die ganze Bitterkeit des zu Unrecht verkannten Erfinders auskosten mußte, ist für „verkannte" Erfinder sein Ausspruch besonders beherzigenswert: „Die größte Teilnahme wachrufend ist der Gedanke an die Scharen vermeintlicher Erfinder, die wirtschaftlich und geistig versinken — wie oft dem Wahnsinn verfallen — nur weil sie unter den Erleuchteten keine warmherzige Seele finden, um ihnen die Augen zu öffnen, so lange sie für die Klarheit noch empfänglich sind[1]." WERNER VON SIEMENS sagt zum gleichen Thema: „Durch Erfindungen sein Glück zu machen, ist eine sehr schwere Arbeit, die wenige zum Ziele führt und schon unzählige zugrunde gerichtet hat."

Große Erfinder bedeuten für die Technik das, was Propheten, Reformer und „Rebellen gegen das Schicksal" im sonstigen Leben sind. Ihr Genie, Weitblick, Mut und Wille erreichen oft unter größten Schwierigkeiten in kurzer Zeit etwas, um was sich mehrere Geschlechter vergeblich abgemüht haben. Sie stoßen aber fast immer auf erbitterten Widerstand, weil sie zwei empfindliche Stellen der menschlichen Natur verletzen: „angestammte Rechte" und die Abneigung gegen das Neue. Diese Widerstände und die Tücke des Objektes kann nur der Einsatz der eigenen Person überwinden. Deshalb wird auch eine Art halbamtlicher Erfinderförderung wenigstens bei großen Erfindungen nur bis zu einem bestimmten Maße helfen können.

Auch beim Erfinden steht der Aussicht, Ruhm und klingenden Lohn zu ernten, das Risiko des Verkanntwerdens, des Zufrühkommens oder des Versagens der Kräfte vor Erreichen des Zieles gegenüber. Solange es Erfinder gibt, wird es daher unter ihnen außer Phantasten und Charlatanen immer Märtyrer geben. Viele „erfolglose Vorgänger" sind aber keine nutzlosen Versager, sondern häufig Männer von großem Verdienste und unentbehrliche Schrittmacher auf dem dornenreichen Wege zum Erfolge.

---

[1] ZEPPELIN, Graf F.: Z. VDI 1896 S. 408—414.

V. Folgen bedeutender Erfindungen.

1. Einleitung.

ALFRED KRUPP (1812—1887)[1].

Bahnbrechender Pionier der deutschen Stahl-
industrie, hervorragender Ingenieur, Erfinder
und Industriebegründer.

In diesem Abschnitt soll an einigen Beispielen der große Einfluß einiger Erfindungen im besonderen und der Technik im allgemeinen auf das Leben der Völker gezeigt werden, der, wie bereits weiter vorn erwähnt wurde, im Geschichtsunterricht auf den höheren Schulen und später auf den Technischen Lehranstalten viel zu stiefmütterlich behandelt wird. Ingenieuren, die diese Dinge nicht kennen, fehlt aber die hohe Warte, von der aus sie den Zusammenhang der Technik mit anderen Gebieten des öffentlichen Lebens und den tieferen Zweck ihrer Arbeit zu überblicken vermögen. Sie gleichen Baumeistern, die eine schwierige Straße zwar in den Einzelheiten sorgfältig und richtig, aber in der falschen Richtung bauen und können weder die Jugend für ihren Beruf begeistern, noch das Publikum über Wesen und Bedeutung der Technik aufklären. Unkenntnis dieser Dinge ist auch einer der Gründe, weshalb das Ergebnis der Ingenieurarbeit nicht immer ihrem inneren Werte entspricht und weshalb der Ingenieur im öffentlichen Leben nicht die Rolle spielt, die er spielen könnte, sondern oft Handlanger anstatt vollberechtigter Mitwirkender bleiben muß.

2. Folgen einiger Erfindungen.

a) Zunehmender Krafthunger der Menschen. Die Erfindung der Dampfmaschine macht den Menschen von vielen Fesseln frei. Zum ersten

---

[1] Aus dem „Corpus Imaginum" der Photographischen Gesellschaft, Berlin.

Male in der Weltgeschichte konnte er sich nunmehr fast überall beliebig viel und weit billigere Kraft[1] als die für große zusammengeballte Leistungen nicht geeignete Muskelkraft beschaffen. Nicht das Zusammenarbeiten vieler Menschen in fabrikartigen Betrieben, das man schon früher kannte, sondern der Ersatz schwerster körperlicher Arbeit durch die Maschine war ohne Vorläufer in der Geschichte. WELLS kleidet diese Wandlung in die Worte: „Die römische Zivilisation war auf der Arbeit billiger und erniedrigter Menschenwesen aufgebaut, die moderne wird auf billiger mechanischer Arbeit beruhen" und unterscheidet zwischen einer industriellen Revolution, die von der sozialen und finanziellen Entwicklung herrührt, und der mit ihr gleichzeitigen, aber von anderen Wurzeln genährten, durch die Kraftmaschine verursachten mechanischen Revolution, die sich u. a. in dem allmählichen Verschwinden der großen Kluft auswirken werde, die früher die Menschen in Analphabeten und Gebildete geschieden habe[2].

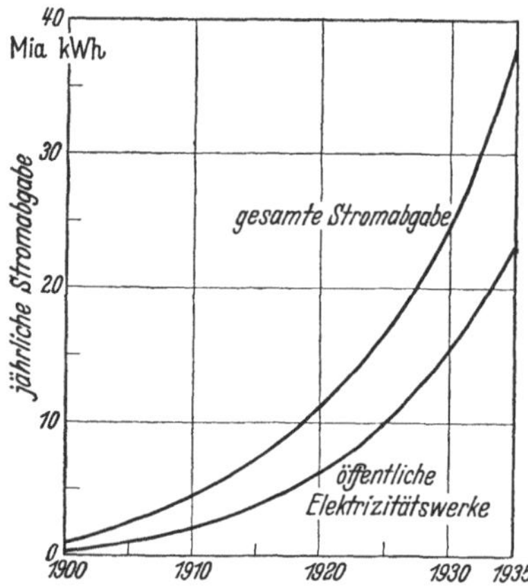

Abb. 18. Zunahme der deutschen Stromerzeugung in Milliarden kWh seit 1900 (Konjunkturschwankungen sind nicht dargestellt).

Da die Gütererzeugung nicht mehr wie früher von der Zahl der verfügbaren Arbeiter abhing und infolge der billigen Kraft viele Erzeugnisse weit wohlfeiler wurden, nahm die Nachfrage nach Gebrauchsgütern ungeheuer zu und verursachte wieder einen entsprechenden Mehrbedarf an Kraft. Der schnell wachsende Eisenbahnverkehr steigerte die Nachfrage nach Eisenbahnmaterial und wirkte durch die Transporterleichterung und den Bedarf, den die Besiedlung weiter Gebiete in den verschiedensten Zonen zur Folge hatte, außerordentlich produktionsfördernd. Sein volles Ausmaß erreichte aber der Energiehunger durch den elektrischen Strom, Abb. 18, mit dem Kraft beliebig weit und in kleinen und kleinsten Mengen billig, bequem und zuverlässig verteilt werden kann, und durch das Aufkommen der Automaten genannten Spezial-Werkzeugmaschinen, die eine außerordentlich billige und genaue Massenherstellung gestatten, Abb. 20. Die Nachfrage nach Kraft bzw. Strom wurde so gewaltig, daß an die Stelle von Dampfmaschinen Dampfturbinen treten mußten, deren z. Zt. größte 280000 PS gegenüber

---

[1] Statt des richtigen Ausdruckes „Arbeit" wird der Ausdruck „Kraft" gewählt, weil er dem Nichtingenieur ein verständlicherer Begriff ist.
[2] WELLS, H. G.: a. a. O.

50 PS[1] der stärksten von WATT gebauten Dampfmaschine leistet, Abb. 22 und 23. Nach Abb. 18, die die Zunahme der Stromerzeugung in öffentlichen und Industriekraftwerken in den Jahren 1900—1935 zeigt, dürften auf einen Deutschen bei Berücksichtigung der Leistung der Industriekraftwerke bald 750 kWh[2] entfallen. Da in der Glanzzeit der griechi-

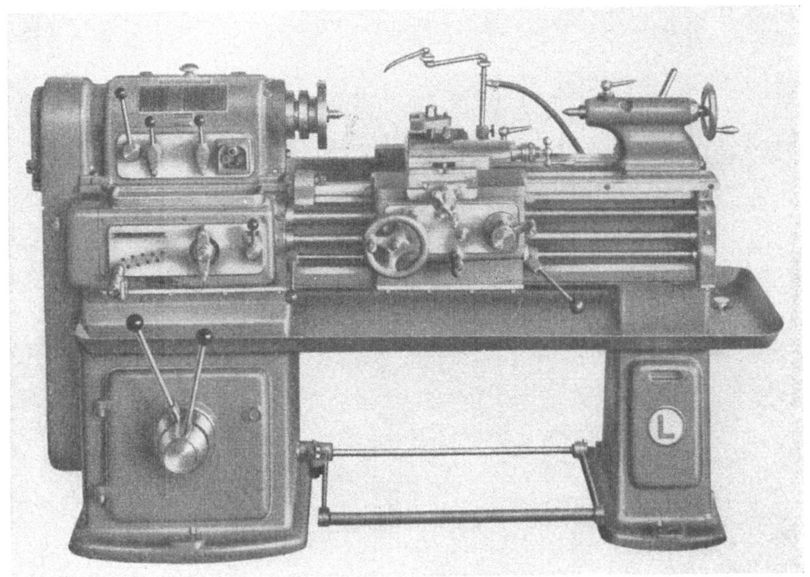

Abb. 19. Moderne Leitspindeldrehbank von LANG.

Die Drehbank ist im Gegensatz zum Automaten, Abb. 16, eine universelle, aber für Massenherstellung nicht geeignete Maschine.

schen Kultur 5 Heloten mit einer Leistung von zusammen etwa 0,3 kW für einen freien Mann arbeiteten, die pro Kopf der Bevölkerung einen jährlichen Kraftverbrauch von etwa 75 kWh entsprochen haben dürften, hat man einen Begriff von der ungeheuren Änderung, die die Dampfmaschine auf fast allen Gebieten des menschlichen Lebens zur Folge haben mußte. Sie beeinflußte in gleichem Maße die geistige und materielle Existenz, arm und reich, die gegenseitigen Beziehungen einzelner Individuen und ganzer Kontinente, die Einrichtungen des Friedens und die Instrumente des Krieges, kurz unser ganzes Dasein in allen seinen Spielarten.

Otto- und Dieselmotoren haben Dampfmaschinen und Dampfturbinen wirkungsvoll ergänzt und den Verkehr außerordentlich verbessert, weil

---

[1] 1 PS = 1 Pferdekraft, 1 kWh = 1 Kilowattstunde = 1,36 Pferdekraftstunden (PSh).

[2] Hierin ist die menschliche Arbeitsleistung noch nicht eingeschlossen.

ihr Gewicht und Brennstoffverbrauch kleiner und ihre Bedienung einfacher ist. Da sie sich für große Leistungen nicht so gut eignen wie
Dampfkraftmaschinen und auf flüssige Brennstoffe angewiesen sind,

Abb. 20. Moderner Pittler-Vierspindel-Automat.

Bei Massenanfertigung (10 000 Stück) auf dem Automaten betragen die Herstellungskosten bzw.
die Herstellungszeit der Schraube in Abb. 21 nur 13% bzw. 7% der Werte bei Einzelherstellung
(5 bis 20 Stück) auf einer normalen Drehbank.

die es nicht überall gibt und die in vielen Ländern mehr als Kohle
kosten, spielen sie in der ortsfesten Krafterzeugung keine so große Rolle
wie Dampfturbinen und -maschinen.

Abb. 21. Bild einer kleinen Kopfschraube.

Infolge der Verbesserung der Dampfkraft, vor
allem seit Erfindung der
Dampfturbine, konnte die
gleiche Arbeit mit viel
weniger Kohle und mit
viel billigeren Maschinen
erzeugt werden, Abb. 22. Die Kosten von 1 PS-Dampfmaschinenleistung betragen heute nur noch etwa $^1/_{10}$, die von 1 PS-Lokomotivleistung etwa $^1/_5$ der Kosten in den Tagen von JAMES WATT bzw.
von GEORGE STEPHENSON. Wie gewaltig die motorische Kraft durch

die Dampfmaschine verbilligt worden ist, zeigt der Umstand, daß die größte vor ihrem Auftauchen für die Springbrunnen von Ludwig XIV. im Jahre 1682 von Rennequin erbaute Wasserkraftanlage in Marly (Leistung etwa 120 PS) 80 Millionen Mark gekostet haben soll[1], d. h. rund 700000 Mark je Pferdestärke gegenüber 200—500 RM moderner Dampfkraftanlagen.

b) Förderung des Verkehrswesens. Die von der Dampfmaschine im Verkehrswesen herbeigeführten Änderungen machen die Worte klar: „Vor Stephenson gab es ebensowenig ein Verkehrsbedürfnis wie es vor

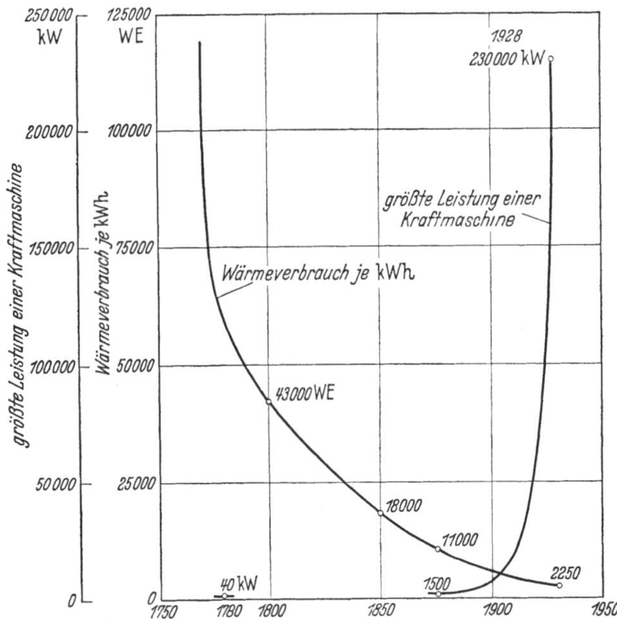

Abb. 22. Größte Leistung einer Einheit in kW und niedrigster spezifischer Wärmeverbrauch in WE/kWh von Dampfkraftmaschinen seit 1770. (Beide an der Welle gemessen. 1 kW = 1,36 PS.)

dem Auftreten der Gebrüder Wright ein Flugbedürfnis gab[2]." Der durchschnittliche Mensch kam früher über die engste Umgebung seines Dorfes fast nie hinaus. Noch um das Jahr 1840 dauerte eine Reise von Berlin nach Hannover (272 km) 40 Stunden, nach München 86 Stunden. Eine deutsche Schnellpost hatte eine Geschwindigkeit von höchstens 15 km/h. Napoleon I., dem alle Hilfsmittel seiner Zeit zur Verfügung standen, reiste auf der Flucht von Wilna nach Paris (1812) mit einer durchschnittlichen Geschwindigkeit von 7 km/h, d. h. kaum schneller als ein römischer Prokonsul zur Zeit Christi von Rom nach Gallien.

---

[1] Matschoss, C.: Entwicklung der Dampfmaschine Bd. 1. Berlin.

[2] Fürst, A.: Das Weltreich der Technik.

Ein gewöhnlicher Zeitgenosse von NAPOLEON hätte aber für dieselbe Strecke mindestens doppelt so lange gebraucht. Die einzige Ausnahme in diesem Zeitintervall scheinen die Depeschenreiter des DSCHINGISKHAN (gestorben 1227) gewesen zu sein, die Tagesleistungen von 250 km zurücklegen mußten. Sonst hat sich die Reisegeschwindigkeit in den ersten 18 Jahrhunderten unserer Zeitgeschichte nicht viel erhöht.

All dies änderte sich durch Einführung der Dampflokomotive in wenigen Jahrzehnten von Grund auf. 1825 wurde der Eisenbahnverkehr zwischen Stockton und Darlington, 1830 zwischen Liverpool und Manchester und in Nordamerika, 1835 zwischen Nürnberg und Fürth eröffnet, 1865—1869 die 3000 km lange Strecke zwischen Omaha am Missouri und San Francisco am Pazifischen Ozean, 1892 die transsibirische Bahn gebaut. Den Bau der amerikanischen Eisenbahnen nennt SERING die größte nationale Tat, die je ein Volk auf diesem Gebiete vollbracht hat[1].

Die Länge der Vollspurbahnen im Jahre 1913 betrug in Deutschland 63700 km, in Großbritannien 37700 km, in den Vereinigten Staaten 411000 km, die sämtlicher Bahnen der Erde 1,1 Millionen Kilometer mit einem investierten Kapital von etwa 250 Milliarden Goldmark.

Als bei Beginn des 20. Jahrhunderts die hauptsächlichsten Eisenbahnlinien im großen und ganzen ausgebaut waren, trat der Kraftwagen seinen Triumphzug an, der in seinen Kinderjahren nur ein Privileg reicher Leute zu sein schien, aber außerordentlich schnell Allgemeingut geworden ist. Er hat zusammen mit dem Motorlastwagen, der die Güter ohne Umladen vom Erzeuger zum Verbraucher bringt und früher vorwiegend dem innerstädtischen Verkehr diente, die Landstraße, die durch die Lokomotive zu veröden drohte, in einem solchen Maße wieder belebt, daß besondere Auto-Fernstraßen gebaut werden mußten, deren gewaltigster Vertreter, die deutschen Reichsautobahnen, eine der größten Bauleistungen der Geschichte sind.

Die Schiffahrt wurde durch die Dampfmaschine nicht weniger in Mitleidenschaft gezogen als der Landverkehr. 1807 fuhr erstmals das Dampfboot von FULTON auf dem Hudson zwischen New York und Albany, 1819 kreuzte das erste Dampfschiff (Savannah) den Atlantik, gegen Ende des 19. Jahrhunderts kamen Spezialschiffe für leicht verderbliche Güter, flüssige Brennstoffe, Getreide, Erze und andere Stoffe auf, die den Seetransport außerordentlich verbilligten und viel schneller machten. Von London nach Südafrika brauchte ein Segler im Jahre 1840 90, ein Dampfer im Jahre 1935 nur noch 14 Tage.

Nach dem Weltkrieg hat das Flugzeug seinen Einzug in das Verkehrswesen gehalten und in einer erstaunlich kurzen Zeit die sichere

---

[1] SERING, M.: Die landwirtschaftliche Konkurrenz Nordamerikas in Gegenwart und Zukunft. Leipzig 1887.

Überquerung des Atlantik ermöglicht. Die größte im Dauerflug zurückgelegte Strecke war 1939 rund 10000 km. Eine Flugzeugreise von Europa nach dem fernen Osten dauert etwa noch so viele Tage wie mit Schnelldampfern Wochen. Innerhalb einer Woche sind heute von Berlin

Abb. 23. Rheinmetall-Borsig-Kessel mit Kohlenstaubfeuerung zum Erzeugen von stündlich 150000 kg Dampf von 100 Atmosphären Druck und 530° C Temperatur. (Noch vor 30 Jahren betrug die größte Dampferzeugung eines Kessels 10000 kg/h. Heute verdampft ein Kessel bis 500000 kg Wasser in der Stunde.) Die eingezeichneten Umrisse eines normalen Einfamilienhauses vermitteln eine Vorstellung von den Abmessungen des Kessels, der den Dampf für eine Maschinenleistung von 35000 Kilowatt (rd. 40000 Pferdekräfte) liefern kann.

aus fast alle dauernd bewohnten Orte der Welt erreichbar. Früher für größere Lasten unüberwindbare Urwälder, Wüsten und Eisgebiete kann das Flugzeug mühelos überfliegen und wertvolle Rohstoffe dem Menschen zugänglich machen, an deren Ausnutzung noch vor 20 Jahren nicht gedacht werden konnte. Abb. 24 gibt eine Vorstellung davon, wie ungeheuer die größte überhaupt mögliche Reisegeschwindigkeit seit 1900 zugenommen hat.

Parallel zur Entwicklung der Verkehrsmittel ging eine gewaltige Verbesserung des Nachrichtenwesens. 1833 erfanden WEBER und GAUSS den Zeigertelegrafen; 1861 REIS den Fernsprecher. Die Eisenbahn und den elektrischen Telegrafen hielten die Menschen um die Mitte des 19. Jahrhunderts für mindestens ebenso umwälzende Erfindungen wie wir das Flugzeug und Radio. Um 1930 konnte ein mechanischer Telegraf stündlich 10 000 Worte übermitteln, seit der Jahrhundertwende wurde das Rundfunkwesen zu seiner erstaunlichen Höhe entwickelt, und welche Möglichkeiten Fernschreiben, Fernsprechen und Fernsehen in Verbindung mit dem Rundfunk noch erschließen werden, vermag niemand vorauszusagen.

Die Mechanisierung des Verkehrs zu Wasser und zu Land hatte aber auch noch andere Wirkungen. Der englische Philosoph BUCKLE sagt: „Die Lokomotive hat mehr getan, die Menschen zusammenzubringen, als alle Philosophen, Dichter und Propheten vor ihr seit Beginn der Welt." Sie hat das Reisen viel schneller, billiger und sicherer gemacht, denn beim Postverkehr kam 1 Verwundeter auf 30 000 bzw. 1 Toter auf 355 000 Reisende, bei der deutschen Reichsbahn im Jahre 1933 aber auf 2,5 Millionen bzw. 12 Millionen. Der Lokomotive ist es zu danken, daß nicht mehr in der einen Provinz eines Reiches großer Überfluß, in der anderen bittere Hungersnot herrschen kann. Sie hat die gewaltigen Agrargebiete des amerikanischen Westens, Kanadas, des La Plata und Sibiriens erschlossen, ohne deren Ertrag die heutige Bevölkerung der Erde auch nicht annähernd ernährt werden könnte, und erinnert an das biblische Wort: „Füllet die Erde und machet sie euch untertan." Durch die Besiedelung dieser weiten Gebiete verursachte die Dampflokomotive eine zweite Völkerwanderung, die in der Zahl der Beteiligten der ersten kaum nachstehen dürfte und die größte Kolonisation aller Zeiten ist.

Mit dem Bau unserer Bahnen haben aber die deutschen Ingenieure eine der wichtigsten Grundlagen für die Erringung der deutschen Einheit geschaffen, weil erst der zunehmende Verkehr die enge Berührung zwischen den verschiedenen Stämmen unseres Volkes herbeiführte, die

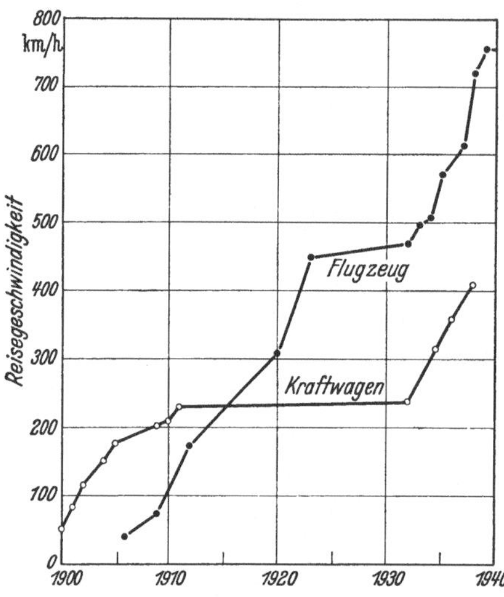

Abb. 24. Zunahme der Höchstgeschwindigkeit von Kraftwagen auf Straßen und von Flugzeugen seit 1900.

zum Überwinden dynastischer und partikularistischer Sonderinteressen
nötig war. Er war eine der wichtigsten Voraussetzungen bzw. Maßnahmen zur politischen Rationalisierung Deutschlands.

Dampflokomotive, Dampfschiff und die durch sie bewirkte Verbesserung des Nachrichtenwesens hatten auch in weltpolitischer Beziehung weitreichende Folgen. Sie haben Agrar- und Industrieländer,
gemäßigte und heiße Zonen der Erde eng miteinander verflochten und
die riesigen Entfernungen zwischen ihnen sehr verringert. Das britische
Empire wäre ohne die durch sie verursachte „Zusammenschrumpfung
der Erdkugel" wahrscheinlich nicht möglich gewesen und manche Histo-
riker bezweifeln, ob ohne die Loko-
motive heute Nordamerika ein geeintes
großes Reich wäre und nicht Chinesen
und Japaner die pazifische Küste von
Nordamerika bewohnen würden, weil
sie mit Segelschiffen von China und
Japan leichter und schneller erreichbar wäre als vom Atlantischen Ozean
her mit von Pferden gezogenen Wagen
durch die Wüstengebiete westlich
des Mississippi hindurch. Bereits auf
Seite 16 wurde darauf aufmerksam
gemacht, daß die Technik durch die
Erfindung des Buchdruckes, des Kompasses, des Steuerruders und des

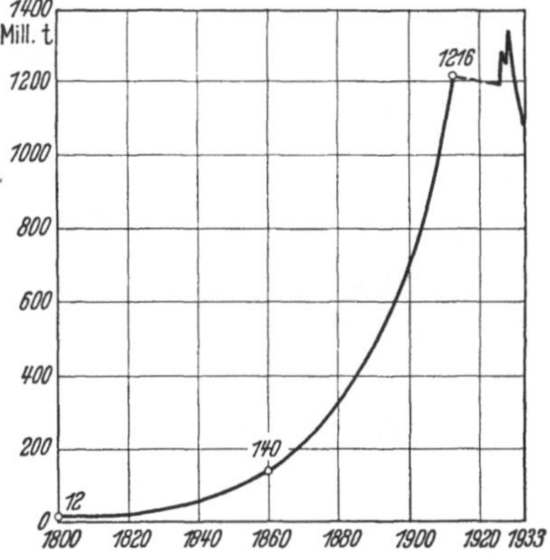

Abb. 25. Weltgewinnung an Steinkohle in
Millionen t seit 1800. (Konjunkturschwankungen sind nicht dargestellt.)

Schießpulvers schon vor etwa 500 Jahren die hohe Politik beeinflußt
hat. Das gleiche taten Dampflokomotive, Dampfschiff und andere Errungenschaften der modernen Technik zu unserer Zeit, die die Beziehungen der Kulturvölker zueinander immer verwickelter und enger
gemacht haben. Die zunehmende Konzentrierung kleiner Staaten
zu größeren politischen und wirtschaftlichen Einheiten, die seit der
zweiten Hälfte des letzten Jahrhunderts sich deutlich abzeichnet,
wird infolge der modernen Technik wahrscheinlich eine schicksalhafte
unentrinnbare Notwendigkeit werden. Es sieht ganz so aus, als ob
viele kleine Völker heute sich nur noch entweder in eine große politische Organisation einreihen können, in die sie auf Grund ihrer geographischen Lage, ihres Volkstums oder anderer vitaler Interessen
gehören oder aber in andauernder Ungewißheit über ihr Schicksal „frei"
weiterzuleben versuchen müssen. Im ersten Falle werden sie zwar auf
manche Freiheiten verzichten und gewisse Opfer bringen müssen, gegen
raumfremde Willkür aber geschützt sein und es auf lange Sicht betrachtet
zu größtmöglicher wirtschaftlicher und sozialer Blüte bringen. Im anderen Falle behalten sie manche „Freiheiten" wenigstens äußerlich,

werden aber in Wirklichkeit von Konstellationen und Konjunkturen abhängig, auf die sie ohne jeden Einfluß sind und leben daher in ewiger Unruhe, bis sie ihr Schicksal schließlich doch erreicht. Der Zusammenschluß zahlreicher Staaten zu einer politischen, einen ganzen Kontinent umfassenden Organisation mag einem sympathisch sein oder wider-

Abb. 26.   Hammer „Fritz“ der Fried. Krupp A.G.
Fallgewicht 50 000 kg.   Gewicht des schwersten Schmiedestückes 65 000 kg.
In Betrieb genommen 1861, stillgesetzt 1911.

streben, ist aber ein Glied einer im wesentlichen durch die Maschine bedingten Entwicklung, die sich um so schmerzhafter geltend machen wird, je länger man sich ihr entgegenzustemmen versucht.

c) Förderung der Industrie. Der Betrieb der Wärmekraftmaschinen in ortsfesten und beweglichen Anlagen, die erst durch motorische Kraft ermöglichten chemischen und anderen Großindustrien, Berg-, Hütten- und Gaswerke, und der durch den besseren Lebensstandard stark angewachsene Hausbrand erforderten so große Brennstoffmengen, daß der Kohleverbrauch je Kopf der Bevölkerung zwischen 1860 und 1913 in Deutschland um 650%, in den Vereinigten Staaten um 720%, die Weltgewinnung von Steinkohle zwischen 1800 und 1913 auf ihren hundertfachen Betrag anstieg, Abb. 25.

Verbesserte Sprengstoffe, Abteuf- und Versatzverfahren, Elektrizität und Preßluft haben das Eindringen in Teufen bis 2000 m ermöglicht und damit die Menge der ausnutzbaren Rohstoffe außerordentlich vergrößert. BESSEMER-, SIEMENS-MARTIN- und THOMAS-Verfahren gestatten die Verhüttung früher fast unverwendbarer Erze und werfen

Abb. 27. Neuzeitliche große Schmiedepresse.
Größter Schmiededruck 15 Millionen kg.   Gewicht des schwersten Schmiedestückes 270000 kg.

als Nebenprodukt ein wertvolles Düngemittel ab. Elektrische Hoch- und Schmelzöfen und geeignete Legierungsmittel schufen durch Verbessern der Stähle die Grundlagen zum Bau der modernen Maschinen und wichtiger Kampfmittel von Heer, Luftwaffe und Marine.

Dampfhämmer, Abb. 26, Pressen, Abb. 27, und Walzverfahren verbilligten und verbesserten die Herstellung von Schmiedestücken, ermöglichten zusammen mit geeigneten Werkzeugmaschinen eine außerordentliche Steigerung des Gewichtes und der Abmessungen der Werkstücke, Abb. 28 u. 29, und zu Land wie zur See ganz neue Bauweisen. Das Stahlschiff, die Stahlbrücke und das Haus mit Stahlskelett sind nach WELLS nicht einfach größere Formen des kleinen Holzschiffes und gemauerter oder hölzerner Häuser und Brücken, sondern insofern etwas grundsätzlich Neues, als nicht mehr infolge des Baustoffes Größe, Formgebung und Sicherheit innerhalb ganz enger Grenzen liegen müssen. Im Jahre 1851 erregte ein von KRUPP hergestellter Gußstahlblock von 2200 kg Gewicht größtes Aufsehen, heute können Blöcke bis zu etwa 300 000 kg geliefert und geschmiedet werden. Die Erzeugung an Roheisen im Jahre 1913 betrug in Deutschland etwa 19,5, in Großbritannien etwa 10,5, in Frankreich etwa 5,1 Millionen t, Abb. 30. Indem sie Deutschland wieder die führende Stellung im Eisenhüttenwesen

Abb. 28. Schieß-Karuselldrehbank aus dem Jahre 1886.
Größter Werkstückdurchmesser 9 m. Gewicht der Drehbank 60 000 kg.

zurückgaben, die es bis 1550 gehabt hat[1], haben die Ingenieure eine zweite Stütze für das Großdeutsche Reich geschaffen.

Der Aufschwung unserer chemischen Industrie, zu dem Ingenieure viel beigetragen haben, machte Deutschland in Dünge- und Sprengmitteln völlig und in flüssigen Brennstoffen und anderen wichtigen Rohstoffen (Gummi) weitgehend vom Ausland unabhängig. Die Entlastung der deutschen Zahlungsbilanz durch die chemische Industrie

---

[1] Es ist wenig bekannt, daß Deutsche und Wallonen um 1500 die Roheisengewinnung im Hochofen nach England brachten, daß aber im Jahre 1740 die englische Roheisenerzeugung nur noch 10% der Roheiseneinfuhr betrug, weil die Waldschlächterei den Waldbestand vernichtet hatte. Erst das 1784 erfundene Puddelverfahren verschaffte Großbritannien über ein Jahrhundert lang seinen großen Vorsprung.

geht daraus hervor, daß Deutschland 1913 noch für 200 Millionen Mark Stickstoff einführte, 15 Jahre später aber für rund 307 Millionen Reichsmark exportierte. An feineren chemischen Erzeugnissen (hauptsächlich Farbstoffe und synthetische Arzneimittel) führte es im Jahre 1913 für 500 Millionen Mark aus. Technik und chemische Industrie haben also zur Stärkung der deutschen Widerstandskraft einen dritten wichtigen Beitrag beigesteuert.

Abb. 29. Schieß-Karuselldrehbank aus dem Jahre 1940. (Größte Werkzeugmaschine der Welt.) Größter Werkstückdurchmesser 25,5 m. Gewicht der Drehbank 1 800 000 kg.

Abb. 26 bis 29 geben eine Vorstellung von der außerordentlichen Steigerung von Abmessungen und Leistung der Werkzeugmaschinen in den letzten 60 bis 70 Jahren.

d) Förderung der Landwirtschaft. Auch die Landwirtschaft wurde durch motorische Kraft, landwirtschaftliche Maschinen und sonstige Fortschritte der Technik stark gefördert, stieg doch der Ertrag von 1 ha bestem Boden in Deutschland von 600—700 kg am Anfang des 19. Jahrhunderts auf etwa 1800 kg im Jahre 1930. Kunstdünger, Bodenentwässerung, Drainage und Züchtung steigerten unseren Bodenertrag von 1880—1913 um rund 100%.

In Europa ist Hauptzweck der Landmaschinen eine Erhöhung des Ertrages und eine Arbeitserleichterung, in Übersee eine Ersparnis an Menschen, da in Deutschland auf 1 Arbeitskraft rund 3 ha, in überseeischen vollmechanisierten Gütern 70—80 ha landwirtschaftlich genutzte

Fläche kommen. Durch den Dampfpflug konnten die großen bis dahin menschenleeren Gebiete in Sibirien und Übersee schnell unter Kultur genommen werden. Er leistet mehr und arbeitet billiger als von Tieren gezogene Pflüge, vermeidet das Festtreten des Bodens und begünstigt das Wachstum, weil die Bodenfeuchtigkeit gleichmäßiger verteilt wird und Luft und Wärme tiefer eindringen können. Eine weitere Hilfe brachten Bindemäher, Mähdrescher und Traktoren, ohne die der Getreidebau in vielen ausländischen Ländern wahrscheinlich nicht lohnen würde. Mit dem Traktor erhielt die Landwirtschaft eine sehr leistungsfähige, vielseitige Zugmaschine, die nicht ermüdet und unter geeigneten Bedingungen billiger arbeitet als das im Jahresdurchschnitt schlecht ausgenutzte Zugvieh. Im Jahre 1925 haben die Vereinigten Staaten 5000 Mähdrescher, 170000 Traktoren und 42000 Getreidebinder erzeugt, im Jahre 1931 sollen in der Sowjetunion 5200 Mähdrescher und 40000 Traktoren in Betrieb gewesen sein[1]. Daß eine derart gigantische Mechanisierung in Ländern mit geringer Bildung auf große Schwierigkeiten stoßen und Mißstände zur Folge haben muß, kann nicht wundernehmen. Für Deutschland spielt der Mähdrescher vorläufig keine große Rolle, dagegen bürgert sich der Traktor in zunehmendem Maße ein. Die Folgen der durch Mähdrescher und Traktoren bedingten Umstellung im Betrieb der großen Agrargebiete des Auslandes lassen sich heute nur ahnen.

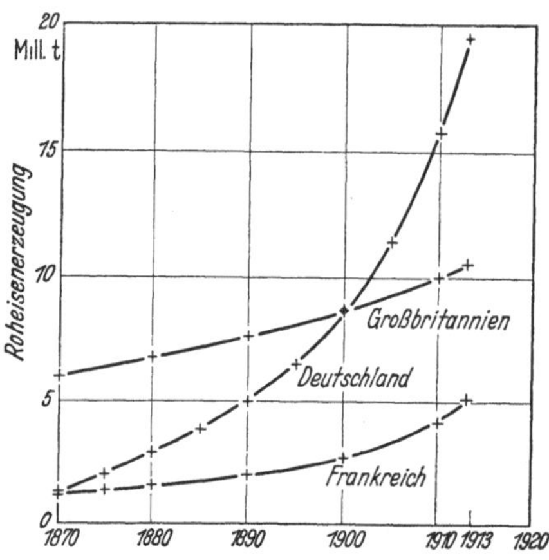

Abb. 30. Roheisenerzeugung in Millionen t (1 t = 1000 kg) von Deutschland, Großbritannien und Frankreich. (Konjunkturschwankungen sind nicht dargestellt.)

Schließlich darf nicht vergessen werden, daß Bahn und Lastwagen den Wert vieler landwirtschaftlicher Betriebe erheblich gesteigert haben, weil erst sie lohnende Absatzmöglichkeiten schufen, die Güter näher an den Markt heranbrachten und die Transportfähigkeit der landwirtschaftlichen Erzeugnisse stark verbesserten. Die hochentwickelte Molkereitechnik hat Güte und Wert der Milchprodukte sehr gehoben. Gewaltige Kühlhäuser gestatten auch bei leicht verderblichen Gütern eine fast beliebig lange Stapelung und Bevorratung, vermeiden dadurch große Verluste und stärken die nationale Sicherheit. Durch den Rundfunk hat schließlich die Technik das entsagungsvolle Leben des

---

[1] USCHNER: Die Mechanisierung der Landwirtschaft und ihre Auswirkungen auf die deutsche Volkswirtschaft. Berlin 1934.

Bauern erleichtert und Unterhaltung und Belehrung in die abgelegensten Einöden getragen. Aber auch insofern sind die Erzeugnisse der modernen Technik, wie z. B. elektrische Geräte (Hilfsmotoren für Häcksel- und andere landwirtschaftliche Maschinen, Kocher, Melkapparate) von großer Bedeutung, als sie eines der schwierigsten Probleme unserer bäuerlichen Kleinwirtschaft, die Überlastung der Bauernfrau mit schwerer körperlicher Arbeit, erheblich erleichtern.

e) Förderung der Hygiene und Heilkunde. Die Wachstum oder Abnahme der Bevölkerung eines Landes beeinflussenden Umstände sind so vielgestaltig, daß es weit über den Rahmen dieses Buches hinausgehen würde, sie näher zu behandeln. Es kann aber ebensowenig ein Zweifel darüber herrschen, daß eine hochentwickelte Hygiene und Heilkunde, die durch die moderne Technik gewaltig gefördert worden sind, die Bevölkerungszahl in mehrfacher Weise erhöhen, wie daß die das Volkstum schädigenden Einflüsse der Industrialisierung hinter der Förderung zurücktreten, die die Technik Leben und Gesundheit eines Volkes wenigstens dann bringt, wenn ein Staat die Dinge planmäßig und vorausschauend lenkt. Auch wenn man von den vielerlei anderen Beiträgen der Technik für die Volksgesundheit absieht, verbleiben Trinkwasserversorgung, Kanalisation, Beseitigung der Fäkalien, Abfuhr und Vernichtung des Mülls, die die hygienischen Verhältnisse vor allem in größeren Städten ganz außerordentlich verbessert haben, da ohne sie Cholera und Typhus wohl auch heute noch sich unbeobachtet und unkontrollierbar ausbreiten könnten. Durch Trinkwasserversorgung und Kanalisation sank die Sterblichkeit an Typhus zwischen 1841 und 1885 in Berlin von 1,07 auf 0,125$^0/_{00}$, in Wiesbaden von 1,91 auf 0,125$^0/_{00}$. 1897 verhielten sich in Mailand die Typhusfälle wie 100 : 72 : 39, je nachdem, ob die Häuser keine Wasserleitung und keine Kanalisation, Wasserleitung aber keine Kanalisation, sowohl Wasserleitung als auch Kanalisation hatten[1]. Die durch die schlechte Trinkwasserversorgung verursachte Choleraepidemie in Hamburg im Jahre 1892 ist noch vielen Lebenden in Erinnerung. Die Zahl der Todesfälle pro Tausend der Bevölkerung betrug in Deutschland im Jahre 1888 2,61, im Jahre 1930 nur noch 1,11[2]. Seuchenkatastrophen in einem Ausmaß wie zwischen 1348 und 1350, wo der „schwarze Tod" fast die Hälfte des damaligen Europa hinweggerafft haben soll, dürften heute großenteils dank der Technik in zivilisierten Ländern kaum mehr möglich sein. Auffallend ist, daß die große Bevölkerungszunahme Englands von 7 auf über 14 Millionen in die Periode und in das Reich fiel, in denen die Dampfmaschine entstand. Wenn man sich auch darüber streitet, wieweit das

---

[1] GLEYE: Die leitenden Gesichtspunkte zur Durchführung der Kanalisation einer Stadt. Leipzig 1910.

[2] BURGDÖRFER: Sterben die weißen Völker? München 1934.

Drainieren des Landes, die größere Körperreinlichkeit infolge der billigeren Baumwollhemden und andere Umstände an diesem stürmischen Wachstum schuld waren, so wird man doch TREVELYAN[1] zustimmen müssen, wenn er sagt, daß ohne die Maschine ebensowenig 42 Millionen Menschen im Jahre 1921 mit dem ihnen zur Verfügung stehenden Lebensstandard hätten in England existieren können wie die 14 Millionen im Jahre 1821 mit dem damaligen, uns heute so kläglich vorkommenden. Mit Deutschland und anderen Industrieländern verhält es sich nicht viel anders. Zwischen 1800 und 1914 stieg die Bevölkerungszahl in

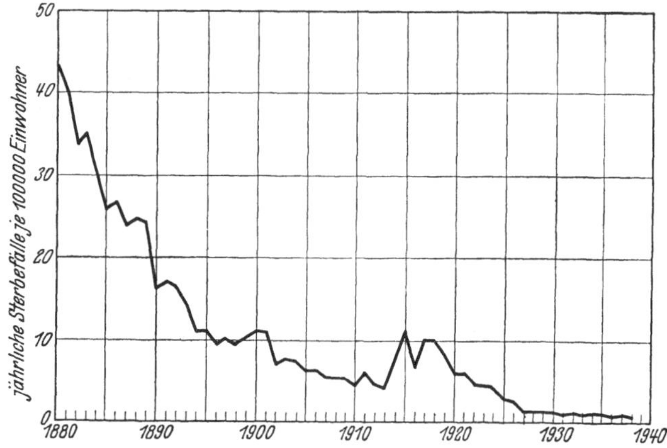

Abb. 31. Jährliche Sterbefälle an Unterleibstyphus in deutschen Städten mit 15 000 und mehr Einwohnern bezogen auf je 100 000 Menschen.

Deutschland von 23 auf 64 Millionen, in Großbritannien von 15,7 auf 45 Millionen, in den Vereinigten Staaten von 5,3 Millionen auf 98 Millionen, in Rußland von 40 auf 140 Millionen und zwischen 1870 und 1940 in Japan von 30 auf 90 Millionen.

Der Medizin hat die Technik ganz neue Untersuchungs- und Behandlungsmethoden ermöglicht. Durch Mikroskop, Blutdruckmesser, Kardiograph, Röntgenröhre und Instrumente, die die unmittelbare Beobachtung der Körperhöhlen gestatten, wurde die Diagnose, die Voraussetzung für eine erfolgreiche Behandlung, außerordentlich verbessert; durch zahlreiche klug erdachte chirurgische Instrumente, durch Bestrahlungsröhren, radioaktive Stoffe, Diathermie und andere Apparate und Verfahren dem Arzt ganz neue Heilmittel in die Hand gegeben. Die Möglichkeit, nunmehr Einflüsse objektiv feststellen und quantitativ messen zu können, an deren exakte Erfassung früher nicht gedacht werden konnte, verführte aber in der Medizin ähnlich wie auf anderen Gebieten zu dem verhängnisvollen Trugschluß, alles, was sich nicht messen lasse, existiere auch nicht. Dadurch wurde oft zum Schaden

[1] TREVELYAN, G. M.: History of England. London 1929.

von Arzt und Krankem die Heilbehandlung entpersönlicht und die seelische Komponente des Leidenden außer acht gelassen. Es zeigte sich eben auch in der Medizin, daß die Technik eine zweischneidige Waffe wird, wenn der Mensch durch sie die Fühlung mit den vielfältigen und geheimnisvollen Strömen des Lebens verliert, und so kam es, daß die Worte, „der Ingenieur sei zu sehr Techniker", in der Medizin ihr Gegenstück in dem Ausspruch erhielten, „der Arzt sei zu sehr Mediziner geworden".

f) Förderung des Kriegswesens. Folgende Ausführungen sollen an einigen Beispielen zeigen, daß die Technik die Kriegsführung ähnlich wie das soziale Leben revolutioniert hat und das politische Gesicht ganzer Kontinente verändern dürfte.

Erst um die Mitte des 19. Jahrhunderts ging man von den beinahe 2 Jahrhunderte lang fast unverändert gebliebenen Linien-Segelschiffen ab, auf denen die Seemacht Englands so lange beruht hatte. Um 1860 wurden wegen der verheerenden Wirkung der inzwischen aufgekommenen schweren Sprenggeschosse die hölzernen Schiffsrümpfe in der Nähe der Geschütze gepanzert, 1880 die bis dahin in mehreren Batterien übereinander angeordneten Geschütze auf dem durch Übergang zum Dampfantrieb von der Takelage frei gewordenen Oberdeck zunächst in Kasematten und später, als man den Schiffskörper ganz in Eisen ausführte, in drehbaren Panzertürmen aufgestellt. Nachdem die glatten Vorderlader 1866 den langen gezogenen Hinterladern hatten weichen müssen und die Herstellung widerstandsfähiger Panzerplatten geglückt war, setzte der seitdem nicht mehr zur Ruhe gekommene Wettlauf zwischen Geschütz und Panzer ein, der von einer dauernden Steigerung von Schiffsgeschwindigkeit und -verdrängung begleitet wurde. Kurz nach dem Weltkriege hatten Großkampfschiffe bis über 40 000 t Verdrängung, 65 km/h Geschwindigkeit, 180000 PS Maschinenleistung, 41 cm Geschützkaliber und bis zu 400 mm starke Panzer. Interessant ist ein Vergleich zwischen NELSONS Flaggschiff Victory, auf dem er die Schlacht bei Trafalgar (1806) gewann, und einem der modernen seinen Namen tragenden Großkampfschiffe. Die Verdrängung ist von 2300 auf rund 40000 t, die mittlere Kampfentfernung von 600 auf 15000 m, die minutliche Mündungswucht einer Breitseite von 1000 auf 520000 tm[1] gestiegen. Ein 40,5 cm Geschoß der Nelson wiegt fast doppelt soviel wie eine ganze Breitseite (50 Geschütze) der Victory. Die artilleristische Wirkung ist also ungeheuer gesteigert worden.

Mine, Torpedo, Unterseeboot, Schnellboot und Luftwaffe brachten eine völlige Änderung im Seekrieg mit sich, weil sie es auch einer schwa-

---

[1] Unter Mündungswucht eines Geschosses versteht man das Produkt aus seinem Gewicht in t mal dem Quadrat seiner Mündungsgeschwindigkeit in m dividiert durch die doppelte Fallbeschleunigung.

chen Seemacht ermöglichen, die stärksten Großkampfschiff-Flotten auf
hohem Meere mit Erfolg anzugreifen. Die 3 ersten durch ihre Unsichtbar-
keit besonders gefährlichen Kampfmittel verteuerten die Großkampfschiffe ins ungemessene, weil deren Verdrängung wegen der starken Pan-
zerung und zum Erzielen einer auch bei schweren Verletzungen genügen-
den Schwimmfähigkeit immer mehr in die Höhe geschraubt werden
mußte. Selbst Großbritannien konnte sich daher nach Admiral Lützow[1]
bei Beginn des jetzigen Krieges nur noch 15 Großkampfschiffe leisten
gegenüber den rund 250 Segellinienschiffen zu Nelsons Zeiten. Deshalb

Abb. 32. Panzerdurchbruch von Cambrai nach Boulogne am 22. Mai 1940.

und weil ihre Bauzeit etwa 3—4 Jahre gegenüber 4 Monaten von Segelschiffen beträgt, ein Ersatz während des Krieges daher voraussichtlich
nicht möglich ist, muß sie eine Seemacht überaus vorsichtig einsetzen.
Die Technik hat ferner die Lage starker Seemächte insofern verschlech-
tert, als Großkampfschiffe auf zahlreiche Stützpunkte angewiesen sind
und nicht wie Segler monatelang unabhängig auf den Meeren kreuzen
können. Staaten mit schwachen Flotten hat die Technik aber eine viel
wirksamere Blockadeabwehr ermöglicht.

Im Landkrieg wirkten Funkdienst, Luftwaffe, Tanks, Panzer- und
andere Kraftwagen ähnlich umwälzend. Der Kraftwagen, der noch vor
30 Jahren nur auf guten Straßen brauchbar zu sein schien, überwindet
als Tank und Geländewagen auch das unwegsamste mit Hindernissen
übersäte Gelände. Am erstaunlichsten ist vielleicht, mit welch glänzen-
dem Ergebnis schwere Artillerie durch so leicht verletzbare Apparate
wie Bombenflugzeuge ergänzt bzw. ersetzt werden konnte. Unter-

---

[1] Lützow: Die britische Schicksalsstunde. Das Reich 1940.

nehmungen, wie der durch die motorisierten Waffen ermöglichte Durchbruch von Cambrai nach Boulogne am 18. bis 30. Mai 1940, Abb. 32, oder die gewaltigen Vernichtungsschlachten von Bialystok bis Wiasma und Briansk im russischen Feldzug, die in ihrer Größe und raschen Folge eine einmalige Erscheinung der Kriegsgeschichte überhaupt sind, wären noch im Weltkrieg als reine Utopie erschienen. Der weitere Verlauf der Kämpfe — besonders in Rußland — ist übrigens auch insofern bemerkenswert, als er zeigt, daß der Erfolg hochentwickelter Waffen wie der aller hochentwickelten Technik sehr von der Intelligenz derer abhängt, die sie handhaben. Mit dem Zurverfügungstellen hochwertiger Maschinen und Instrumente allein ist noch nicht viel gewonnen. Die durch die neuen Kriegsmittel gegenüber 1914—1918 bewirkte Umwälzung hat eine verblüffende Parallele in dem Unterschied zwischen der Seeschlacht bei Lepanto (1571) und der Vernichtung der Armada im Kanal (1588)[1]. Auch damals hatten sich die Kriegsmittel (Kanonen statt Enterbrücken) und die durch sie bedingten Kampfmethoden (Fernkampf statt Kampf von Bord zu Bord) in rund 20 Jahren grundlegend geändert, ohne daß der einstige Sieger, Spanien, merkte, mit welchen Riesenschritten die Kriegstechnik fortschritt und ihn überflügelte.

Die Einführung des Dampfantriebes, der Elektrizität, des verwickelten Nachrichtendienstes und der weitgehenden Mechanisierung der Artillerie haben in der Kriegsmarine den Ingenieur unentbehrlich gemacht und ihm neben dem Seemann einen immer wichtigeren Posten eingeräumt. Im Landheer und noch mehr in der Luftwaffe wird die Entwicklung ähnlich verlaufen und dem Ansehen des ganzen Ingenieurstandes zustatten kommen.

Es ist nicht abzusehen, wie unsere Geschichte nach dem Jahre 1800 ohne die mechanische Revolution und nach dem Jahre 1920 ohne die Erfindungen von OTTO, DAIMLER und DIESEL verlaufen wäre. Die mechanische Revolution schuf eine der Grundlagen zur Überwindung der deutschen Kleinstaaterei und der Verbrennungsmotor wurde eines der wirkungsvollsten Mittel im Kampf gegen eine drückende militärisch-politische Übermacht, die noch vor kurzer Frist fast die ganze Welt für unüberwindlich hielt. Der grüblerische Sinn der Deutschen, der sich bis um die Mitte des 19. Jahrhunderts oft in abstrakten Dingen verträumte, erwies sich in technischen als ebenso fruchtbar wie ihre Gründlichkeit und Disziplin in Fragen der Organisation, dem unentbehrlichen Lenker technischen Schaffens. Diese Eigenschaften und unsere hochentwickelte Wissenschaft ermöglichten es, den großen industriellen Vorsprung anderer Staaten überraschend schnell einzuholen und eine starke Industrie aufzubauen, die zwar auch früher für das Kriegsführen eine Rolle gespielt hat, deren Anteil am Kriegspotential eines Volkes aber

---

[1] PFANDL, L.: Philipp II. München 1938.

niemals auch nur annähernd so groß und entscheidend war wie heute. Seit etwa 150 Jahren hat außer der Einwohnerzahl die räumliche Erstreckung eines Landes für seine Unabhängigkeit zunehmende Bedeutung erlangt, weil es sonst nicht sicher ernährt werden kann und gegen einen feindlichen Einfall zu empfindlich ist. Aber noch im Jahre 1914 boten natürliche und künstliche Hindernisse, Gebirge und Flüsse, Wall und Graben starken Schutz. Im jetzt wütenden Krieg haben aber selbst die gewaltigsten Befestigungsanlagen versagt, und die Überraschung hat sich als gefährlicher erwiesen denn je. Motorisierte Waffen und vor allem Langstreckenbomber haben Wucht und Reichweite eines Angriffes so ungeheuer vergrößert, daß wie schon in Kapitel II erwähnt worden ist, statt der Konzentrierung einzelner Stämme zu nationalen Reichen, die die neuere europäische Geschichte kennzeichnet, wahrscheinlich nur noch die Konzentrierung eines ganzen Kontingentes zu einer militärisch, industriell und wirtschaftlich aufs vollkommenste organisierten Einheit den dort lebenden Menschen die erforderliche Sicherheit und Existenzgrundlage geben kann.

g) Förderung der Wissenschaft. Die wissenschaftliche Forschung wurde, wie bereits in Kapitel II 2f gezeigt worden ist, durch die Maschine gleichfalls sehr gefördert. Die Technik hoher und tiefer Temperaturen und starker und hochgespannter Ströme, ultraviolette Strahlen, Radium, vervollkommnete physikalische, geodätische und astronomische Instrumente und elektrische Meßmethoden, Drehwaage und elektrische Feldwaage, Echolot und Ultramikroskop sind nur einige willkürlich herausgegriffene Errungenschaften der Technik, denen die Wissenschaft ganz neue Einblicke verdankt. Ferner haben viele bedeutende Industriefirmen sich von hervorragenden Wissenschaftlern geleitete Laboratorien geschaffen, die der reinen Forschung kaum weniger zugute kommen als der angewandten und das Zusammenarbeiten von Technik und Wissenschaft besonders fruchtbar gestaltet haben.

h) Der „schlechte Ruf" der Maschine. Was die Gründe für den schlechten Ruf der Maschine betrifft, haben wir bereits gesehen, daß sie vorzugsweise in der Selbstsucht und dem Mangel an Voraussicht der Menschen zu suchen sind. Schon im Beginn des Maschinenzeitalters liebten sie es, selbstische Beweggründe durch hochtrabende Phrasen zu verbergen und, um mit Fontane zu sprechen, „Christus zu sagen, wenn sie Kattun meinten". Van Loon[1] sagte hierüber: „So wie die Menschen noch heute die Segnungen völliger Freiheit loben, konnten sie sich im Anfang des 19. Jahrhunderts aus der Erwägung heraus, daß die Kinder auch frei seien, nicht dazu entschließen, Kinderarbeit zu verbieten." Mit zunehmender Technisierung entstanden ökonomische

---

[1] Loon, H. van: The story of mankind. New York 1921.

Lehrsysteme, als deren Hauptzweck dem heutigen Beobachter die Absicht erscheinen könnte, zu beweisen, daß etwas gottgewollt und in Ordnung ist, dessen Verfehltheit man wohl dunkel spürte, ohne die zur Abstellung der Mängel erforderliche Einsicht, Entschlußkraft und Größe zu besitzen.

Die Dampfmaschine ist nächst dem Feuer das großartigste Geschenk der Götter an die Menschen. Nun bedurfte es unzähliger Jahrhunderte, bis der Mensch das Feuer zu seinem Segen anzuwenden gelernt hatte. Die Schwierigkeiten, die die Einführung der Dampfmaschine mit sich brachte, waren aber noch größer, weil sie sich viel universeller auswirkten, da die Dampfmaschine das Leben ganzer Völker und Kontinente beeinflußte und ihre Einführung mit verwickelten politischen und sozialen Umwälzungen zusammenfiel, bzw. sie einleitete. Daran, daß die Zustände sich schließlich so unglücklich gestalteten, waren hauptsächlich Unzulänglichkeit und Hilflosigkeit gegenüber einer Erscheinung schuld, bei der man nicht erkannte, welch grundlegende Änderungen unseres sozialen und wirtschaftlichen Lebens sie zwangsläufig zur Folge haben mußte. Nicht die Dampfmaschine an sich ist an den unerfreulichen Begleiterscheinungen der Industrialisierung schuld, sondern der stümperhafte Gebrauch, den die Menschen von dieser Gabe des Himmels machten, und ihr Mangel an Voraussicht. Man hätte Titanen gebraucht, um die Dinge zu meistern, und es standen im besten Falle wohlmeinende Professoren, Geheimräte und Exzellenzen zur Verfügung. Schließlich ging es auch hier wie bei vielen Dingen, es bedurfte erst des wirkungsvollsten Lehrmeisters der Menschen, des Schadens und der Not, um sie klug zu machen. Unter dieser Perspektive erscheinen „100 Jahre Mißbrauch der Maschine“ nicht mehr so unverständlich. Sie wären es, wenn die heutige Generation auf der falschen Straße weitermarschieren würde.

Aber gerade Angehörige der Kreise, deren Aufgabe es in erster Linie gewesen wäre, die Lösung der durch die Maschine aufgeworfenen Probleme anzupacken, schmähten sie vielfach aus Ressentiment heraus am meisten. Dazu kamen ablehnende Stimmen mancher „Gebildeter“, denen Maschine und Arbeiter gleich fremd und unheimlich waren. Schließlich gehörte es in gewissen Kreisen beinahe zum guten Ton, Maschine und Technik zu lästern und für die Folgen eigenen und fremden Unverstandes allein verantwortlich zu machen. Die Annehmlichkeiten der Maschine wollte man genießen, vernünftige Folgerungen aus ihrer Einführung aber nicht ziehen. Manche „Federfuchser“ verhielten sich wie jene Ritter, die sich des Dienstes ihrer Vorfahren zwar bedient, sie aber ähnlich wenig geachtet hatten, wie sie selber ein paar hundert Jahre später die Ingenieure. SAUERBRUCH[1] hat daher mit seiner An-

---

[1] SAUERBRUCH, F.: Mensch und Technik. Dtsch. Techn. 1939 S. 6—12.

sicht zweifellos recht, daß alles, was mit der Technik an maschineller Leistung möglich wurde, an sich ein unbedingter Fortschritt ist und, richtig angewendet, auch dem kulturellen Leben der Völker Gewaltiges zu bieten vermag.

Eine gerechte Würdigung wird der Maschine etwa folgende Errungenschaften zugestehen: Eine außerordentliche Verbesserung des Verkehrswesens, der gesundheitlichen Verhältnisse und des allgemeinen Wohlbefindens; das Erschließen ungeheurer Rohstoffmengen und Siedlungsgebiete; eine ungeahnte Entlastung des Menschen von schwerster körperlicher und ungesunder Arbeit und die Ermöglichung der Teilnahme auch solcher Kreise an den Kulturgütern, deren Dasein früher eine einzige Fron war; die Vermittlung der edeln Freuden des Lebens an Millionen in Einöden lebender Menschen und eine große Förderung der Wissenschaften. Sie wird weiter sagen, daß nicht die Maschine Schuld an den mit ihrem Aufkommen verbundenen unerfreulichen Begleiterscheinungen trug, sondern, um wieder mit VAN LOON zu sprechen, „die inkompetenten Kapitäne, die das Staatsschiff im gleichen Geist und nach denselben Grundsätzen steuerten wie ihre Ahnen vor ein paar Jahrhunderten“.

Ob die durch die Maschine verursachten Schwierigkeiten in einen Segen für die Menschen verwandelt werden können, hängt, wie wir gesehen haben, zum größten Teil von dem Geiste ab, in dem wir die Maschine einsetzen, davon, ob wir im Andern in erster Linie ein willkommenes Ausbeutungsobjekt oder einen unserer Hilfe Bedürftigen erblicken. Wie die Maschine sich auswirkt, ist also ebenso eine ethische und moralische wie eine technische Frage. Deutschland hat als erster Staat einen vernünftigeren Einsatz der Technik angefaßt. Niemals hat sich der deutsche Ingenieur einer solchen Förderung erfreut und niemals ist ihm von der Staatsführung eine Wertschätzung zuteil geworden wie jetzt. Er ist daher schon deshalb verpflichtet, an der Erschließung des Segens der Maschine für die Menschen nach besten Kräften mitzuwirken. Vom Erfolg und der Bereitwilligkeit seiner Mitarbeit an einer der größten Aufgaben, die der Menschheit je gestellt worden ist, wird das Ansehen des Ingenieurstandes und seine Rolle im öffentlichen Leben auf lange Zeit entscheidend abhängen.

VI. Erziehung zum Ingenieur.

F. v. Lenbach pinx.

WERNER VON SIEMENS (1816—1892)[1].
Bahnbrechender Pionier der deutschen Elektrotechnik.
Hervorragender Forscher, Ingenieur, Erfinder und
Industriebegründer.

a) Elternhaus und Schule. Es wurde bereits auf die Bedeutung gewisser charakterlicher Eigenschaften, vor allem des Willens, Mutes, Selbstvertrauens, gesunden Menschenverstandes, der Ausdauer, Phantasie und eines widerstandsfähigen Körpers für die erfolgreiche Betätigung als Ingenieur hingewiesen. Sie können nicht früh genug geweckt und nicht beharrlich genug gefördert werden. Schon das Elternhaus und die Schule sollten ihrer Pflege dieselbe Sorgfalt wie der Vermittlung des Lehrstoffes widmen. Leider halten es viele Eltern für ihre Aufgabe, ihren Jungen vor jeder körperlichen und geistigen Zugluft, vor jeder Gefährdung seiner Bequemlichkeit und allem zu schützen, was ihn zur Selbsthilfe oder gar zum Gebrauch seiner Fäuste zwingen könnte, und lassen dadurch Eigenschaften verkümmern, die für das Bestehen des Kampfes ums Dasein von hohem Werte sind. Denn auf Widerstände muß ein junger Mensch gefaßt und zum Kampf gegen sie gerüstet und entschlossen sein, wenn er in der Technik vorwärtskommen und etwas leisten will. Die Worte des Führers: „Wer leben will, der kämpfe also, und wer nicht streiten will in dieser Welt des ewigen Ringens, verdient sich das Leben nicht", könnten für Ingenieure gesprochen sein. Deshalb sollte schon beim Kind alles vermieden werden, was sein Vertrauen zu sich selber schädigen könnte. Es ist daher falsch,

---

[1] Aus dem „Corpus Imaginum" der Photographischen Gesellschaft, Berlin.

Münzinger, Ingenieure. 2. Aufl.

ein aufgewecktes Kind wegen einer „komischen" Frage zu verspotten, die oft nur kindlich-ungelenk formuliert ist, aber Nachdenken verrät, oder starken Spieltrieb und andere Begleiterscheinungen einer lebhaften Phantasie nur negativ zu werten, weil es das Selbstvertrauen sensibler Naturen oft fürs ganze Leben schwächt.

Ideal vieler, besonders kleinbürgerlicher Eltern ist der Musterschüler, Maßstab für die Beurteilung ihres Sprößlings das Schulzeugnis. Dabei hat es bis zum 16. Lebensjahr wenig Wert, weil bis dahin wichtige Eigenschaften sich häufig noch gar nicht zeigen, und es über die allgemeine Tauglichkeit fürs Leben überhaupt nichts sagt. Bis zu diesem Alter gelten aber vielfach die als Musterschüler, die genau das machen, was ihr Lehrer wünscht, die keine Individualität und daher keine von seinen Neigungen abweichenden Vorlieben haben, keine unbequemen Fragen stellen oder gar selbständig zu handeln versuchen. Da sie eigenen Willen nicht besitzen, kommen sie mit dem ihres Lehrers nicht in Konflikt. Manche Lehrer vermögen aber nicht zu unterscheiden, was bei einem Jungen Eigensinn oder Verstocktheit und was Anzeichen einer beginnenden Persönlichkeit ist. Von meinen Jugendgefährten mit den besten Zensuren haben es meines Wissens nur wenige zu einer den Durchschnitt überragenden Stellung gebracht, wohl aber haben von den übrigen, denen ihre Lehrer zum Teil düstere Zukunftsprognosen stellten, mehrere führende und einer einen überragenden Posten erlangt. Die frühe Manifestation eines eigenen Willens oder die Verträumtheit mancher junger Menschen mit starker Phantasie und erfinderischer Begabung erklären auch, weshalb viele hervorragende Männer schlechte Schüler gewesen sind. Lehrer sollten aber bei Jungen, die sich in gewissen Fächern besonders auszeichnen, auch über beträchtliche Fehlleistungen in anderen Fächern hinwegzusehen vermögen. Ich erinnere mich noch, welchen Eindruck es auf mich machte, als der Rektor meiner einstigen Oberrealschule, der in sphärischer Trigonometrie unterrichtete und wohl fühlte, daß ich unter meinen mangelhaften Leistungen litt, mir sagte: „Ihre Leistungen bei mir sind schwach. Darüber brauchen Sie sich keine Sorge zu machen, weil Sie sonst sehr gute Leistungen aufzuweisen haben. Es gibt nun einmal Dinge, in denen manche Schüler sich nicht zurecht finden. Deshalb ist es weiter nicht schlimm, daß Sie in meinem Lehrfach nicht recht mitkommen, außerdem werden Sie es im Leben wahrscheinlich gar nicht brauchen."

Da „Musterschüler" und ähnlich unausgeprägte Individualitäten bis zu ihrem 20. Jahre fast nie eine eigene Entscheidung fällen mußten, sind sie später zu selbständigem Handeln oft unfähig und werden nicht selten weinerliche, alles Unangenehme bekrittelnde Nörgler, die bei jedem ihnen zugefügten tatsächlichen oder vermeintlichen Unrecht sagen, „man müßte das oder das unternehmen", aber nie den Mut aufbringen, das ihres Erachtens Erforderliche auch zu tun. Als junge Leute suchen sie ihre mangelnde Lebenskraft dadurch zu bemänteln, daß sie sich als Menschen aufspielen, deren idealen Gedankenflug die Welt nicht versteht, obgleich sie ebensowenig Ideale wie Lebenskraft haben.

Wichtig ist frühzeitige körperliche Ertüchtigung und eine gewisse seelische Abhärtung gegen die nicht immer angenehmen Formen, in denen sich das Leben nun einmal abspielt. Kinder, die aus Sorge vor „schlechtem Umgang" vor jeder Berührung mit robusteren Altersgenossen abgehalten werden, können sich später schwer durchsetzen, da sie weiter nicht schlimm gemeinte Ungezogenheiten anderer viel zu tragisch nehmen und nicht imstande sind, das oft einzig Vernünftige zu tun, nämlich mit gleicher Münze heimzuzahlen. Derjenige, der dies nicht bereits in jungen Jahren gelernt hat, wird es später nur mit großer Mühe fertigbringen. Ein kräftiger Körper gibt auch dann noch ein Gefühl der Überlegenheit, wenn der Mensch längst über das Alter hinaus ist, in welchem Meinungsverschiedenheiten mit der Faust ausgetragen werden. Auch heute, wo es Knaben und junge Männer in dieser Beziehung viel leichter haben als früher, sollte sportliche Betätigung Bestandteil jeder Erziehung und Begleiter durchs ganze Leben sein.

Gleichfalls schon im Elternhaus sollte das Interesse an fremden Sprachen geweckt werden. Einem Ingenieur, der nicht wenigstens eine fremde Sprache einigermaßen gut versteht und spricht, fehlt etwas Wesentliches. Die Ansicht Schopenhauers, der Mensch lebe so viele Leben, wie er Sprachen beherrscht, stimmt auch heute noch.

Bei den höheren Schulen und erst recht bei den Technischen Hochschulen sollte, solange sie nicht nur den Befähigtesten zugänglich sind, Grundsatz jedes Lehrplanes die Vermittlung einer Bildung sein, mit der der Durchschnitt später etwas anfangen kann, die aber in den Überdurchschnittlichen das Verlangen erweckt, über ihr unmittelbares Arbeitsgebiet hinauszusehen, und ihnen die Möglichkeit bietet, sich die geistigen Werte selber zu erschließen, ohne die auch ein beruflich erfolgreiches Leben für einen tiefer veranlagten Menschen arm und etwas Halbes bleibt. Dieses Ziel ist immer schwerer zu erreichen, weil sich die Ausbildungszeit nicht verlängern läßt, da bereits jetzt ein Student den Grad eines Diplomingenieurs nicht vor dem 24. oder 25. Lebensjahr erwerben kann. Ein früher Eintritt in die Praxis ist aber, von zwingenden anderen Erwägungen abgesehen, u. a. deshalb erwünscht, weil es einem Diplomingenieur um so schwerer fällt, sich mit den von der Hochschule so verschiedenen Verhältnissen in der Industrie abzufinden, je älter er in sie eintritt, und weil ein Jungingenieur sich das ihm noch fehlende Wissen in der Praxis oft leichter aneignen kann als auf der Hochschule, besonders wenn er seine Anfangsstellung nicht lediglich nach dem Gehalt, sondern danach wählt, was er in ihr lernen kann und welche Entwicklungsmöglichkeiten sie ihm bietet.

Es wird später noch darauf zurückgekommen, daß für die Allgemeinheit ebenso wie für den Ingenieurstand selber eine Oberschicht, die aus mehr als Nur-Ingenieuren besteht, so wichtig ist wie ein Durchschnitt, der das normale Geschäft ordentlich und sachgemäß erledigen kann. Die Ansichten darüber, ob eine realistische oder eine humanistische Ausbildung für überdurchschnittliche junge Leute, die Ingenieure werden wollen, geeigneter ist, sind geteilt. Da aber eine mehr nach den Naturwissenschaften ausgerichtete Schulbildung dem durchschnittlich Begabten das kürzeste Studium ermöglicht, wird schon aus diesem Grunde der Hauptstrom der Besucher Technischer Hochschulen von Oberrealschulen oder ihnen ähnlichen Lehranstalten kommen, die mehr praktische Fächer lehren, was für das Erwecken großer allgemeiner Interessen nicht immer förderlich ist. Bei solchen Lehranstalten kommt es daher besonders auf die Persönlichkeit der Lehrer und den auf der Schule herrschenden Geist an. Sind beide auf der Höhe, so ist es auch für überdurchschnittlich Begabte ziemlich nebensächlich, ob sie eine Oberrealschule oder ein Gymnasium besuchen. Ich erinnere mich jedenfalls voll Dankbarkeit der ausgezeichneten Lehrer meiner einstigen Stuttgarter Friedrich Eugen-Oberrealschule, von denen auch die Mathematiker und Naturwissenschaftler immer wieder unser Interesse an schöngeistigen Dingen anzuregen versuchten.

Die Auffassung, viele Musterabiturienten könnten schon mit 30 Jahren wegen völliger Einseitigkeit nicht mehr als „allgemein gebildet" angesprochen werden und das Reifezeugnis eines Gymnasiums sei durchaus zeitbedingt, mag zutreffen, entscheidend aber ist, ob es eine Lehranstalt versteht, wenigstens in den befähigten Schülern das Verlangen nach etwas zu erwecken, was über das zum Erwerb des täglichen Brotes Erforderliche hinausreicht und dem sie sich immer wieder gern zuwenden.

Ein Übermaß von Lehrstoff nützt weder auf den höheren Schulen noch den Technischen Hochschulen, weil es nicht aufgenommen wird und daher nicht haften bleibt. Bei einem mehr auf die Bedürfnisse der Technik zugeschnittenen Lehrplan der höheren Schulen müßte wohl auf manches Wünschenswerte verzichtet werden, die Frage ist nur, ob bei einigen Berufen überhaupt eine andere Wahl bleibt. Auf vielen Gebieten hat nämlich unser Wissen weit schneller zugenommen und der Wettbewerb ist viel schärfer geworden als jemals vorher im gleichen Zeitraum, was sich über kurz oder lang auch auf Schulunterricht und Allgemeinbildung auswirken muß. Es ist wohl möglich, daß in einer oder zwei Generationen das Bildungsideal wesentlich vom heutigen abweichen wird; unsere Aufgabe ist es, einen möglichst zweckmäßigen Übergang zu finden.

Der große Mangel an Ingenieuren zwingt dazu, auch solchen Menschen das technische Studium zu ermöglichen, die nicht den normalen Weg über eine höhere Schule zurückgelegt haben. Ihre innere Berechtigung findet diese Erleichterung darin, daß die Befähigung zum schöpferisch tätigen Ingenieur ähnlich wie die zum Künstler angeboren ist und daher Leute mit erwiesener Ingenieurbegabung ein Anrecht auf dieselben Chancen beanspruchen können wie weniger Befähigte, denen der Zugang zum technischen Studium nur deshalb offen steht, weil sie die zum Einschlagen des normalen Weges nötigen Mittel haben. Man darf auch annehmen, daß jemand, der Kraft seiner Befähigung von der Volksschule her erfolgreich auf einer Technischen Hochschule studieren kann, die Energie aufbringen wird, um seine Bildungslücken im Laufe der Zeit auszufüllen. Ein allgemeiner Verzicht auf die Reifeprüfung, die noch immer die beste Gewähr für ein gewisses Bildungsniveau bietet, und eine Senkung der Anforderungen für die Aufnahme an einer Technischen Hochschule müßten dagegen Ansehen und Leistungen der Ingenieure schwer schädigen. Nach Rückkehr normaler Zeiten sollten aber schon im eigenen Interesse der Betreffenden und aus erbbiologischen und soziologischen Gründen Angehörige einfacher Kreise, die eine höhere Schule nicht besucht haben und über keine Geldmittel verfügen, zum Studium der Ingenieurwissenschaften nur dann ermuntert werden, wenn zu erwarten ist, daß sie die damit verbundenen Anstrengungen und Entbehrungen gesundheitlich nicht schädigen, und sie es zu mehr als durchschnittlichen Diplomingenieuren bringen werden. Hochbegabungen sind erbbedingt. Nach W. Hartnacke ist „Begabtengewinnung keine Beschaffungs-, sondern eine Verteilungsfrage. Niemand kann begabter gemacht werden, als er von Geburt ist. Was nach oben gefördert wird, geht den unteren Gruppen verloren, und die Gefahr der Auspowerung der nicht ausgelesenen Berufsgruppen . . . ist in dem Maße gegeben, wie die Emporförderung weitergetrieben wird . . . Die nationale Wirtschaft fordert die Nutzbarmachung aller verfügbaren Begabungen. Aber gerade hier ist die Gefahr des erbbiologischen Raubbaues nicht gegenstandslos, die mit einer Ausnutzung in der Gegenwart zum Schaden der Zukunft verbunden ist." Eine Begabtenförderung auf diesem Wege ist daher nur vertretbar, solange der ganze Volkskörper durch sie nicht leidet und die oberen Gruppen erheblich mehr gewinnen, als den unteren verlorengeht.

Der Vorschlag, in den Oberklassen der höheren Schulen eine Richtung für Naturwissenschaften und Mathematik einzurichten und ihren Lehrgang so zu gestalten, daß auf ihm die Technische Hochschule ohne Wiederholung aufbauen kann, würde gestatten, die Gesamtausbildungszeit abzukürzen oder bei derselben Ausbildungsdauer Zeit für eine Beschäftigung mit anderen wichtigen Dingen freizumachen. Es müßte nur vermieden werden, daß dadurch das Studium von Gymnasiasten erschwert wird, weil das Gymnasium viele Sprößlinge von Familien mit langer wissenschaftlicher oder schöngeistiger Tradition besuchen, deren Fernbleiben ein großer Verlust für den Ingenieurstand wäre, siehe S. 165.

b) Technische Fach- und Hochschulen. Wir haben gesehen, daß einerseits eine Verlängerung des Studiums vermieden, andererseits den Studenten mehr als bisher ein Überblick über die großen Zusammenhänge gegeben werden muß. Da auch ihre körperliche Ertüchtigung nicht vernachlässigt werden soll, wird die zum Beschäftigen mit rein technischen Dingen verfügbare Zeit immer kürzer. Deshalb und weil es für den Durchschnitt der Studenten im späteren Beruf, bildlich ausgedrückt, mehr darauf ankommt, einen Kraftwagen gut fahren zu können, als genau zu wissen, auf Grund welcher Prinzipien er arbeitet, sollten den Studierenden solide, wenn auch etwas enge Kenntnisse in den rein technischen Fächern vermittelt werden. Den nicht selbständig Denkenden, die nicht auf Technische Hochschulen gehören, nützt ein über das Notwendige hinausgehender Lehrstoff sowieso nichts. Überdurchschnittlich Begabte können ihr Wissen in Sondervorlesungen vertiefen, und den in der Praxis stehenden Absolventen von Fach- und Hochschulen bieten vorzügliche Lehrbücher und in vielen Städten ein ausgezeichnetes Vorlesungswesen Gelegenheit zur Weiterbildung, wenn nur die Fundamente ihres Wissens solide sind. Für die seltenen genialen Begabungen aber ist der Lehrplan überhaupt ziemlich gleichgültig.

Der Nutzen einer Spezialausbildung ist für viele Studierende schon deshalb problematisch, weil sie nicht wissen, wofür sie sich am besten eignen, und weil sie sich bei der Wahl einer Sonderrichtung oft von ganz nebensächlichen Erwägungen leiten lassen. Je mehr sie sich aber auf ein Sondergebiet verlegen, um so schwerer fällt es ihnen, in der Praxis auf ein anderes überzugehen, wenn sie die Verhältnisse dazu zwingen. Mindestens der durchschnittliche Student sollte einen tunlichst „normalen" Lehrplan wählen, fleißig arbeiten und zusehen, daß er seine Prüfungen so frühzeitig als möglich ablegen und in die Praxis eintreten kann. Schon WERNER VON SIEMENS meinte: „Nur nicht zu früh spezialisieren. Der Blick wird zu eng. Das nötige Spezialwissen bringt schon der Beruf mit sich und es wäre verkehrt, schon auf der Technischen Hochschule mit dem Spezialisieren anzufangen."

Dagegen muß das Konstruieren wieder pfleglicher behandelt werden. *Mindestens im Wärmekraftmaschinenbau*, den ich am besten überblicke, weil ich selber in ihm arbeite, werden Jungingenieure mit konstruktivem Können immer seltener. Auf die Gründe dieser bedauerlichen Erscheinung wird später eingegangen. Da die für erfolgreiches

Konstruieren unerläßliche Raumvorstellung und Phantasie angeboren sein müssen, könnte der Lehrplan mehr nach der konstruktiv-praktischen und mehr nach der theoretisch-wissenschaftlichen Seite aufgezogen werden, wobei natürlich auch bei letztgenannter Richtung ein gewisses Mindestmaß von Konstruktionsarbeiten zu verlangen wäre. Falsch ist die Ansicht, daß gewandtes Freihandzeichnen Voraussetzung für gutes Konstruieren sei; einer der hervorragendsten deutschen Konstrukteure dieses Jahrhunderts war ein sehr unbeholfener Zeichner. Auch der Konstruktionsunterricht sollte mehr Wert auf Gründlichkeit als auf besonders schwierige Dinge legen. Der Entwurf umsteuerbarer großer Dieselmotoren oder ähnlich schwierige Aufgaben, wie sie in meiner Studentenzeit beliebt waren, sind unzweckmäßig, weil sie im Studenten eine ganz falsche Vorstellung davon erwecken, wie Entwurf und Bau solcher Maschinen sich in Wirklichkeit abspielen und ihn zu einer Überschätzung seiner Fähigkeiten verleiten. Er ist dann bitter enttäuscht, wenn er in der Praxis mit viel einfacheren Dingen nicht zurecht kommt, und lernt den Wert einer gründlichen Bearbeitung der Details nicht kennen. Da größere Maschinen in der Praxis in Gemeinschaftsarbeit entworfen werden, könnte es sich empfehlen, wenigstens eine der Konstruktionsarbeiten von mehreren Studenten gemeinsam anfertigen zu lassen. Beim Erlernen des Konstruierens, dem Rückgrat der Technik, ist der erste Schritt der schwerste. Da manchen jungen Leuten räumliche Vorstellung zunächst fehlt, glauben sie, sie besitzen sie überhaupt nicht und werfen die Flinte ins Korn, während sie es mit Geduld und Ausdauer oft zu achtbaren Leistungen bringen könnten. Über diesen Totpunkt muß der Unterricht hinweghelfen. Ein Student, der eine gewisse konstruktive Fähigkeit erreicht und Freude am Konstruieren gewonnen hat, wird in der Praxis einen erheblich leichteren Stand haben und auch dann, wenn ihn sein Weg nicht ins Konstruktionsbüro führt, den Wert von Konstruktionen zutreffender beurteilen können als einer ohne konstruktives Können, das für viele leitende Posten außerordentlich wichtig ist.

Die Frage, ob „Deutsch" einem Ingenieur viel nütze, läßt sich dahin beantworten, daß eine gute Ausdrucksweise in- und außerhalb des Berufes von großem Vorteil und für das Erlangen leitender Posten manchmal entscheidend ist. Ein Student sollte daher viel, aber wählerisch lesen. Zahlreiche Menschen glauben aber, ihre Verpflichtung der deutschen Sprache gegenüber sei erfüllt, wenn sie jedes Fremdwort peinlich auch da vermeiden, wo es kürzer und eindeutiger als das entsprechende deutsche Wort ist. Beispielsweise dürften nur wenige Ingenieure sich vorstellen können, was mit Verdeutschungen wie Entwaltung (statt Emanzipation), Umfaßendheit (statt Totalität) und Beiwesentlichkeit (statt Modalität) nun eigentlich gemeint ist.

Viele Ingenieure sind in ihrer Ausdrucksweise und in der gedrängten Wiedergabe des Wesentlichen einer Sache sehr ungewandt und selbst hervorragende Fachgenossen stehen nicht immer in einem „unmittelbaren Verhältnis zur deutschen Sprache". Kurze Klausurarbeiten, in denen sie das Kennzeichnende einer Maschine oder eines Problems schriftlich niederzulegen hätten, wären ein gutes Mittel, um Studenten zur Konzentrierung zu zwingen und ihre Intelligenz und Auffassungsgabe zu prüfen. Die Unbeholfenheit vieler Ingenieure mit ausgezeichneten Kenntnissen, sich über das Wesentliche einer Sache kurz zu äußern, zeigt folgendes Beispiel. Der Leiter eines Unternehmens möge Kenntnis von Lizenzverhandlungen seiner Konkurrenz mit dem Erfinder einer Kraftmaschine erhalten haben, die eine Brennstoffersparnis von 5% und andere Vorteile bieten soll. Der von ihm um seine Ansicht befragte Fachbearbeiter äußert sich nun häufig etwa folgendermaßen: „Ob 5% Wärme erspart werden, hängt vom Expansionskoeffizienten ab." Auf den Einwand, er möge mit einem passenden Werte rechnen, folgt die Erwiderung: „Der Expansionskoeffizient sei durch den angewendeten Luftüberschuß bedingt." Die Bemerkung, auch mit dieser Angabe sehe er nicht klarer, wird mit dem Einfluß der Belastung, der Verdichtung oder einem anderen „wissenschaftlichen" Vorbehalt beantwortet usw. usw. Solche für den Nichtfachmann wertlosen Auskünfte machen die skeptischen Ansichten über „Theoretiker" erklärlich. Die Antwort hätte etwa lauten müssen, „Eine Ersparnis von 5% ist zwar theoretisch nicht ausgeschlossen, auf Grund von Vergleichen mit bekannten Maschinen erscheint sie aber sehr optimistisch, meines Erachtens wird man höchstens mit etwa 3% rechnen dürfen. Dann wäre aber die Maschine wegen ihrer teuren und verwickelten Konstruktion voraussichtlich nicht so überlegen, daß sie unserem Absatz erheblichen Abbruch tun könnte." Diese Antwort gibt, obgleich sie sich auf einen bestimmten Wert nicht festlegt, dem Verantwortlichen genügend Anhalt für seine Verhandlungen.

Es kann jemand auf einem Teilgebiete der Technik ausgezeichnete Kenntnisse haben, im übrigen aber ein Ignorant sein. Das Wissen vieler technischer Einzelheiten bedeutet daher noch lange nicht, daß jemand eine gediegene technische Bildung hat. Wenn der Vorwurf, die Hochschule hätte Wissen, aber keine Bildung gepflegt, für Universitäten zutrifft, so tut er es sicher für Technische Hochschulen. Ein gediegen gebildeter Ingenieur muß wenigstens die grundsätzlichen Zusammenhänge in einem größeren Ausschnitt der Technik und das Wesentliche der Beziehungen zwischen Technik und öffentlichem Leben einigermaßen kennen. Sonst kann er weder in seinem Arbeitsbereiche das bestmögliche leisten, noch seine Tätigkeit in Übereinstimmung mit übergeordneten allgemeinen Interessen bringen, noch den erforderlichen

Einfluß im öffentlichen Leben gewinnen und wird, selbst wenn er zu Wohlstand und einer gehobenen Stellung kommen sollte, dauernd subaltern bleiben und außerhalb seiner Kreise auch für subaltern gehalten werden. Gerade weil Ingenieure so viele Sonderkenntnisse haben müssen und weil zwischen ihnen und dem Publikum nicht die unmittelbare Berührung wie zwischen Arzt und Kranken oder Beamten und gewöhnlichem Bürger besteht, kommt es bei den Technischen Lehranstalten besonders darauf an, die Studenten mit den großen Zusammenhängen zwischen der Technik und den übrigen Bereichen menschlicher Tätigkeit vertraut zu machen. Das Überbetonen der Wichtigkeit einzelner technischer Sondergebiete durch manche Fachprofessoren muß aber in den Studenten den Glauben erwecken, ihr zukünftiges Heil hänge ausschließlich davon ab, ob sie imstande sind, möglichst vielerlei und möglichst verwickelte technisch-wissenschaftliche Aufgaben zu lösen. Dadurch kommen manche zu einem technischen Akrobatentum, das mehr glänzt als nützt, und sehen schließlich den Wald vor lauter Bäumen nicht mehr.

Ein nur aus einer Nebeneinanderreihung von noch so guten Vorlesungen über verschiedene technische Teilgebiete bestehender Unterricht gibt tüchtige Spezialisten und emsige Arbeiter, schwerlich aber Menschen mit Führerqualitäten. Angesichts der knappen verfügbaren Zeit ist es daher das kleinere Übel, die Zahl der technischen Kollegs etwas zu beschränken, um die Studenten mit den großen Zusammenhängen vertraut machen zu können. Der Umstand, daß diese Dinge viele weniger Begabte nicht interessieren und von ihnen bald wieder vergessen werden, wiegt leicht gegenüber der Tatsache, daß nur auf diese Weise in den befähigten Studenten ein zutreffendes Bild von Wesen und Bedeutung der Technik erweckt und verhindert werden kann, daß sie ihre ganze Intelligenz an technisch-wissenschaftliche Tüfteleien verschwenden und eben auch Nur-Techniker werden. Gründliches technisches Wissen ist natürlich für jede erfolgreiche Ingenieurtätigkeit unerläßlich, es allein reicht aber, wenigstens für den, der zu tieferen Einblicken kommen und führen will, nicht aus. Daher sollte mindestens auf den Technischen Hochschulen ein Hauptpflichtfach geschaffen werden, das ein Bild von der Entwicklung der Technik, der zeitlichen Bedingtheit gewisser Erfindungen, dem Zusammenhang der verschiedenen Zweige der Technik und dem Einfluß der Technik auf die wirtschaftlichen und politischen Verhältnisse eines Volkes gibt. Sehr viele Ingenieure wissen hierüber und über die großen Erfinder und Bahnbrecher der Technik, denen sie soviel verdanken, beschämend wenig.

Ferner sollte man auf allen technischen Lehranstalten an geschickt ausgewählten Beispielen zeigen, welche Rolle die Theorie beim Auffinden von Neuland, beim Verfeinern von Konstruktionen und im Alltagsgebrauch spielt und welche Grenzen ihrer Anwendung so häufig gezogen sind. Nicht weniger wichtig ist, den Studierenden immer wieder die Bedeutung der am Anfang dieses Kapitels erwähnten charakterlichen Eigenschaften für den geschäftlichen Erfolg und die Entwicklung zur Persönlichkeit vor Augen zu führen. In diesem Zusammenhang sollte auch gesagt werden, wie fehlerhaft folgende Auffassung über die Ingenieurtätigkeit ist, zu der manche Menschen wohl mit durch eine Eigenart des Schulunterrichtes kommen. Auf der Schule gibt es — wenigstens für die weniger nachdenklichen Schüler — für jede Frage eine bestimmte eindeutige Antwort, ob es sich um das Datum eines geschichtlichen Ereignisses, eine Übersetzung, eine mathematische Aufgabe oder die Anwendung der von vielen Schülern mit mystischer Ehrfurcht betrachteten „Naturgesetze" in Physik oder Chemie handelt. Daraus ziehen nun viele, besonders etwas spießige Schüler den Schluß, in der Technik, die doch auf Mathematik und Naturgesetzen beruht, sei es ebenso. Sie glauben daher, jedes technische Problem müsse sich gewissermaßen vom grünen Tisch aus allein durch Berechnung und Anwendung der Theorie ohne Umwege, Probieren und Fehlschläge auf einem ganz bestimmten Wege lösen lassen, und mit dem sonstigen Leben verhalte es sich nicht viel anders. Aus dieser Einstellung entstehen die „Mathematik-Ingenieure", die alles besser wissen, die „Gebrauchsanweisungsingenieure", die unglücklich sind, wenn sie nicht für das Erledigen sämtlicher Dinge Rezepte benutzen oder sich auf Präzedenzfälle stützen können, und die Bürokraten, die jede Individualität unterdrücken und alles reglementieren möchten, die Zeit durch Herumreiten auf nebensächlichen Kleinigkeiten totschlagen und vom Volksmund daher oft in Gedankenassoziation zu einer an den Gestaden der Ägäis wachsenden Frucht gebracht werden.

c) **Hochschullehrer.** Die Forderung, ein Hochschullehrer müsse Erzieher, Fachmann und Forscher sein, wird sich nur sehr selten erfüllen lassen, ist aber auch nicht wichtig. Er muß vor allem das, was er zu sagen hat, selber gründlich verstehen und seinen Hörern verständlich und anregend beizubringen vermögen, was ihm nur gelingt, wenn er sich in ihr Vorstellungsvermögen hineinversetzen kann und fühlt, ob sie ihm folgen können. Ein verständlicher Vortrag findet größere Aufmerksamkeit und bleibt besser haften als ein besonders tiefgründiger aber trockener. Ihn haben aber manche bedeutende Forscher nicht und erzielen daher, wie z. B. Hugo Junkers, als Lehrer nur unbefriedigende Ergebnisse. Außerdem vermittelt mindestens den durchschnittlichen Studenten die Berührung mit einem Forscher keine Vorstellung von *seiner Bedeutung.* Für sie kommt es auch gar nicht darauf an, letzte Feinheiten, sondern das möglichst gründlich zu lernen, was sie für den Alltagsgebrauch benötigen. Wer Lehrbefähigung und solide Fachkenntnisse mit der Gabe verbindet, seinen Schülern auch als Mensch etwas sagen und sie für eine Idee begeistern zu können, ist der beste Erzieher. Wir hatten geradezu einen Heißhunger, etwas darüber zu erfahren, wie es im Leben aussieht, und die heutige Generation dürfte ebenso sein. Viele meiner Jugendfreunde und ich denken auch nicht an die Lehrer am dankbarsten, bei denen wir „am meisten gelernt" haben, sondern an die, die uns als Mensch etwas zu sagen hatten. Man könnte aus diesen Gründen vielleicht von Zeit zu Zeit hervorragende Persönlichkeiten aus der Industrie über Probleme, die durchaus nicht rein technischer Natur zu sein brauchten, mit Vorteil vor Studenten sprechen lassen.

Beim Lehren spielt noch folgender Umstand eine Rolle. Dem jungen Menschen fehlen die Erfahrungen und der Überblick, um gewisse Dinge verstehen zu können, der gereifte, der bereits Erfahrungen besitzt, kann sich aber oft nicht mehr in das Vorstellungsvermögen junger Leute hineinversetzen und ihnen daher manches nicht recht klarmachen. Auch scheint es, daß fast alle Menschen erst gewisse sauere Lebenserfahrungen selber gemacht haben müssen, um für fremden Rat genügend aufnahmewillig zu werden. Dies zeigt sich u. a. dann, wenn junge Leute, denen ein an Erfahrungen weit überlegener einen Rat erteilen will, ihm mit allen Mitteln zu beweisen versuchen, daß sie richtig handeln, ohne ihn überhaupt aussprechen zu lassen und ohne über seine Gründe wenigstens etwas nachzudenken. Es ist für einen erfahrenen Mann oft bitter, zusehen zu müssen, wie andere, an deren Wohlergehen ihm gelegen ist, dank ihrer Fehler und Unterlassungen sehenden Auges und taub gegen alle Warnungen in ihr Unglück rennen.

Beim Verlangen nach einer Vereinigung der Technischen Hochschulen mit den Universitäten spielen wohl bei manchen Ingenieuren Rücksichten auf die erhoffte Hebung des Ansehens ihres Standes mit. Ob sie wirklich erreicht und das Verständnis der Angehörigen anderer Fakultäten für die Technik besser werden würde, ist mindestens zweifelhaft. Zum Beispiel werden wohl viele Wissenschaftler die Notwendigkeit einer propagandistischen Betätigung, die Ungewißheit des geschäftlichen Erfolges und die Rolle der Wissenschaft als Hilfsmittel für die Ingenieurtätigkeit, d. h. von Dingen nicht verstehen können, die der ganzen Haltung von Ingenieuren das Gepräge geben, denen die Erziehung Rechnung tragen muß und wegen derer für Studenten der Technik auch auf der Universität ein besonderer Lehrplan nötig wäre. Es ist daher nicht recht einzusehen, welchen positiven Vorteil eine Zusammenlegung von Universitäten und Technischen Hochschulen haben könnte.

d) Allgemeines. Der große Ingenieurmangel zwingt dazu, Abhilfe zu schaffen. Unter anderem soll dies durch Ermöglichung des Hochschulstudiums für besonders befähigte Volksschüler und besonders

tüchtiger Schüler von Maschinenbauschulen geschehen. Ein Herunter-
drücken des allgemeinen Bildungsniveaus des Ingenieurstandes ist hiervon schon deshalb kaum zu befürchten, weil viele auf normalem Wege
ausgebildete Diplomingenieure an über die unmittelbaren Erfordernisse
ihres Berufes hinausgehenden Dingen kein großes Interesse haben. Ein
vielleicht bestehender Mangel an Umgangsformen sollte sich unschwer
beseitigen lassen.

Die Frage, ob der heutige Hochschulbetrieb überhaupt zweckmäßig
ist, taucht immer wieder auf. Viele von Diplomingenieuren bekleidete
Stellungen können tüchtige höhere Maschinenbauschüler ebensogut
ausfüllen, zumal gesunder Menschenverstand oft mehr benötigt wird als
großes Fachwissen, und tüchtige Maschinenbauschüler ihr Studium mit
mehr Eifer betreiben als viele unterdurchschnittliche Abiturienten, die
die technische Hochschule oft nur beziehen, weil sie den Besuch einer
Maschinenbauschule törichterweise für einen sozialen Abstieg halten.
Ihre Überweisung an Fachschulen würde dem Lehrbetrieb auf den
Technischen Hochschulen und, wenn ein Ingenieur nur nach der Leistung und nicht nach dem akademischen Titel bezahlt werden würde,
auch ihnen selber nützen, weil ihre Ausbildung kürzer und billiger
wäre und das verbitternde Gefühl wegfiele, nie die Stellung erringen zu
können, wie ihre begabteren Kommilitonen, mit denen zusammen sie
die Hochschule besuchten.

Manche Klagen über unzulängliche Leistungen Technischer Lehranstalten übersehen übrigens, daß vieles dem fertigen Ingenieur selbstverständlich Erscheinende es bei seinem Eintritt in die Praxis ihm nicht
war. Im reiferen Alter ist man daher manchmal geneigt, etwas für
einen Mangel der Erziehung zu halten, was nur eine unvermeidliche Be-
gleiterscheinung der Entwicklung ist. Im übrigen brauchen viele sehr
tüchtige und von vorzüglichen Lehrern unterrichtete Studenten nach
ihrem Studium eine gewisse Zeit, um das, was sie gelernt haben, zu
verdauen und sich ganz anzueignen. Eine technische Lehranstalt kann
wohl das Tempo des Marsches vermitteln, seinen Rhythmus, der ihn erst
ergiebig und ausdauernd macht, kann aber nur die Praxis lehren.

VII. Voraussetzungen für den beruflichen Erfolg.

Nikolaus August Otto (1832—1891)[1].
Erfinder der Viertakt-Gasmaschine.

a) Einleitung. Vor allem Menschen, die es im Leben zu nichts gebracht haben, schreiben den Erfolg anderer gern unfairen Kampfmethoden und dem Zufall zu, womit sie sehr häufig unrecht haben. Wohl mögen einige auf zweifelhafte Weise zu einer gehobenen Stellung gelangen, sich in ihr behaupten können sie aber fast immer nur, wenn sie an sich tüchtig sind. Dies will nun freilich nicht besagen, daß es ein besonders fähiger Mensch immer zu einer seinen Leistungen angemessenen Stellung bringen müsse. Beispielsweise können in einem Unternehmen alle für ihn geeigneten Posten bereits besetzt sein oder andere sein Weiterkommen verhindern, weil sie für ihr Ansehen oder ihre Stellung fürchten. Wie gerade die letzten 30 Jahre gezeigt haben, ist es Staatsmännern und Feldherren oft auch nicht anders ergangen. Da aber einen intelligenten Menschen wenig so zermürbt und demütigt, wie an der Entfaltung seiner Fähigkeiten verhindert zu sein und untätig zusehen zu müssen, wieviel besser eine Sache gemacht werden könnte, sollte er sich in solchen Fällen schnell nach einem anderen Wirkungskreis umsehen. Zufällig kann zwar von mehreren gleich tüchtigen Menschen nur ein einziger gerade dann an einer Tür vorbeigehen, wenn sie sich zum Suchen eines dringend benötigten Nachfolgers auftut, sonst spielt der Zufall, wenn man von Krankheit und Unglücks-

---

[1] Aus dem „Corpus Imaginum" der Photographischen Gesellschaft, Berlin.

fällen absieht, nicht die oft vermutete große Rolle. Auch im Beruf haben solide Erfolge solide Grundlagen zur Voraussetzung, zu denen Wissen, Können und bestimmte, bereits erwähnte charakterliche Eigenschaften gehören. Der anscheinend unerklärliche Erfolg vieler Männer rührt nämlich häufig von überlegenen charakterlichen Eigenschaften her, die andere nur deshalb nicht merken, weil sie sie selber nicht besitzen, oder weil sie den Nutzen angelernten Wissens für den Kampf ums Dasein weit überschätzen. Dabei könnten sie fast täglich sehen, daß nicht Mangel an Wissen, sondern an Weisheit eines der Hauptübel unserer Zeit ist. Wer andauernd Erfolge oder Mißerfolge hat, ist hieran fast immer selber schuld. Dem Menschen wird allerdings ein erheblicher, oft sogar der größere Teil seines Schicksales in die Wiege gelegt, den Rest bestimmen Elternhaus, Umwelt und sein Wille. Deshalb sind gesunde Eltern und ein glückliches Elternhaus eine der größten Segnungen, die einem Menschen zuteil werden können. Unermüdliches Arbeiten an sich selber kann aber viel von dem Schaden wieder gutmachen, den Vererbung, mangelhafte Erziehung, schlechtes Milieu und schwache Gesundheit zugefügt haben. Das törichteste freilich, was ein Mensch tun kann, der vom Schicksal in dieser Beziehung nicht gut bedacht wurde, ist, zu jammern und die Hände tatenlos in den Schoß zu legen, statt sich mit allen Kräften gegen es zu wehren.

Nach diesen allgemeinen Darlegungen sollen nunmehr einige für den beruflichen Erfolg wichtige Dinge näher behandelt werden.

b) Der Wert der Arbeit. Die Großen aller Zeiten waren sich ungeachtet ihrer oft grundverschiedenen Natur und Einstellung zum Leben in der hohen Wertschätzung der Arbeit einig. Die Worte eines LUDWIG XIV.: „Durch die Arbeit ist man König und um der Arbeit willen ist man König. Eines ohne das andere zu wollen, wäre Undankbarkeit und Vermessenheit gegen Gott, Ungerechtigkeit und Tyrannei gegen die Menschen" oder die seines Ministers COLBERT: „Arbeit ist die Quelle aller geistlichen und weltlichen Güter", stimmen weitgehend mit dem überein, was ADOLF HITLER und viele bedeutende Ingenieure hierüber gesagt haben.

Das Leben sämtlicher in diesem Buche erwähnten großen Erfinder bestätigt die Wahrheit des MOLTKEschen Wortes „Genie ist Fleiß", d. h. auch der überragenden Begabung bleibt der Schweiß nicht erspart, wenn sie etwas leisten will. Bei einem genialen, lange Zeit erfolgreichen Manne, mit dem mich das Schicksal zusammenführte, würde es mir schwerfallen, zu sagen, ob sein Stern zu sinken begann, als ihn sein Genie oder als ihn sein Fleiß verließ, wahrscheinlich taten sie es zusammen. Ein weiser Mensch erblickt daher in der Arbeit keine Plage, sondern etwas auf Grund unserer Konstitution zum gesunden Leben ebenso Notwendiges wie Nahrung, Erholung und Schlaf. Es kann daher auch niemals, wie manche meinen, Endziel der Technik sein, den Menschen von jeglicher, sondern nur von übermäßiger und gesundheitsschädlicher Arbeit zu entlasten.

Wie in der bildenden Kunst ein MICHELANGELO, so sind auch in der Technik hart um ihr Werk ringende Naturen häufiger als Männer, denen, wie RAFFAEL, der Erfolg fast spielend in den Schoß fiel. Häufig gehört der Erfolg nicht dem intelligenteren, sondern dem fleißigeren und beharrlicheren Menschen, und die Mehrzahl der Ingenieure braucht nicht so sehr überragenden Verstand als Fleiß, Zuverlässigkeit und Ausdauer. Viele leitende Ingenieurposten wurden „durch Überstunden" errungen. Ein fleißiger und zuverlässiger Ingenieur ist für ein Unternehmen häufig wertvoller als ein ihm an Intelligenz überlegener, bei dem man aber nie weiß, wieweit man sich darauf verlassen kann, daß er seine Arbeiten fehlerfrei und fristgemäß erledigt. Mit Fleiß, Zuverlässigkeit und anständigem Charakter kann auch ein Ingenieur ohne überragende Gaben eine sichere und geachtete Stellung erlangen. Ohne Gründlichkeit auch im Nebensächlichen hat Ingenieurarbeit auf die Dauer keinen Bestand. Liebe zum Detail ist die Ursache vieler Dauererfolge, und weniges erleichtert den Erfolg in großen Dingen so sehr, wie sich von Jugend an bemühen, in kleinen sorgfältig und ordentlich zu sein.

Zwei Ingenieure derselben Intelligenz können mit ihren Gaben sehr Verschiedenes vollbringen, je nachdem, welchen Gebrauch sie von ihnen machen. Es gibt nämlich ebenso ein geistiges Training, wie es ein körperliches gibt, das bei Ausdauer und Fleiß Dinge begreifen und gelingen läßt, von denen man glaubte, man würde nie mit ihnen fertig werden. Wenn man eine Sache nicht auf das erstemal versteht, studiere man sie zwei-, fünf- und, wenn es sein muß, zehn- oder zwanzigmal. Geht man hierbei systematisch vor, so kann auch ein Mensch ohne überragende Fähigkeiten zu beachtlichen Leistungen kommen. Das Rezept ist so einfach, daß es viele junge Leute gerade seiner Einfachheit wegen und deshalb nie ernstlich versuchen, weil sich der Erfolg nur langsam zeigt und sie immer wieder mutlos werden, wenn ihnen etwas nicht so schnell gelingen will wie anderen.

Bei gleicher Intelligenz wird — wenn man von genialen Menschen absieht — im allgemeinen derjenige geschäftlich am erfolgreichsten sein, der in seinem Beruf am ausgeglichensten begabt ist. Wer seine ganze Energie, Zeit und Intelligenz lediglich seinem Beruf widmet, wird es oft „weiter"bringen als jemand mit umfassenden Interessen, ob er deshalb beneidenswerter ist, ist eine andere Frage.

c) Der Wert von Wissen und Können. Da in der Technik alles fortwährend in Fluß ist, trägt das auf der Hochschule Gelernte auf die Dauer nur Früchte, wenn es ein Ingenieur unablässig erweitert, vertieft und den Bedingungen anpaßt, unter denen er arbeitet. Ein an Umfang beschränktes aber solides Wissen ist wertvoller, als von den verschiedensten Dingen etwas, aber nichts gründlich zu wissen. Wer es versteht, sich auf mehreren Gebieten ein durchschnittliches, auf mindestens einem ein den Durchschnitt erheblich überragendes Wissen anzueignen, hat die beste Aussicht, einen überdurchschnittlichen Posten erringen und ohne die Nachteile eines ungesunden Spezialistentums ausfüllen zu können. Dann wird auch seine Tätigkeit ergiebiger und sein Gesichtsfeld schon im Anfang seines beruflichen Wirkens weiter, als wenn er sich nur mit ihn unmittelbar angehenden Dingen befaßte. Ein Ingenieur, den sein Beruf interessiert und der weiterkommen will, sollte seine Schulkenntnisse durch Fachzeitschriften, Bücher, Mitarbeit an einem der von den Ingenieurorganisationen aufgezogenen Arbeitskreise und Meinungsaustausch mit anderen Ingenieuren fortwährend erweitern. Je mehr er anderen von seinen Kenntnissen mitteilt, um so bereitwilliger werden sie ihn über die ihrigen unterrichten. Wer literarische Neigungen hat, pflege sie oder halte Vorträge. Der etwas schüchtern Veranlagte bemühe sich, wenigstens im kleinen Kreise frei zu sprechen, es ist unerheblich, wenn ihm dies im Anfang nicht recht gelingen will.

Wissen ist im wahrsten Sinne des Wortes ein Zinsen tragendes Kapital, das man nicht wie Geld oder eine Stellung verlieren kann. Wer viel weiß, kann sich am ehesten von den Wechselfällen des Lebens und persönlicher Gunst unabhängig machen, sich lästige Menschen vom Leibe halten und auch im vorgerückten Alter auf ein befriedigendes Dasein rechnen. Eine Stellung, in der man sein Wissen nicht erweitern kann, bietet diese Gewähr nicht, so verlockend sie finanziell sein möge.

Infolge des heute auf vielen Gebieten vorliegenden ungeheuren Tatsachenmaterials können sich manche Ingenieure nicht vorstellen, wie mager die Unterlagen im Anfang vieler Entwicklungen waren und sich daher oft nicht helfen, wenn sie selber eine beginnen sollen. In solchen Fällen gilt „das Bessere ist des Guten Feind" und „ultra posse nemo obligatur" (man kann von niemanden mehr verlangen, als was er zu leisten vermag). Diese Sprichwörter wollen sagen, daß eine rohe Faustformel, eine nur auf 200—500% zuverlässige Festigkeitszahl oder eine primitive Maschine immer noch besser ist als gar keine, und daß der Ingenieur da, wo jede Vorausberechnung versagt, probieren muß. Viele bedeutende Erfindungen sind auf diesem Wege entstanden. Der Umstand, daß man auch heute noch selbst im normalen Maschinenbau auf die errechneten Werte oft den mehrfachen Betrag als Sicherheit zuschlägt, zeigt, wie gering unser theoretisches Wissen auf vielen uns längst vertrauten Gebieten ist, bzw. wie schwierig manche Vorgänge rechnerisch erfaßbar sind. In solchen Fällen hat es die Erfahrung als praktischer erwiesen, reichliche Sicherheitszuschläge zu machen, als zeitraubende „genaue" Rechnungen anzustellen, zumal sie oft nur neue Unsicherheiten in sich schließen. Wahrscheinlich wird die Technik auf vielen Gebieten noch lange so verfahren müssen, trotzdem sollte man versuchen, die Grenzen des durch Berechnung Erfaßbaren möglichst zu erweitern. Nun sind selbst im normalen Maschinenbau viele Vorgänge so verwickelt, daß ungewöhnliche theoretische und mathematische Kenntnisse nötig wären und es untragbar lange dauern würde, wenn man alle Feinheiten der Naturgesetze bei der Berechnung berücksichtigen wollte. Da derartige Rechnungen oft nur in größeren Zeitabschnitten vorkommen, wäre auch die Gefahr von Irrtümern aus Mangel an Routine und infolge der unübersichtlichen Formeln zu groß. Das Ausarbeiten von einfachen, plastischen, besonders graphischen Berechnungsverfahren, mit denen auch der durchschnittliche Ingenieur zuverlässig und schnell arbeiten kann, obgleich sie die verwickelten Verhältnisse weitgehend berücksichtigen, gewinnt daher ebenso wie leicht verständliche Darstellungen verwickelter Zusammenhänge neben dem Schaffen der wissenschaftlichen Grundlagen zunehmende Bedeutung, da sie eine erhebliche Entlastung von der Bürde großen Spezialwissens sind. Auch hier drängt sich ein Vergleich mit Ärzten auf, indem Untersuchungsverfahren, die von großen Kliniken mit Recht benutzt werden, vereinfacht werden müssen, um sich für den Gebrauch des praktischen Landarztes zu eignen.

Um eine Sache zutreffend beurteilen zu können, muß man den Tatbestand gründlich kennen, was durch Fragen oft am schnellsten gelingt. Vor Fragen haben aber viele Ingenieure aus Bequemlichkeit und deshalb eine Scheu, weil sie fürchten, sich bloßzustellen, obgleich dies ein kleineres Übel wäre, als halbwissend zu bleiben. Man muß sich freilich überlegen, was man wissen möchte, bevor man eine Frage stellt. In schwierigen Fällen schreibe man sie nieder, wobei sich die Antwort oft von selbst ergibt. Je klarer man fragt, um so eher bekommt man eine klare Antwort. Glaubt man etwas nicht richtig verstanden zu haben, so bitte man um Aufklärung. Man wird dann öfters sehen, daß der Befragte selber nicht recht im Bilde ist. Fragen läßt sich zu einer Kunst entwickeln, indem man eine Frage entweder so stellt, daß der Gefragte genau weiß, was man wissen möchte, oder indem man sie in eine so beiläufige Form kleidet, daß er durch seine Antwort etwas verrät, was er bewußt nie bekanntgegeben hätte. Es gibt freilich dumme und „dumme" Fragen. Die ersteren verraten mangelhaftes Wissen oder Bequemlichkeit, die letzteren haben den eben erwähnten Zweck, verlangen aber Unbekümmertheit um den Eindruck, den sie machen. Wer sich hiervor fürchtet, erinnere sich an den Ausspruch des Fürsten Metternich, eines der klügsten Staatsmänner des vergangenen Jahrhunderts, „mögen sie mich ruhig für den Düpierten halten, mir kommt es nur darauf an, wer wirklich düpiert wird".

Viele Ingenieure können ihre Gedanken aus Mangel an sprachlicher Gewandtheit und Konzentrationsfähigkeit nicht richtig zur Geltung bringen. Teils drücken sie sich unklar aus, teils sagen und schreiben sie etwas ganz anderes, als was sie meinen und sagen wollen, teils gelangen sie vom Hundertsten ins Tausendste. Die Vorliebe vieler Menschen für das Unwesentliche verführt sie zu einer außerordentlichen Breite und z. B. zum Beifügen völlig entbehrlicher umständlicher Rechnungsgänge zu ihren Darlegungen. Mein einstiger Lehrer, Prof. RIEDLER, sagte hierzu, man wolle doch das fertige Möbelstück und nicht die bei seiner Anfertigung entstandenen Hobelspäne kaufen. Der Hang zur Breite zeigt sich · auch in technischen Zeitschriften, was u. a. deshalb so bedauerlich ist, weil sie dadurch für den Nichtspezialisten an Wert verlieren. Viele Veröffentlichungen sind ganz einseitig auf die Bedürfnisse von Spezialisten eingestellt und so abgefaßt, daß ihre Ergebnisse nur bei sorgfältigem Durchlesen der ganzen Arbeit verständlich werden. Hierzu fehlt aber vielen Ingenieuren die Zeit. Infolgedessen kommt manche wichtige Erkenntnis nur einem kleinen Kreis zugute. Insbesondere räumen viele Verfasser mathematischen Darlegungen einen zu breiten Raum ein, selbst wenn sie so schwierig sind, daß sie nur wenige Leser verstehen können. Ähnliches gilt von der Schilderung verwickelter versuchstechnischer Anordnungen. Untersucht z. B. ein Verfasser einen bestimmten Vorgang, um daraus Folgerungen für den Bau einer Maschine ziehen zu können, so wird er zunächst mit Hilfe der Mathematik gewisse grundsätzliche Zusammenhänge ermitteln, dann durch Versuche die Brauchbarkeit seiner Gleichungen nachprüfen und schließlich auf Grund dieser Arbeiten praktische Folgerungen ziehen. Viele Verfasser machen nun den Fehler, daß sie zunächst — meist viel zu breit — die mathematische Behandlung, dann die Schilderung der Versuchsdurchführung mit allen Einzelheiten und erst zuletzt und nicht selten an versteckter Stelle ihre Schlußfolgerungen bringen.

Solche Arbeiten wären, ohne die Interessen der Spezialisten zu beeinträchtigen, für einen weit größeren Leserkreis brauchbar, wenn der Verfasser zunächst kurz sagen würde, was er zeigen will und zu welchem Ergebnis er gekommen ist, und wenn er den übrigen Teil der Arbeit als Anhang beifügte. Der Vielbeschäftigte könnte dann das Wichtige schnell erfahren, aber auch diejenigen, die sich für Einzelheiten interessieren, würden auf ihre Kosten kommen. Schließlich ist der Umfang mancher Arbeiten in der für einen weiteren Leserkreis bestimmten Fachpresse zu groß. Es ist das kleinere Übel, wenn einige wenige Leser sich mit einer Rückfrage an den Verfasser wenden müssen, als wenn zahlreiche Fachgenossen aus Mangel an Zeit die Arbeit überhaupt nicht lesen können.

Sprachlich gewandte Ingenieure sind auch bessere Unterhändler und bleiben selbst bei großen Interessengegensätzen sachlicher als unbeholfene. Die Schilderung eines Vorganges mit wenig Worten verlangt, daß man sich das Wesentliche selber klarmacht und Wichtiges vom Unwichtigen trennt, ist also ebenso sehr Ergebnis einer gründlichen Beschäftigung mit dem Gegenstand wie sprachlicher Gewandtheit. Besonders in jüngeren Jahren wird der erste Entwurf eines Briefes es oft an Klarheit und Kürze fehlen lassen. Es kostet aber auch für den Briefschreiber weniger Mühe und Zeit, ihn durch einen zweiten besseren zu ersetzen, als wenn er die Verwirrung, die sein erster Entwurf angerichtet haben würde, später durch weitere Briefe wieder aus der Welt schaffen müßte.

d) Der Wert von Gesundheit und Charakter. Das Wort von der gesunden Seele in einem gesunden Körper zeigt, für wie wichtig kluge Menschen gute Gesundheit schon im Altertum gehalten haben. Da ein gesunder Mensch dasselbe widrige Geschick gelassener erträgt und aufnahmefähiger und ausdauernder ist als ein kranker, geht er an ein Unternehmen mit größerem Wagemut heran und verfolgt es hartnäckiger. Man sollte deshalb schon in der Jugend für einen vernünftigen Ausgleich zwischen Arbeit und Erholung sorgen und dem Körper geben, was ihm gebührt. Infolge seiner erstaunlichen Widerstandsfähigkeit wird er aber oft in einer Weise überlastet, wie man es mit einer Maschine niemals tun würde. Nicht gelegentliche, sondern die körperlichen und geistigen Fähigkeiten weit übersteigende dauernde Beanspruchungen, womöglich in Verbindung mit unzureichender Ernährung, untergraben vor allem in den Entwicklungsjahren die Gesundheit. Deshalb ist das unter großen Entbehrungen durchgeführte Studium für manche Menschen, die wegen der spießbürgerlichen Überschätzung des „Akademikertums" und nicht aus innerem Drang eine Hochschule besuchen, ein viel größeres Unglück, als wenn sie nie studiert hätten, siehe S. 125.

Für den Erfolg ist vor allem der Wille entscheidend. Der große Soldat CLAUSEWITZ (1780—1831) sagt: „Der Wille ist das Mächtigste auf Erden", RUDOLF DIESEL: „Der Wille bestimmt das Schicksal der Menschen, nicht das Wissen", WERNER VON SIEMENS: „Nur nicht überall das törichte Wort ‚es geht nicht', aussprechen. ‚Ich kann nicht', ist fast immer allein berechtigt", ALFRED KRUPP: „Das Erreichen hängt bloß vom Willen ab." Deshalb sollte man schon dem Kinde ein bestimmtes Maß von Wollen lassen und es im Jüngling allmählich zum Willen entwickeln. Ingenieure ohne Willen haben nicht die zur Lösung schwieriger Aufgaben erforderliche Tatkraft und Verantwortungsfreudigkeit und werden, wenn sie der Zufall auf einen leitenden Posten stellt, meist Spielball fremder Willen werden. Aus Mangel an Willen kommen viele Menschen nie zu dem Wissen, aber auch nicht zu der Zufriedenheit, die zu erreichen ihnen an sich möglich wäre. Wenn sie etwas nicht auf Anhieb begreifen, glauben sie, sie seien der Materie nicht gewachsen und werfen die Flinte ins Korn. Da die Hälfte unseres Lebens aus Hindernissen und unangenehmen Überraschungen besteht, können nur solche Ingenieure Großes leisten und wirkliche Führer werden, die sich gegen jedes widrige Ereignis wie gegen einen persönlichen Feind zur Wehr setzen, gleichgültig ob es sich um kleine oder große Fragen, Menschen oder Dinge handelt. Besonders im Anfang ihrer industriellen Betätigung geben sich manche Ingenieure viel zu leicht geschlagen, halten eine Sache, die auf Schwierigkeiten stößt, viel zu früh für aussichtslos oder streichen vor einem überraschenden Argument vorzeitig die Flagge. Jede Schwierigkeit, der man aus dem Weg zu gehen versucht, ist aber eine Art verlorenes Gefecht und nicht selten eine dauernde Schwächung des Willens und Selbstvertrauens, während ihre, wenn auch unter Mühen geglückte Beherrschung zum Überwinden größerer Schwierigkeiten ermutigt. Mir hat in dieser Beziehung der Rudersport sehr genützt. Große Fahrten mit körperlich überlegenen Altersgenossen zwangen immer wieder zum Hergeben des Letzten. Anfänglich erschien eine Fahrt von 10 km als eine außerordentliche Anstrengung, nach ein paar Jahren wurde ein Mehrfaches dieser Strecke kaum mehr als etwas Besonderes empfunden, und häufige Wettfahrten führten schließlich dazu, daß ich mich auch im Studium aus einer Art sportlichen Ehrgeizes heraus nicht mehr überholen lassen wollte. Weniges fördert in der Jugend Ausdauer, Willen und Ehrgeiz so sehr und bietet im reifen Alter ein solches Gegengewicht für die Aufregungen des Berufes wie der Rudersport. Er lehrt auch, daß der Erfolg häufig dem gehört, der einen einzigen Atemzug länger aushält.

Aus Mangel an Willen studieren manche jungen Leute unter allen möglichen Bemäntelungen Sondergebiete, von denen sie weniger Schwierigkeiten als vom normalen Studiengang erwarten und schaden dadurch oft ihrer ganzen Zukunft. Die Bedeutung des Willens darf natürlich nicht so aufgefaßt werden, als ob z. B. ein Ingenieur, der notorisch keine konstruktive oder theoretische Ader hat, mit allen Kräften versuchen · müsse, Konstrukteur oder Theoretiker zu werden. Er würde sich damit nur unglücklich und wahrscheinlich auch lächerlich machen. Man muß aber auch wissen, was man will, gleichgültig, ob es sich um das Schreiben eines Briefes oder einer wissenschaftlichen Arbeit, die Verbesserung einer Maschine oder geschäftliche Besprechungen handelt. Sehr viele Menschen wollen entweder gleichzeitig verschiedene miteinander ganz unvereinbare Dinge oder fühlen nur stumpf, daß sie etwas wollen, ohne genau sagen zu können, was. Sie verschwenden infolgedessen eine Unmenge Zeit und Energie nutzlos, stiften Verwirrung an und können einem zielbewußten Menschen das Verhandeln mit ihnen zur Qual machen.

Der Herdentrieb der Menschen kommt u. a. darin zum Ausdruck, daß viele Jungingenieure dem gerade populärsten Zweig der Technik mit Vorliebe zuströmen. In meiner Jugendzeit war es der Bau von Dieselmotoren. Die Folge davon ist ein so scharfer Wettbewerb, daß nur ganz wenige in eine gehobene Stellung gelangen können. Man wird an „die dümmsten Ochsen, die in den vollsten Pferch drängen" erinnert, wenn man sieht, wie in anderen Zweigen der Technik, die die jungen Leute nicht für „ebenbürtig" halten, weil sie „unwissenschaftlich" sind oder kein Kolleg über sie gelesen wird, Ingenieure fehlen und eine erheblich bessere Möglichkeit besteht, vorwärts zu kommen.

Je höher ein Mensch steigt, um so härter muß er gegen andere, aber auch gegen sich selber sein können, denn auch in der Technik lassen sich große Ziele ohne Härten oft nicht erreichen. Wer nicht „nein" sagen kann, ist für viele Posten ungeeignet. Große Bereitwilligkeit auf fremde Wünsche einzugehen, ist viel häufiger ein Zeichen innerer Schwäche als von Menschenfreundlichkeit und schadet nicht selten mehr als sie nützt. Menschen ohne Härte gegen sich selbst vertrauen zu sehr auf fremde Hilfe, neigen mehr zum Bereden der vermeintlichen Ursache einer unangenehmen Lage als zur Selbsthilfe und kommen auf den Gedanken ihrer Mitschuld an einem Mißgeschick fast ebenso selten wie Wichtigtuer, die in der unsinnigsten Weise auf vermeintlichen Rechten oder Lappalien herumreiten (kennzeichnend sind die Unfälle wegen Mißbrauches des Vorfahrtrechtes).

Dem Willen verwandt ist Zivilcourage, die man bei einfachen Leuten oft mehr als bei ehemaligen Akademikern findet. Sie ließ RICHARD TREVITHICK zu einer Zeit, als Festigkeitsrechnungen kaum existierten, den zulässigen Kesseldruck dadurch bestimmen, daß er ihn so lange steigerte, bis die Packungen herausflogen. Sie wird aber auch, wie folgendes Beispiel zeigt, bei körperlich ungefährlichen Angelegenheiten oft benötigt. Das Herstellen eines technischen Werkes wird von einer Firma meist derartig in Angriff genommen, daß sie verschiedene Ingenieure zu einer Arbeitsgemeinschaft vereinigt, die u. a. entscheidet, wie weit an Grenzbelastungen herangegangen werden soll. Ein gewisses Risiko muß hierbei fast immer in Kauf genommen werden, wenn man das Geschäft nicht von Anfang an verlieren will. Einer der zuständigen Ingenieure kann nun im Laufe der Zeit darüber in Zweifel geraten, ob die seinerzeit mit seiner Zustimmung gewählten oder von ihm angegebenen Beanspruchungen vertretbar sind. Bis dahin kann die Entwicklungsarbeit so fortgeschritten sein, daß eine Änderung große Umstände verursachen und daher bei den übrigen Beteiligten auf scharfen Widerstand stoßen würde, zumal der Einsprechende einen schlüssigen Beweis für die Berechtigung seiner Einwände nicht immer führen kann. Es gehört dann oft viel Zivilcourage dazu, sie trotzdem vorzubringen und durchzusetzen, zumal die Vorgänge meist verwickelter liegen, als hier geschildert werden kann und oft erhebliche Imponderabilien mitspielen. Ferner bringen es viele Ingenieure nicht über sich, einen Irrtum oder Fehler einzugestehen, obgleich bekanntlich nur besonders dumme oder passive Menschen sich niemals täuschen. ALFRED KRUPP sagte hierzu: „Wer arbeitet, macht Fehler, wer viel arbeitet, macht mehr Fehler, nur wer gar nichts tut, braucht auch keine Fehler zu machen." Schließlich verlangt jedes Schaffen von etwas Neuem Zivilcourage, weil Fortschritte ohne Risiko des Mißerfolges nicht möglich sind und auch größtes Wissen und alle Umsicht nicht vor Mißerfolg schützen. Menschen mit Angst vor diesem Risiko eignen sich für technische Pionierarbeit nicht, und wer beim Anpacken von etwas Neuem sich andauernd fragt, ob er wohl Erfolg haben werde, ist nicht nur in seiner eigenen Tätigkeit gehemmt, sondern kann auch seine Mitarbeiter nicht mit der erforderlichen Zuversicht erfüllen.

Das Herbeiführen vollendeter Tatsachen, das auch in der Technik manchmal die beste Lösung ist, kann ebenfalls viel Zivilcourage erfordern.

Ein Ingenieur muß auch den Mut haben, zu sorgfältig ausgeführten Messungen und Beobachtungen selbst dann zu stehen, wenn sie Ergebnisse zeitigen, die zunächst nicht erklärlich oder unbequem sind. Er sollte sich aber weder verleiten lassen, Korrekturen an ihnen vorzunehmen, um sie mit der herrschenden Ansicht in Übereinstimmung zu bringen, oder weitgehende Schlüsse aus ihnen ziehen, bevor er die Ursache des eigenartigen Verhaltens nicht erkannt hat. In den ersten Jahren meiner beruflichen Tätigkeit gab ich mir beispielsweise größte Mühe, auf Grund von Messungen der Rauchgastemperaturen die Übereinstimmung der Abnahme des Wärmeinhaltes der Rauchgase mit der Zunahme des Wärmeinhaltes des Dampfes im Überhitzer, bzw. des Speisewassers im Rauchgasvorwärmer von Dampfkesseln festzustellen. Im Gegensatz zu den Untersuchungen eines bekannten Ingenieurs jener Zeit gelang mir dies niemals, und ich glaubte lange, meine Ungeschicklichkeit sei hieran schuld gewesen. Das Rätsel fand seine Lösung erst etwa 10 Jahre später, als sich zeigte, daß ohne Zufall oder „corriger la fortune" eine Übereinstimmung gar nicht möglich gewesen war, weil nicht ungeschicktes Messen, sondern die Abstrahlung der Rauchgasthermometer an die „kalte" Heizfläche und andere Gründe schuld gewesen waren, deren Einfluß man damals noch nicht kannte und gegen den man sich daher auch noch nicht schützen konnte.

e) **Der Wert der Erfahrung.** Um viele und wertvolle Erfahrungen sammeln zu können, muß ein Ingenieur wachsam und vorurteilslos, aber auch gegen sich und andere skeptisch sein und wie der große Arzt EMIL VON BEHRING die Gabe haben, „sich über etwas wundern" zu können. Tritt ein Ingenieur nicht an alles, was in seinen Gesichtskreis tritt, unbefangen und aufnahmebereit heran, so gehen ihm viele wertvolle Beobachtungen verloren, prüft er fremde Erfahrungen oder das, was er und andere gewohnheitsmäßig machen, nicht kritisch, so kommt er anstatt zu selbständigem Denken zu einer Unmenge zusammenhangloser verworrener Ansichten. Auch hier kann er mit Erscheinungen beginnen, um die sich andere nie den Kopf zerbrechen, und wird bald finden, wieviel sich besser machen läßt. Manche lohnende Alltagserfindungen ergeben sich fast von allein, wenn man auf Dinge achtet, die „nicht praktisch" sind. Prof. STUMPF pflegte zu erzählen, wie das eigenartig geformte Übergangsstück einer Dachrinne ihn auf seine Dampfturbinendüsen gebracht habe, und manchem Ingenieur wird mit anderen Vorbildern, an denen zahllose Fachgenossen achtlos vorbeigingen, Ähnliches passiert sein.

Für einen wachsamen Ingenieur kann zum Segen werden, was ein anderer für ein großes Unglück hält. SMITH erkannte die zweckmäßige Bemessung von Schiffsschrauben, als seine erste Schraube bei einer Grundberührung schwer beschädigt worden war. Das Vorurteil des Publikums gegen eiserne Schiffskörper wurde überwunden, als ein gestrandetes eisernes Schiff trotz schwerer Brandung wiederhergestellt werden konnte. Zwei zuckende Froschschenkel und eine auf bestimmte Weise bewegte Drahtspule wurden der Ausgangspunkt der Elektroindustrie, weil zwei geniale Menschen sich über etwas „wunderten", das viele hochgelahrte Herren keines Blickes gewürdigt hätten. Die einzige Reaktion auf ein „Wundern" besteht aber bei vielen Menschen darin, daß sie das Neue und Ungewohnte verspotten, ohne sich die Mühe zu geben, zu überlegen, ob es vielleicht nicht doch besser ist als ihr alter Trott. Ein Ingenieur darf auch nicht, was der Schulmedizin so geschadet hat, Dinge von vornherein ablehnen, weil sie von einem Laien stammen oder der herrschenden Theorie widersprechen. Prof. SLABY suchte uns dies aus Anlaß des um die Jahrhundertwende über die Wünschelrute entbrannten Streites mit folgenden Worten klarzumachen: „Ob die Wünschelrute die ihr zugeschriebene Wirkung hat, entzieht sich meiner Kenntnis. Wenn sie aber Wissenschaftler lediglich deshalb als Humbug bezeichnen, weil sie sich ihre Wirkung nicht erklären können, so begehen sie meines Erachtens einen grundsätzlichen Fehler, denn der Umstand, daß der Mensch sich eine Erscheinung nicht erklären kann, beweist noch lange nicht, daß sie nicht existiert." Wie sehr sich aber der Begriff des Selbstverständlichen in einer Generation verändern kann, zeigt, daß wir als Primaner nicht glaubten, in dem Zylinder eines Kraftwagenmotors könne eine Flamme auftreten[1], und daß 8 Jahre später das Fliegen der Gebrüder WRIGHT in liegender Stellung

---

[1] Prof. RIEDLER weist auf denselben Vorgang in einer allerdings früheren Periode in seinem Buche „Großgasmaschinen" hin.

allgemein für ein ungeheuerliches Wagnis gehalten wurde. Der heutigen Jugend sind beide Dinge etwas ganz Natürliches, weil sie sie von Kindheit an kennt. Das Wort HERAKLITS, „alles fließt", gilt für Ingenieure in besonders vielfältiger Beziehung.

Immer ist es das Neue, Unbekannte, das intelligente Menschen fesselt. Für den jungen Ingenieur sind die einzelnen Tatsachen neu, für den älteren das Ganze, und daher interessiert sich der junge Ingenieur vorwiegend für die Einzelheiten, aus denen sich im Laufe der Zeit seine Erfahrung formt, der ältere für das Ganze, das sich erst auf Grund der in vielen Jahren gesammelten Erfahrungen überblicken und beurteilen läßt. Hierin ist es auch begründet, daß die, die ein neues Gebiet erschlossen haben, von denen, die es routinemäßig weiterbeackern, oft verdunkelt werden, sobald eine gewisse Entwicklungsstufe erreicht worden ist, weil für die Pioniere die zahllosen Einzelheiten, die sich später als zweckmäßig erweisen und häufig fast von selber ergeben, oft nicht mehr besonders interessant sind.

Ein Jungingenieur muß zu fremden Erfahrungen, auf denen sein Studium im wesentlichen beruhte, eigene Erfahrungen sammeln und immer wieder feststellen, ob sie sich mit dem decken, was ihn gelehrt wurde, bzw. wovon eine Nichtübereinstimmung herrührt. Durch das ihm zu Gebote stehende Zahlen- und Beobachtungsmaterial bekommt der erfahrene Ingenieur ein dem Anfänger unvorstellbares „Gefühl" für das Richtige, indem er fast intuitiv Einflüsse berücksichtigt, die sich rechnerisch nicht oder nur mit viel Zeitaufwand erfassen lassen. Ein erfahrener Ingenieur denkt gewissermaßen in „technischen Integralen", wo sich der junge Ingenieur mühsam mit einzelnen Überlegungen oder umständlichen Rechnungen abquälen muß, und kann etwa mit einem in Mathematik fortgeschrittenen Studenten verglichen werden, der die Lösung vieler (mathematischer) Integrale fast sofort „sieht", während sie ihm früher schweres Kopfzerbrechen verursachte.

Da auch eine Firma von Ruf eine Unsumme von Erfahrungen verkörpert und ein in vielen Jahren aufeinander eingespielter Ingenieurstab mehr bedeutet als die Summe seiner einzelnen Intelligenzen, kann ihr Erlöschen ein Verlust für die Technik eines ganzen Landes sein.

In der Technik wie in Kunst und Politik hat fast jede Epoche ihre eigenen spezifischen Irrtümer und Schlagworte. General VON SEECKT meinte, es gäbe 3 Dinge, gegen die der menschliche Geist vergeblich ankämpft: Dummheit, Bürokratie und Schlagwort, und alle 3 würden sich auch darin gleichen, daß sie möglicherweise notwendig sind. Schlagworte haben in der Technik freilich meist eine kürzere Lebensdauer als auf anderen Gebieten, die Menschen hängen an ihnen aber um so stärker, je gelehrter das Gewand ist, in dem die Irrtümer auftreten; auch in der Technik gibt es eine Mode, die neben Auswüchsen

Gesundes mit sich bringt. Der Ingenieur muß frühzeitig erkennen, ob es zweckmäßig ist, sie mitzumachen oder gegen den Strom zu schwimmen. Ob es sich nun um einen Kraftwagen oder eine sonstige Maschine, eine Fabrik oder ein Kraftwerk, ein Fertigungsverfahren oder eine Tätigkeit im Laboratorium handelt, immer muß er seine Sinne· gebrauchen und „aufpassen". Deshalb ist „sehen lernen" so wichtig für Ingenieure. Aber auch in persönlichen Angelegenheiten nützt gute Beobachtungsgabe viel. Zum Beispiel ermöglichen Handschrift, Formulierung eines Briefes, Minenspiel und Hände wertvolle Rückschlüsse und machen manche delikate Fragen überflüssig.

Menschlich und technisch muß man durch viele Irrtümer, Enttäuschungen und Sorgen wandeln, um zu ein paar wertvollen „Wahrheiten" und Erkenntnissen zu gelangen. Aber so wie den Menschen nichts, was Wert hat, ohne Anstrengung in den Schoß fällt, so müssen sie auch für ihre technischen Erfahrungen oft schweres Lehrgeld zahlen, das aber keine Fehlausgabe zu sein braucht, wenn sie aus ihnen nur den rechten Nutzen ziehen. Das Entwickeln aller bedeutenden Erfindungen besteht großenteils in einem Sammeln von Erfahrungen. Man kann daher sagen, daß jede Erfahrung einen bestimmten Geldwert hat und der, der sie nicht besitzt, entsprechend ärmer ist.

Bei ihrem Streben nach vorwärts sollten schließlich Ingenieure niemals vergessen, daß ein Mensch das auf Grund seiner Individualität und Kenntnisse an sich erreichbare Höchstmaß an Erfolg und Zufriedenheit aus seinem Leben häufig nicht herausholt, weil er in den seltenen Augenblicken, in denen ihm das Schicksal seine Hand hierzu sichtbar bietet, die erforderliche Entschlußkraft nicht aufbringt oder nicht „aufpaßt". Es ist erstaunlich, wie manche sonst klugen Menschen derartige entscheidende Gelegenheiten oft vor lauter Sturheit oder Eingesponnensein in Theorie und Fachwissen ungenutzt vorbeiziehen lassen. Freilich ist der Wink des Schicksals oft kaum wahrnehmbarer als das Säuseln des Windes oder das leichte Spiel der Wellen. Auch hier wie überall im Leben muß daher Losung der Ingenieure sein: „Allezeit wach"!

VIII. Erfinden und Konstruieren.

Erfinde stets, doch werde kein Erfinder,
in Arbeit such Dein Glück, sonst darben Deine Kinder.

EUGEN LANGEN.

GOTTLIEB DAIMLER (1834—1900)[1].

Bahnbrechender Erfinder und Ingenieur auf dem Gebiete des schnellaufenden Verbrennungsmotors und des Kraftwagens.

a) Über Erfinder und Erfindungen. Vor allem technische Laien überschätzen die Bedeutung des Erfindens, das sie oft für Hauptbeschäftigung und -aufgabe von Ingenieuren halten. In Wirklichkeit ist es auch, von Ausnahmen abgesehen, kein so romantischer Vorgang, wie sie glauben, und alles in allem nur der kleinere und vielleicht nicht einmal der wichtigere Teil der Ingenieurtätigkeit. Es kann jemand ein vorzüglicher Ingenieur sein, ohne jemals etwas Wesentliches erfunden zu haben, und es gibt viele „Erfinder", die als Ingenieure keine Qualitäten besitzen. Mindestens ebenso wichtig wie Erfinden ist Konstruieren, denn ohne es wird auch aus der besten erfinderischen Idee keine marktfähige Maschine. Eine Konstruktion verhält sich zu der ihr zugrunde liegenden erfinderischen Idee etwa wie der Körper zur Seele. Während aber eine große Seele auch in einem gebrechlichen Körper Großes leisten kann, ist eine falsch konstruierte Maschine wertlos, so klug die ihr zugrunde liegende Idee sein mag.

Eine Erfindung hat nur Wert, wenn sie einem Bedürfnis entspricht; das Erkennen, manchmal aber auch das Erwecken eines solchen ist häufig schon die halbe Erfindung. Zu den nutzlosen Erfindungen gehören auch jene, die fast nach jeder bedeutenden Erfindung herauskommen und die abwegigsten Nebensächlichkeiten betreffen (z. B. hohle

---

[1] Aus dem „Corpus Imaginum" der Photographischen Gesellschaft, Berlin.

als Wasserkühler dienende Schwungräder oder Kolben von Verbrennungsmotoren, die bei jedem Hub etwas um ihre Achse gedreht werden).
Andererseits haben auch kluge Erfindungen manchmal keinen Wert,
weil das, was sie bezwecken, nicht so wichtig ist, wie ihr Erfinder
glaubte, oder weil sie zu früh kommen. Eine vorzeitig in die Welt gesetzte Erfindung ist ein totgeborenes Kind, und der Wert zweier, dasselbe Ziel anstrebender Erfindungen kann sich unterscheiden wie ein
Kieselstein von einem Diamanten. Eine bahnbrechende Erfindung
braucht nicht immer die größten Lizenzeinnahmen zu erzielen, und un-
scheinbare Erfindungen, wie z. B. das Impfmesser oder der Reißver-
schluß, können durch ihre geniale Einfachheit auch hervorragende Ingenieure entzücken und oft einträglicher als große sein.

Der Umstand, daß Erfindungen in einem Lande Erfolg, in einem anderen keinen haben, zeigt, daß man von einem absoluten Wert mancher
Erfindungen nicht sprechen kann, daß bei ihrem Schicksal vielmehr Imponderabilien, wie z. B. nationale Eigentümlichkeiten, mitspielen.

Auch bei großen wertvollen Erfindungen schält sich das Wesentliche
und Brauchbare nur allmählich heraus, die später Geborenen können sich
oft kaum vorstellen, welches Kopfzerbrechen ihren Vätern etwas verursachte, was ihnen selbstverständlich vorkommt. DOLIVO-DOBRO-
WOLSKY erzählt z. B., daß noch wenige Jahre vor der geglückten Hoch-
spannungs-Fernübertragung Lauffen—Frankfurt (S. 90) elektrische
Generatoren fast ausschließlich nach dem Gefühl hätten bemessen
werden müssen. Einige Firmen hätten für Dynamo mit wenig Eisen
geschwärmt, andere aber gemeint, man könne nicht genug Eisen in
sie stecken. Entscheidend für den Erfolg einer Erfindung ist immer
der Mann, der ihr die praktisch brauchbare Gestalt gibt. Über ihn sagt
Prof. RIEDLER: ,,Mit Recht werden nicht die Vorgänger, sondern die
erfolgreichen Ausgestalter als die Pioniere gepriesen. Die bloßen Kon-
struktionsgedanken und Meinungen sind oft billig wie Brombeeren, ihre
brauchbare Verwirklichung ist meist eine mühevolle Lebensarbeit[1].‘‘
Für alle bedeutenden Erfindungen gilt das Wort von RUDOLF DIESEL:
,,Jeder Erfinder arbeitet mit einem unerhörten Abfall von Ideen, Projekten und Versuchen. Man muß viel wollen, um wenig zu erreichen.
Das wenigste davon bleibt am Ende bestehen.‘‘

Manche Erfindung fördert trotz ihres Versagens die Entwicklung
mächtig, weil, wie RIEDLER unter Bezugnahme auf die LENOIR-Maschine
ausführte, ,,die betreffende Maschine mit ihr aus ihrem problematischen
Dasein herausgetreten, die Frage ausgelöst worden ist und nun die Entwicklung begonnen hat.‘‘

Man kann zwischen großen genialen Erfindungen, die meist eine technische Entwicklung einleiten, zwischen planmäßigen, beim Konstruieren

---

[1] RIEDLER, A.: Großgasmaschinen. München-Berlin 1905.

oder Ausprobieren einer Maschine sich ergebenden Erfindungen und
zwischen den zahllosen Alltagserfindungen unterscheiden, die ein
einigermaßen phantasiebegabter Ingenieur verhältnismäßig leicht
machen kann. Daneben gibt es einen riesigen Wust, dessen Existenz
für die Allgemeinheit ohne jeden Wert ist.

Es ist ebenso aufschlußreich wie reizvoll, das Schicksal zeitgenössischer Erfindungen zu verfolgen. Von 9 Erfindungen, deren Werdegang
ich zu beobachten Gelegenheit hatte und die anfänglich als bedeutend
angesehen worden sind, hat die erste etwa 1 Million RM. Entwicklungskosten verschluckt, ohne daß der Bau einer lauffähigen Maschine geglückt wäre, obgleich die Idee sehr klug und der Erfinder ein ausgezeichneter Ingenieur war, weil an ganz unerwarteter Stelle unüberwindbare Schwierigkeiten auftraten.

Die zweite hatte an sich nicht die Bedeutung, wie ihr Urheber glaubte,
und seine Forderungen waren so hoch, daß die Lizenzgebühr die Kon-
kurrenzfähigkeit gefährdet hätte. Außerdem wurde mit den Verhandlungen so viel Zeit vertrödelt, daß inzwischen brauchbare Konkurrenz-
konstruktionen auf den Markt gekommen waren, weshalb die Erfindung
auch nicht annähernd den erwarteten Gewinn gebracht hat.

Die dritte besonders verlockend erscheinende Erfindung ver-
schlang Millionen, weil wichtige wirtschaftliche Voraussetzungen nicht
berücksichtigt worden waren und der Erfinder zu wenig Wirklichkeitssinn besaß. Außerdem hatten die Lizenznehmer den Trugschluß be-
gangen, zu glauben, sie könnten die ihnen auf diesem Gebiete fehlenden
Erfahrungen durch Hinzuziehen werksfremder Sachverständiger ersetzen.

Auch aus der vierten, deren Urheber über eine geradezu hypnotische
Überredungskunst verfügte, kam infolge ähnlicher Gründe nichts
heraus.

Die restlichen Erfindungen, die von Männern von Format und ein-
fallreichen Konstrukteuren stammten, führten zum Erfolg und brachten
mit Ausnahme von Erfindung 5, deren gewaltige Entwicklungskosten
bisher nicht annähernd wieder hereingekommen sind, angemessene Einnahmen. Bei Erfindung 6 hatte die betreffende Firma eine ganz andere
Maschine bauen wollen, kam damit aber nicht weiter und gelangte erst
durch kluge Verwertung der bei den Entwicklungsarbeiten gemachten
Beobachtungen zur eigentlichen Erfindung, siehe die diesbezügliche
Bemerkung auf S. 143. Erfindung 7 ist die einzige, mir bekannt-
gewordene, welche die mit ihrer Durchbildung beauftragten Ingenieure durch Eigenbrötelei und Spezialistentum beinahe sabotiert
hätten. Die zunächst guten Einnahmen der achten Erfindung wurden
nach einer gewissen Zeit immer kleiner und zuletzt fast Null, weil sie
infolge von Verbesserungen anderer Maschinen keine Vorteile mehr bot.

Im neunten Fall blieb schließlich vom eigentlichen Erfindungsgedanken
fast nichts mehr übrig und es ist fraglich, ob ohne das geschickte Ausnutzen einer zufälligen Konjunktur den Entwicklungskosten angemessene Gewinne erzielt worden wären.

Wenngleich diese 9 Fälle nur Beobachtungen eines einzigen Ingenieurs
sind, so zeigen sie doch, daß auch bedeutende Erfindungen oft nicht die
Gewinne erzielen wie viele glauben, und daß der Versuch, den Preis einer
Maschine lediglich nach ihrem Gewicht zu bemessen, häufig ungerecht
ist, weil er die unter Umständen sehr hohen Entwicklungskosten außer
acht läßt.

Selbst Erfindungen, die sich schließlich als nicht lebensfähig oder als
weit weniger wichtig erweisen, als ursprünglich angenommen worden
war, können große Beunruhigung erregen, wenn es ihre Besitzer verstehen, eine Bedeutung vorzutäuschen, die sie nicht haben. Als beispielsweise der bereits erwähnte Lenoir-Motor die Vorurteile gegen
Verbrennungsmaschinen überwunden hatte, schlug die Stimmung derart
um, daß viele Ingenieure das baldige Ende der Dampfmaschine voraus-
sagten. Andere zogen, als bekannt wurde, um wieviel höher sein Gas-
verbrauch als der von Flugkolben-Motoren war, den Fehlschluß, bei Verbrennungsmaschinen dürfe die Kraft nicht unmittelbar vom Kolben auf
das Triebwerk übertragen werden. Dritte schließlich hielten die Viertel-
wirkung des Otto-Motors, eine der bedeutendsten Erfindungen, für
einen großen Rückschritt[1]. In anderen Fällen werden noch Erfolge ge-
meldet, wenn z. B. jemand eine unerprobte Maschine vorschnell aufgestellt hat und bereits schwere Rückschläge auftreten, weil er seine
Voreiligkeit nicht zugeben will und der Lieferer den wahren Sachverhalt
um so stärker zu vertuschen sucht, je bedenkenloser seine Propaganda
war. Für die Konkurrenz ist es aber, da sie nicht sicher weiß, wie die
Dinge wirklich liegen, oft außerordentlich schwer, zu beurteilen, ob es
sich nur um Scheinerfolge handelt, und daher Abwarten richtig ist, oder
ob sie nun auch ihrerseits eine Neukonstruktion herausbringen soll.
Auch ihrer Verantwortung nicht bewußte, kritiklose Artikelschreiber
richten in dieser Beziehung manches Unheil an.

Die Urheber großer Erfindungen müssen von ihrer Idee besessen
sein, um die zu ihrer Durchführung erforderliche Ausdauer und Tatkraft aufbringen zu können. Ähnlich besessen sind aber auch Menschen,
deren Erfindungen fragwürdigen Wert haben. Sie halten deren kritische
Beurteilung für persönliche Ranküne, scheuen selbst vor gehässigen Ver-
dächtigungen des Kritikers nicht zurück und greifen zuweilen zu be-
trügerischen Manipulationen, nur um Mittel für die Ausführung der Erfindung zu erhalten, von deren Wert sie fest überzeugt und für die sie
die größten persönlichen Opfer zu bringen willens sind. In der jüngeren

---

[1] Riedler, A.: Großgasmaschinen. München-Berlin 1905.

Vergangenheit hat die Bestrafung zweier solcher Erfinder Aufsehen erregt. Der eine hatte jahrelang wie ein Einsiedler gelebt, um seine Erfindung vollenden zu können, aber niemals eine brauchbare Konstruktion zustande gebracht, der andere scheiterte, als er seine an sich brauchbare und gelungene Erfindung in großem Maßstabe auswerten wollte. Beide versuchten sich die erforderlichen Geldmittel auf unzulässige Weise zu verschaffen. Zu bedauern sind auch die oft dem Handwerkerstand angehörenden Erfinder, die einer Wahnidee, wie z. B. dem Perpetuum mobile, Wohlstand, Ansehen und Familie opfern. Für sie gilt der auf S. 98 erwähnte Ausspruch des Grafen ZEPPELIN. Schließlich gibt es Patent-Charlatane, die auch unter erfahrenen Fachleuten Opfer finden. Vor etwas über 10 Jahren behauptete z. B. ein unter feudalem Namen auftretender angeblicher Ingenieur, er habe ein auf elektromechanischen Vorgängen beruhendes Mittel erfunden, das den Brennstoffverbrauch jeder Dampfkesselanlage bedeutend verkleinere. Es war ihm gelungen, vor einem internationalen Ingenieurkongreß zu sprechen und auch in Deutschland angesehene Persönlichkeiten für seine Sache zu interessieren. Erst als er viele Monate später zu langer Freiheitsstrafe verurteilt worden war, begriff ich, weshalb er mich niemals aufgesucht und jede Berührung mit mir peinlich vermieden hatte. Nicht lange vorher waren einem anderen „Erfinder" ähnlich erstaunliche Schwindeleien geglückt, und während des jetzigen Krieges fand in einem neutralen Staate ein „Erfinder" mittels einer schwindelhaften Apparatur Leichtgläubige, die für ein Verfahren zum Herstellen von Benzin aus Wasser ihr gutes Geld hergaben und natürlich verloren.

Es ist daher verständlich, daß Ingenieure, die viel mit Erfindern zu tun haben, sich ihnen gegenüber manchmal zu Unrecht skeptisch und ablehnend verhalten. Manchem Ingenieur werden so viele Erfindungen angeboten, daß es für ihn schon aus Mangel an Zeit kaum möglich ist, Spreu vom Weizen zu scheiden, zumal die Beschreibungen oft sehr verschwommen oder mit verwickelten Theorien und Rechnungen durchsetzt sind, deren Durcharbeitung Wochen erfordern würde. Da aber ein Urteil über den Wert einer Erfindung große Erfahrung verlangt, muß es meist ein ohnehin mit Arbeit überbürdeter Ingenieur fällen. Die Zahl der infolgedessen gelegentlich unterlaufenden Fehlbeurteilungen ist aber sehr wahrscheinlich nicht größer, als es die Natur der Sache und menschliche Unvollkommenheit mit sich bringen. Infolge der großen Zahl der herauskommenden Patente entzieht sich zuweilen auch ein wertvolles der Aufmerksamkeit des sorgfältigsten Ingenieurs, was für eine Firma schwere Nachteile zur Folge haben kann.

b) Über das Konstruieren. Der Unterschied zwischen Konstruieren und Erfinden besteht nach MAX SCHNEIDER darin, daß die Konstruktion nur die vorhandenen technischen Kenntnisse benutzt, während die Erfindung ihre Zahl vermehrt. KESSELRING[1] bezeichnet das Konstruieren als die Verwirklichung einer Idee in technisch höchster, wirtschaftlich billigster und ästhetisch einwandfreier Form. Dieser sich schrittweise vollziehende Vorgang ist ein dauerndes Anpassen des Erstrebten an das mit den jeweils verfügbaren Mitteln Erreichbare und eine Auslese des Brauchbaren. Er kann durch gewandte Konstrukteure sehr verkürzt und verbilligt werden. Die Entwicklung geht meist vom Komplizierten zum Einfachen und nicht, wie man meinen könnte, den umgekehrten Weg, weil der Mensch erst im Laufe der Zeit durch Beschäftigung mit einem Problem auf das „Natürliche" kommt. WERNER VON SIEMENS meint hierzu: „Die nächstliegenden Erfindungen von prinzipieller Bedeutung werden in der Regel am spätesten und auf dem größten Umwege gemacht", eine Erfahrung, die auch außerhalb der Technik häufig zutrifft. Man kommt der Wirklichkeit wohl noch näher, wenn man sagt, daß die Entwicklung einer Maschine wie diejenige aller Technik „mit primitiver Einfachheit beginnt und in vollkommener Einfachheit endet". Ein allgemein verständliches Beispiel hierfür ist die Entwicklung des Kraftwagens: Zuerst auf die Felgen aufgeklebte, dann von den Felgen abnehmbare Luftreifen, dann vom Rad abschraubbare Felgen, heute abnehmbare Räder; anfangs mangelhafte Glührohrzündung, dann verwickelte Abreißzündung, heute sehr vollkommene Lichtbogenzündung; früher umständliches Anwerfen des Motors von Hand, heute einfaches selbsttätiges Anwerfen. Aber gerade konstruktiv unbegabte „Mathematik-Ingenieure" ereifern sich, wenn schließlich eine schöne Lösung gefunden wurde, darüber, daß man sie nicht schon bei der ersten Ausführung zur Hand hatte und erinnern an die Toren, deren Fragen 10 Weise nicht beantworten können. Überbetonen einer Eigenschaft hat nicht selten eine Schwäche einer Konstruktion zur Folge, die größer ist als der angestrebte Vorteil (Kraftmaschinen mit besonders niederem Wärmeverbrauch sind oft außerordentlich teuer oder empfindlich, besonders schnelle Kraftwagen eignen sich nur für besonders gute Straßen oder sehr gewandte Fahrer usw.). Der Konstrukteur muß daher immer wieder das angestrebte Ziel und die zu seinem Erreichen verfügbaren Mittel in Übereinstimmung bringen und feststellen, bis zu welchem Maße er die an ihn herangetragenen Wünsche berücksichtigen kann.

Man hat oft nicht die Wahl zwischen einer schlechten und einer guten, sondern zwischen einer etwas besseren und einer etwas schlechteren Lösung, und manche Maschinen können wegen der unzureichenden zu ihrer Herstellung verfügbaren Mittel oder aus anderen Gründen oft nur ein Kompromiß sein. In der Anfangszeit der Entwicklung vieler

---

[1] KESSELRING, F.: Konstruieren und Konstrukteur. Z. VDI 1937 S. 365—371.

Maschinen eilen die an sie gestellten Anforderungen ihren Leistungen weit voraus, allmählich findet ein Ausgleich statt und eines Tages leistet die Maschine oft mehr als man anfänglich zu hoffen wagte. Der Kraftwagen, der noch um die Jahrhundertwende ein höchst unzuverlässiges Vehikel war, wird heute für die schwierigsten Klima- und Geländeverhältnisse gebaut, das Flugzeug hat in knapp 30 Jahren eine nie für möglich gehaltene Vollkommenheit erreicht und doch werden künftige Geschlechter nicht verstehen, wie wir uns solchen „fliegenden Pulverfässern" anvertrauen konnten.

Das Maß wissenschaftlicher Erkenntnis, von dem die Zuverlässigkeit der Vorausberechnung der gewünschten Wirkung und die Güte der Baustoffe und Herstellungsvorrichtungen, von denen die zulässigen Abmessungen und Beanspruchungen abhängen, bestimmen die einer Kon-

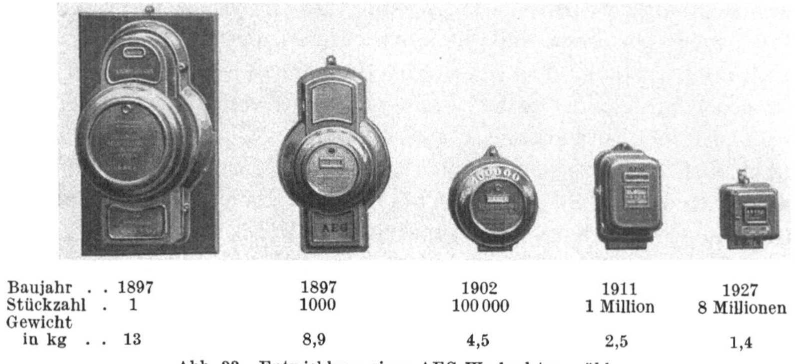

Abb. 33. Entwicklung eines AEG-Wechselstromzählers.

struktion gezogenen Grenzen. Öfters vollzieht sich die Entwicklung so, daß bei konstant bleibender Güte der Baustoffe und Fabrikationsmittel Wirkungsgrad und Leistung einer Maschine dank wachsender Erfahrung und wissenschaftlicher Erkenntnis immer größer werden. Nähert sich die Konstruktion der Grenze des mit den vorhandenen Mitteln Erreichbaren, so erfolgt oft eine Vervollkommnung der Baustoffe und Fertigung, wodurch unter Beibehaltung der Konstruktion die Maschine sich nochmals verbessern läßt. Im dauernden Wechsel beider Einflüsse kommt allmählich der Punkt, wo weitere Fortschritte ohne grundlegende Änderungen nicht mehr möglich sind und neue Ideen und Erfindungen eine neue Entwicklungsperiode einleiten und dem Konstrukteur neue Aufgaben stellen müssen.

Eine Maschine muß nicht nur betriebssicher sein und, soweit es sich z. B. um eine Kraftmaschine handelt, nicht nur wenig Brennstoff brauchen, sondern auch zu einem konkurrenzfähigen Preis mit den einer Fabrik zur Verfügung stehenden Vorrichtungen und Baustoffen innerhalb einer bestimmten Frist hergestellt und mit den verfügbaren Transportmitteln an ihren Aufstellungsort geschafft werden können. Sache des Konstrukteurs ist es, zu sehen, wie er mit allen diesen Forderungen fertig wird.

Der Umstand, daß infolge unzweckmäßiger Ausbildung eines nur wenige Pfennige kostenden Schräubchens oder einer kleinen Schmierleitung ein ausgezeichneter, viele Tausende kostender Flugmotor eine Katastrophe verursachen kann, lehrt, daß ein Konstrukteur, wie jeder tüchtige Ingenieur, auch auf Kleinigkeiten und alles achten muß, was den Erfolg gefährden könnte.

Abb. 33, 34 und 38 zeigen, welche Gewichts- und Kostenersparnis sich durch bessere Konstruktion, Werkstoffe, Fertigung und, soweit es sich z. B. um Kraftmaschinen handelt, durch vollkommenere Arbeitsverfahren (bei Verbrennungsmotoren bessere Zündung, günstiger gestalteten Verbrennungsraum, höhere Drehzahl), d. h. durch Forschung, herausholen läßt, und wie sich das Aussehen der betreffenden Maschinen allmählich ändert. Ein weiteres Beispiel ist ein bestimmter Dampferzeuger, bei dem von 1925—1940 durch vervollkommnete Konstruktion die erforderliche Heizfläche von 600 auf 400 m², die Zahl der Siederohre von 1600 auf 120 und die Länge der Sammelkästen von 105 auf 3 m verkleinert werden konnte. Der unermüdlichen Arbeit der Konstrukteure ist die dauernde, der modernen Industrie eigentümliche Verbilligung in erster Linie zu verdanken, infolge der das, was gestern Luxusartikel war, morgen auch

Abb. 34. Atmosphärischer Motor und neuzeitlicher Deutz-Viertaktmotor.

	Viertaktmotor	Atmosph. Motor
Baujahr	1940	1872
Leistung	4 PS	2 PS
Wärmeverbrauch	2500 WE/PSh	4000 bis 4500 WE/PSh
Gewicht je PS .	20 kg	1000 kg
Preis je PS . . .	150 RM	1800 RM

Abb. 33 u. 34 zeigen, wie außerordentlich Gewicht und Preis von Maschinen allmählich verringert werden können und wie völlig sich das Gesicht einer Maschine ändern kann.

für den kleinen Mann erreichbar ist (Nähmaschine, Fahrrad, Radio, Kraftwagen). Leider ist aber das Verständnis vieler (auch leitender) Ingenieure für eine gute Konstruktion nicht größer als das vieler „Gebildeter" für gute Literatur oder Kunst.

Auch für den Konstrukteur liegen die Probleme meist nicht so klar und lassen sich nicht so scharf umreißen wie in der reinen Wissenschaft. Bevor er sich an seine Arbeit macht, muß er sich schlüssig werden, welche Lösungsmöglichkeit er verfolgen will, welche Herstellungsvorrichtungen, Baustoffe und Vorbilder ihm zur Verfügung stehen und ob ihm nicht fremde Schutzrechte den Weg versperren. Soweit seine Firma bereits über Konstruktionen verfügt, die sich auch für die neue Maschine zu eignen scheinen, sollte er sie zu verwenden versuchen. Es ist oft unklug und unwirtschaftlich, eine neue Maschine von Grund auf neu machen zu wollen, weil es das Risiko unnütz erhöht und Geld kostet. Ebenso unklug ist es meist, an einer Maschine gleichzeitig mehrere grundlegende Neuerungen zu versuchen. KLINGENBERG führte als Beispiel hierfür an, daß ein von ihm gebauter aussichtsreicher Motor dadurch gar nicht in den Wettbewerb gelangt sei, daß er, anstatt den Motor in einen bewährten Bootskörper einzubauen, auch diesen selber konstruiert habe, mit dem Ergebnis, daß das Boot auf der Fahrt zum Rennen leck sprang. C. VOLK sagt zutreffend, man solle nicht in eine Konstruktion alles mögliche Gute hineinzuarbeiten versuchen, sondern einige wenige Gedanken klar herausstellen und bis zur letzten Reife entwickeln. Durch bloßes Verbessern von Fehlern könne zwar eine fehlerlose, aber selten eine gute Konstruktion entstehen, weil oft nur ein Flickwerk dabei herauskomme.

Es wurde weiter vorn ausgeführt, ein Ingenieur müsse bei seiner Arbeit übergeordnete und nicht nur rein wirtschaftliche Interessen berücksichtigen, S. 2. Abb. 3 und 4 auf S. 50 u. 51 zeigen in einer auch dem Laien verständlichen Weise, was alles unter diese Forderung fallen kann. Beispielsweise wurde bei der Kanalisation von Flüssen die Trasse lange Zeit wie mit dem Lineal gezogen, Abb. 4, bis man erkannte, daß dadurch außer ästhetischen sehr reale praktische Bedürfnisse verletzt werden (Ausgleich zwischen Wasserüberfluß und Wassermangel, Schutz gegen Eisgang und Hochwasser, Schutz der Fischerei, Windschutz der Schiffahrt usw.) und wieder zu einer naturgebundenen Bauweise überging, Abb. 3.

KESSELRING[1] hat gezeigt, wie im Verlaufe einer planvollen Entwicklung der Herstellungspreis fällt und die technische Wertigkeit zunimmt. Am Anfang, Abb. 35, ist die Konstruktion teuer und von kleiner technischer Wertigkeit. Allmählich erreicht sie Punkt A, wo sie nur noch einen Teil ihres früheren Preises kostet, obgleich sie erheblich

---

[1] KESSELRING, F.: a. a. O.

hochwertiger ist. Es mögen nun für die Weiterentwicklung die Wege AB und AC zur Verfügung stehen, die eine verschiedene Erhöhung der technischen Wertigkeit in Aussicht stellen, von denen aber AB mit einer Vergrößerung, AC mit einer Erniedrigung der Herstellungskosten verbunden ist. Wenn der an sich verlockender erscheinende Weg AC unsicherer und vielleicht auch erheblich langwieriger ist, kann man darüber im Zweifel sein, ob man nicht lieber AB wählen soll. Auf keinen Fall darf die Weiterentwicklung in das schraffierte Gebiet führen, da sonst die Wertigkeit nicht besser, der Herstellungspreis aber teurer, also ein Rückschritt erzielt werden würde. Oft kann nur der Spürsinn einem Konstrukteur die richtige Fährte weisen. Häufig lassen sich aber durch technische und wirtschaftliche Überlegungen die Grenzen so eng abstecken, daß die gewählte Richtung nicht allzu viel von der günstigsten abweichen kann.

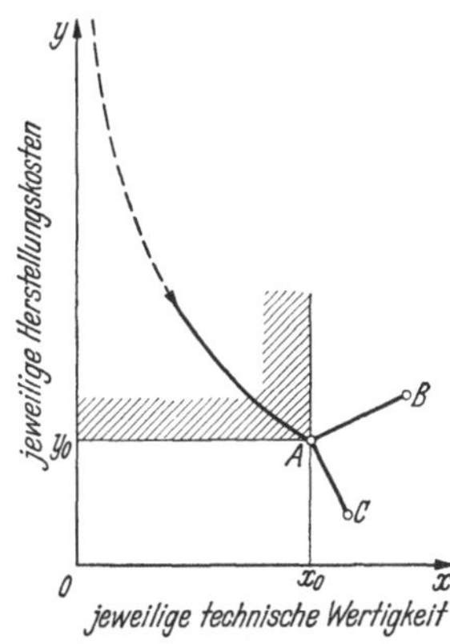

Abb. 35. Entwicklungslinie einer Maschine. (Nach KESSELRING.)

Zuweilen zeigen Ermittlungen auf dem Versuchsfeld oder Erfahrungen an ausgeführten Maschinen, Herstellungsschwierigkeiten oder neue Erkenntnisse, daß in einer anderen Richtung marschiert werden muß. In Abb. 36 ist die Entwicklung des Bestandteiles eines elektrischen Schalters dargestellt. Als technische Wertigkeit wurde die zulässige Lichtbogenleistung gewählt. Lösung b erwies sich nach Ausführung von 30 Schaltern auf dem Prüffeld, Lösung e bereits bei Vorversuchen als ungeeignet. Die von Fehlschlägen freie Entwicklungslinie wäre also von a über c, d nach f verlaufen.

PLATZ[1] hat untersucht, wie in einem bestimmten Zeitpunkt technische Wertigkeit und Herstellungspreis voneinander abhängen. Nach Abb. 37 wird der Herstellungspreis ungebührlich hoch, wenn man eine Maschine zu luxuriös ausführen, oder es entsteht Schundware, wenn man zu billig

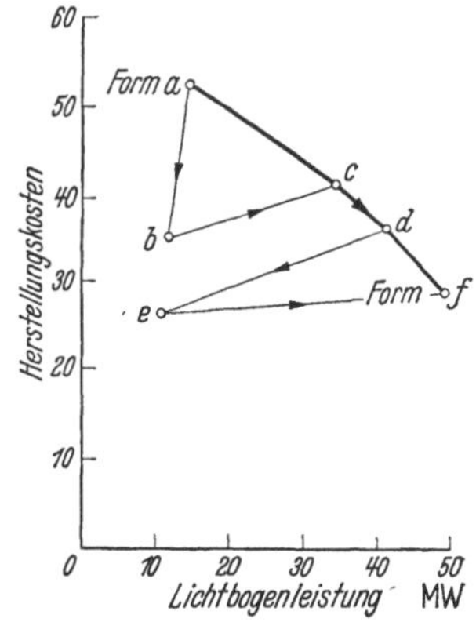

Abb. 36. Tatsächliche Entwicklungslinie eines elektrischen Schalters. (Nach KESSELRING.)

bauen will. Die Tendenz der modernen Technik ist daher darauf gerichtet, diese beiden Gebiete zu vermeiden und sich der Idealkonstruktion zu nähern, bei der das Verhältnis $\dfrac{\text{Herstellungspreis}}{\text{technische Wertigkeit}}$ einen Mindest-

---

[1] PLATZ, E.: Werkstoffsparen im Maschinenbau. Z. VDI 1937 S. 1481—1485.

11*

wert erreicht, Punkt X in Abb. 37. Auch ein guter Konstrukteur wird aber froh sein müssen, wenn es ihm gelingt, in die Nähe dieses Punktes zu kommen, indem er seine Konstruktion so vereinfacht, daß zu ihrer Herstellung nur wenig Zeit gebraucht wird, und indem er die Baustoffe besser ausnutzt oder durch wohlfeilere ersetzt. Der zunächst oft lästige Zwang, sog. „Ersatzstoffe" zu verwenden, hat nicht selten den technischen Fortschritt erheblich gefördert und Baustoffe gezeitigt, die trotz kleinerem Preis den früheren „hochwertigen" überlegen sind. Mit zunehmender Verbesserung der Arbeitsverfahren, geeigneteren Werkstoffen, vorteilhafterer Fertigung und geschickterer Konstruktion wird der Herstellungspreis bei gleicher Wertigkeit im Laufe der Zeit immer geringer, und nicht selten gelingt es, eine Maschine so zu verbessern, daß man einer Wertigkeit, die man ein paar Jahre vorher noch mit 100% beziffert haben würde, die also damals praktisch nicht erreichbar gewesen wäre, vielleicht nur noch den Betrag von 75% zuerkennt, Abb. 37. Obgleich sich in Wirklichkeit häufig kein so eindeutiger Maßstab für die technische Wertigkeit wie in Abb. 36 oder 37 angeben läßt, so zeigen Abb. 33 bis 37 doch deutlich die nicht zuletzt durch gutes Konstruieren erreichbare fortschreitende Verbilligung und Verbesserung technischer Erzeugnisse.

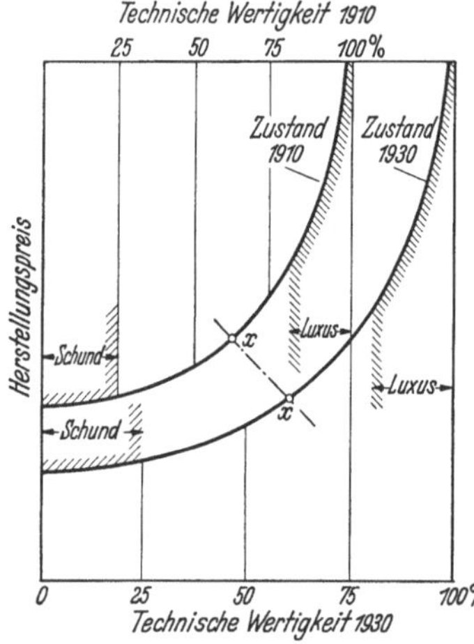

Abb. 37. Beziehung zwischen Herstellungspreis (Aufwand) und technischer Wertigkeit eines Erzeugnisses (Erfolg) in 2 verschiedenen Perioden technischer Entwicklung (1910 und 1930). (Nach E. PLATZ.)

Da sich auf fast allen Gebieten zahlreiche Firmen gegenseitig zu übertreffen versuchen, kommt die Entwicklung der meisten Maschinen nie zur Ruhe und Atempausen sind selten und kurz. Für eine Fabrik ist wenig so gefährlich, wie wenn sie sich auf der durch eine bestimmte Konstruktion errungenen Vormachtstellung, die doch immer nur zeitbedingt sein kann, in technischer Beziehung ausruht und sie lediglich händlerisch tatkräftig ausnutzt. Je tüchtiger ihre Kaufleute sind, um so größer ist dann die Gefahr eines plötzlichen Sturzes in die Tiefe. Ein Konstrukteur muß deshalb ein wendiger, unverzagter, für seine Tätigkeit begeisterter Kämpfer sein.

So notwendig dauerndes Anpassen an wechselnde Verhältnisse ist, so nachteilig kann für eine ganze Industrie das Herausbringen überflüssiger Konstruktionen infolge übertriebener Anforderungen der Kunden, Überbewerten theoretischer Spitzfindigkeiten oder aus purer Freude am Neuen sein. Insbesondere Ingenieure, die nie selbst konstruiert haben und

nicht wissen, wie schwer es ist, etwas Neues zu schaffen und mit Nutzen
zu verkaufen, stellen übertriebene Forderungen. Die für den Fortschritt
aufgewendeten Mittel müssen aber in einem vernünftigen Verhältnis
zu den Einnahmen einer Fabrik stehen, wenn sie gedeihen soll; außerdem
hat dauerndes Ändern mit technischem Fortschritt meist nichts zu tun.
Eine tüchtige Firma lehnt daher auf Grund umstrittener Theorien verlangte Änderungen mit Recht ab. Viele neuerungssüchtige Ingenieure
und manche „Sachverständige" vergessen schließlich, daß eine gewisse
Zahl von Schwächen und Fehlern unvermeidbar ist, und jedes Übermaß von Kontrollen und Sicherheitsmaßnahmen an sich selber zugrunde geht. Dadurch, daß sie durchaus bewährten Konstruktionen
alle möglichen Gefahren und Mängel andichten, erinnern sie an Ärzte,
die ihren mit harmlosen Gebrechen behafteten Patienten so lange Angst

machen, bis sie schließlich an die Gefähr-
lichkeit ihrer Beschwerden und die Un-
entbehrlichkeit des Arztes glauben.

Aus der Schar tüchtiger Konstrukteure ragen von Zeit zu Zeit wahre
Künstler wie CORLISS, HANS RICHTER,
OSCAR LASCHE, JOHANNES STUMPF und
HUGO LENTZ empor, die einer bereits
zu hoher Vollkommenheit entwickelten
Maschine ein ganz neues Gesicht geben
oder einer neuen Idee einen ungeahnt
raschen Siegeslauf erschließen. Wie grundlegend ein Konstrukteur eine Maschine
verbessern kann, möge an einem aus dem
Anfang dieses Jahrhunderts stammenden

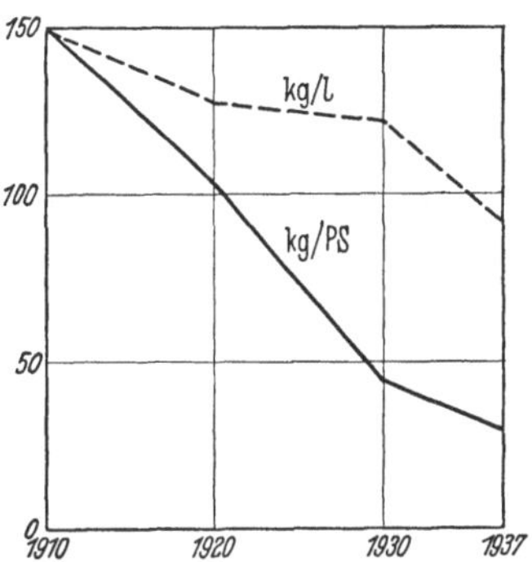

Abb. 38. Abnahme des Baustoffauf-
wandes für 1 PS Leistung (kg/PS) und
1 Liter Hubraum (kg/l) von Dieselmotoren infolge der technischen Entwicklung. (Nach E. PLATZ.)

Beispiel erläutert werden. Abb. 39 zeigt die damals übliche Aus-
führungsform einer Viertaktgasmaschine. Die Auslaßventile A und B
sind wegen des unzweckmäßig ausgeführten Fundamentes schlecht
zugänglich, an das vordere kann man, weil Zylinderdeckel C mit
Zylinder D in einem Stück gegossen ist, überhaupt nur von unten
heran. Infolge des kleinen Abstandes x zwischen Innen- und Außen-
mantel ergeben sich ungünstige Kerne, mangelhafte Kühlung und in
den niederen Verbindungsstegen F infolge ungleicher Wärmeausdehnung
beider Mäntel große Spannungen. Um den Kolben ausbauen zu können,
muß der ganze Ventilantrieb entfernt werden u. a. m. Diese Mängel
vermeidet die Konstruktion in Abb. 40, die seinerzeit den Großgas-
maschinenbau außerordentlich gefördert hat[1].

Die Behauptung, die Natur sei Vorbild und unerreichte Meisterin
aller Technik, trifft nur beschränkt zu, weil die meisten Erfindungen

---

[1] RIEDLER, A.: Großgasmaschinen. München-Berlin 1905.

ohne Anlehnung an sie gemacht wurden. Zweifelsohne gleichen z. B.
Bewegungs- oder Beißorgane belebter Wesen oder Traggerüste von
Pflanzen technischen Vorrichtungen sehr, was aber großenteils erst

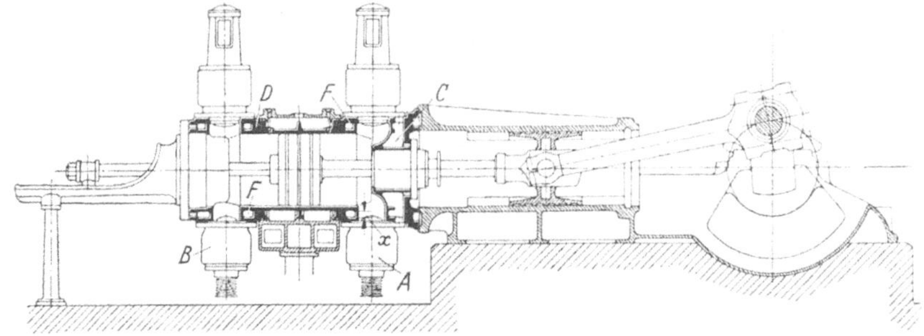

Abb. 39. Längsschnitt durch eine Gasmaschine aus dem Jahre 1904.

festgestellt worden ist, nachdem die Technik die Parallelfälle selbst-
schöpferisch entwickelt hatte.

Drei Erfindungen sind in diesem Zusammenhang lehrreich: die
elektromagnetischen Wellen, von denen der berühmte Arzt, Professor
BIER, sagt, der Mensch habe für sie nicht einmal ein Sinnesorgan ge-

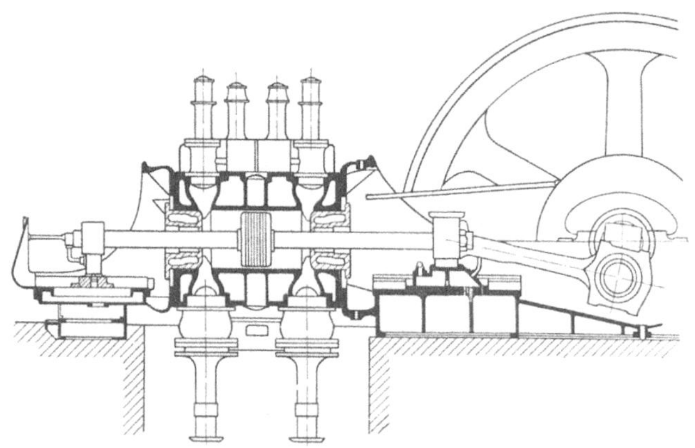

Abb. 40. Längsschnitt durch eine MAN-Gasmaschine aus dem Jahre 1904.

schweige denn ein Vorbild gehabt; die volle Drehbewegung, die in der
Natur nicht vorkommt und vielleicht das kennzeichnendste Beispiel
für den Unterschied zwischen ihren Schöpfungen und denen von
Menschenhand ist und das Feuer, das in der Natur nur zerstört, während
es der Mensch zu seinem gewaltigsten Helfer machte. Wo aber der
Mensch die Natur übertroffen hat, wie z. B. bei seinen Transportmitteln,
gelang ihm dies oft nur durch Spezialisieren der betreffenden Organe
für einen einzigen Zweck und durch zusätzliche, der Natur fremde

Maßnahmen, wie den Bau von Straßen usw. Die unerhörte Großartigkeit und Mannigfaltigkeit der Natur wird die Technik zweifellos nie erreichen.

c) Über den Mangel an guten Konstrukteuren. Gutes Konstruieren ist also überragend wichtig und der Ruf „mehr konstruieren, weniger erfinden" vollkommen berechtigt. An 50—90% vieler Mängel einer Maschine sind unzulängliche Konstrukteure schuld. Die übrigen Büros mancher Fabrik könnten wesentlich verkleinert und viele unangenehme Auseinandersetzungen mit der Kundschaft vermieden werden, wenn man das Konstruktionsbüro besser dotieren und seine Leitung einem fähigeren, wenn auch teureren Konstrukteur unterstellen würde.

Nur der kann die Schöpferfreuden des Ingenieurberufes voll auskosten, der wenigstens eine Zeitlang konstruiert hat. Viele ungerechte Beschwerden und überflüssige Forderungen von Betreibern von Maschinen würden nicht erhoben und der Verkehr zwischen ihnen und den Herstellern erleichtert werden, wenn erstere ein paar Jahre am Zeichenbrett gearbeitet hätten.

Man sollte nun annehmen, daß sich Studenten zu einem so interessanten Fache drängen, aber gerade das Gegenteil ist der Fall. Der Mangel an brauchbaren Konstrukteuren wird immer größer, und man hat manchmal den Eindruck, als ob die Industrie die dadurch drohenden Gefahren nicht voll erkenne. Daß Studenten ohne räumliche Vorstellung und Phantasie keine Vorliebe für Konstruieren haben, ist verständlich. Neben einem gewissen Mangel an Selbstvertrauen, Bequemlichkeit und den eigenartigen Gründen, die eine verstandesmäßig nicht fundierte Vorliebe oder Abneigung gegen gewisse Dinge manchmal verursachen, ist wohl auch die Einstellung der Hochschulen an den derzeitigen Verhältnissen nicht ohne Schuld.

Während meiner Studentenzeit an der Charlottenburger Hochschule hielten die Studierenden einen Kommilitonen, der nicht konstruieren konnte, für nicht ganz voll, und einen besonders guten Konstrukteur kannten die ganzen oberen Semester. Die Professoren brachten aber auch unmißverständlich zum Ausdruck, welche Bedeutung sie dem Konstruieren beimessen. Nun kam seiner Wertschätzung zustatten, daß sich der Maschinenbau durch die in ihrer Jugendblüte stehenden Dieselmotoren, Großgasmaschinen und Dampfturbinen in einer heroischen Periode befand und einige Professoren, die regelmäßig an die Zeichentische der begabteren Studenten kamen, vorzügliche Konstrukteure waren. Wenn auch die theoretischen Fächer über den Konstruktionsarbeiten damals wohl etwas zu kurz gekommen sind, so war das Verhältnis zwischen konstruktiver und theoretischer Ausbildung offenbar gesünder als heute. Industrie und Hochschule sollten alles daran setzen, damit der akademische Nachwuchs dem Konstruieren wieder die erforderliche Beachtung schenkt. Würde sich eine Hochschule mit geeigneten Kräften der besonderen Pflege des Konstruierens widmen und die Konstruktionsarbeiten streng beurteilen, so würde sie ihre Arbeit sicherlich belohnt sehen. Die oft größeren konstruktiven Leistungen von Maschinenbauschülern können, wenn kein Wandel geschaffen wird, auf die Dauer nicht ohne Einfluß auf das akademische Ingenieurstudium bleiben. Wenn aber Diplomingenieure meinen, Konstruieren sei eine ihrer unwürdige Tätigkeit, so verraten sie damit nur, daß sie das Wesen des Ingenieurberufes überhaupt nicht begriffen haben und besser etwas anderes geworden wären.

Auch die Industrie hat an den heutigen Zuständen schuld, denn ein junger Ingenieur, der länger als es nötig ist, mit dem Konstruieren untergeordneter Teile befaßt wird oder der immer wieder nur einen kleinen Ausschnitt aus dem Werdegang einer Maschine kennenlernt, aber nie erfährt, wie die ganze Maschine sich bewährt, wird nicht nur versuchen, eine andere Tätigkeit zu erhalten, sondern auch „Neugierige warnen" und dadurch den Konstrukteurberuf beim Nachwuchs in Mißkredit bringen.

Wertvolles konstruktives Können geht ferner dadurch verloren, daß tüchtige Ingenieure auf mehr kaufmännischen oder verwaltungstechnischen Posten von einem bestimmten Alter an oft besser bezahlt werden und größeren Einfluß haben. Deshalb wandern manche gewandte Konstrukteure in eine Tätigkeit ab, die andere ohne konstruktive Begabung ebensogut ausfüllen können wie sie, zumal dort auch das Risiko oft kleiner ist. Infolge ihrer ganzen Einstellung eignen sich manche gute Konstrukteure für die Leitung ganzer Fabriken oder ähnliche Posten nicht. Es ist aber nicht einzusehen, weshalb sie bei entsprechenden konstruktiven Leistungen finanziell nicht sollten ähnlich gestellt werden können wie leitende Persönlichkeiten. Sie blieben dann einer Tätigkeit erhalten, in der sie Hervorragendes zu vollbringen vermögen und sich wohlfühlen. Die unbefriedigende Stellung von Konstrukteuren ist z. T. ein Überbleibsel aus einer Zeit, in der Ingenieure noch gleichzeitig konstruktiv, kaufmännisch und verwaltungstechnisch tätig sein konnten. Da die moderne Technik dies nicht mehr gestattet, muß man die Folgerung ziehen, d. h. dem Konstrukteur den gebührenden Platz einräumen, dann wird der Mangel an tüchtigen Konstrukteuren wohl bald von allein aufhören.

IX. Standesbewußtsein und Ansehen der Ingenieure.

OSKAR VON MILLER (1855—1934)[1].

Hervorragender Energiewirtschaftler. Schöpfer des Deutschen Museums. Bahnbrechender Erwecker des Verständnisses des breiten Publikums für Naturwissenschaften und Technik.

a) Das Ansehen der Ingenieure. Man könnte nun glauben, es müsse für den einzelnen Ingenieur um so gleichgültiger sein, was die Allgemeinheit über seinen Stand denkt, je bedeutender er als Ingenieur und als Charakter ist, da eine gewisse Unbekümmertheit um fremde Meinungen dem Werk und der Zufriedenheit eines Mannes nur förderlich sein kann. Diese Ansicht trifft aber schon für einen hervorragenden Ingenieur und erst recht für den gesamten Ingenieurstand nicht zu, denn der Ingenieur steht mitten in der Öffentlichkeit und ist auf ihr Verständnis und ihre Mitwirkung in hohem Maße angewiesen. Deshalb ist ein hohes Ansehen seines Standes ein überaus wichtiges Aktivum, wenn sich ein Ingenieur seine Arbeit nicht unnütz erschweren oder schwächlich auf eine angemessene Stellung im öffentlichen Leben verzichten will. Je angesehener nämlich der ganze Stand ist, je breiter und tiefer ist der Erfolg der Tätigkeit des einzelnen Ingenieurs und je besser kann er seine eigenen Angelegenheiten und die seines Standes fördern.

Darüber, daß das Ansehen des Ingenieurstandes seinen Leistungen für die Allgemeinheit nicht entspricht, herrscht auch in weiten nichttechnischen Kreisen Übereinstimmung, über die Gründe gehen die Ansichten auseinander. Zweifellos haben an ihrem unbefriedigenden Ansehen die Ingenieure ein gut Teil eigene Schuld und können auf eine Änderung nur dann hoffen, wenn sie sich zu entsprechenden Maßnahmen aufraffen.

---

[1] Aus dem „Corpus Imaginum" der Photographischen Gesellschaft, Berlin.

b) Weshalb ist das Ansehen des Ingenieurstandes unbefriedigend? Die zahlreichen Antworten[1] auf diese Frage geben etwa folgende Gründe an:

1. Die Überlastung mit beruflichen Tagesaufgaben, die dem Ingenieur die Beschäftigung mit den geistigen und sozialen Grundlagen der Technik unmöglich mache;

2. das Spezialistentum, zu dem der Ingenieur gezwungen sei und das ihm nicht genügend Zeit zur Beschäftigung mit den großen öffentlichen Problemen lasse;

3. den Umstand, daß der durchschnittliche Ingenieur gewissermaßen auf ein enges Gebiet dressiert sei, auf dem er Gutes zu leisten vermöge, daß er aber von anderen Dingen nicht viel wisse und sich auch nur wenig für sie interessiere;

4. das Verkennen der Tatsache, daß Konstruieren und Berechnen nur Hilfsmittel für die technische Verwirklichung politischer oder wirtschaftlicher Ziele sind;

5. die Eigenart seiner technisch-wissenschaftlichen Ausbildung, die darauf hinziele, mit stark vereinfachten, auf seine Zwecke zugeschnittenen wissenschaftlichen Verfahren gewissermaßen mechanisch und häufig ohne Kenntnis ihrer Grundlagen seine Arbeit zu verrichten;

6. seine mangelhafte Allgemeinbildung und sein Unvermögen, so wie es ein Geistlicher, Arzt oder höherer Lehrer könne, einem Laien auseinanderzusetzen, in welcher Weise sein Fach mit dem allgemeinen Leben verknüpft ist und es beeinflußt;

7. den Mangel der Hochschulprofessoren an Wissen um die geistigen Grundlagen der Technik;

8. die subalterne Stellung des einzelnen Ingenieurs und der gesamten Technik, die davon herrühre, daß die meisten Ingenieure Nur-Techniker seien;

9. den Umstand, daß das technische Werk als Erzeugnis eines klügelnden Verstandes zwar Staunen erwecke, aber die Seele des Volkes unberührt lasse, das nicht verstehe, daß überragende technische Pionierarbeiten dieselben schöpferischen Kräfte erfordern sollen wie Werke der bildenden Kunst, usw. usw.

So verschieden diese Stimmen lauten, den Vorwurf erhebt keine, daß der Ingenieur sachlich seinen Aufgaben nicht gewachsen sei und seine Leistungen nicht dem entsprechen, was die Öffentlichkeit von ihm erwartet. Vielmehr liegt der einzigartige Fall vor, daß man die Verdienste eines Standes um die Allgemeinheit uneingeschränkt anerkennt, aber meint, es fehle ihm auf geistigem Gebiete im Vergleich zu anderen gebildeten Ständen etwas. Unter diesen Äußerungen

---

[1] Siehe hierzu zahlreiche Veröffentlichungen in der Dtsch. Techn., darunter G. HIMMLER und K. MAYER 1938; L. PISTOR, H. WÖGERBAUER, W. NÖLDCHEN und O. STRECK 1939.

sind neben unwichtigen manche, die zu denken geben sollten. Nach dem, was über die Gründe der verschiedenen Arbeitsmethoden von Ingenieuren und reinen Wissenschaftlern gesagt worden ist, kann man über die geringschätzige Bewertung des wissenschaftlichen Wertes der Ingenieurarbeit durch manche Wissenschaftler leicht hinweggehen, weil sie offenbar über etwas reden, was sie nicht kennen. Es trifft zu, daß zahlreiche Ingenieure nicht bis zu den Wurzeln der von ihnen benutzten Wissenschaft vordringen. Sie können es aber schon deshalb nicht, weil sie auf so vielen Gebieten der Wissenschaft und in so vielen sonstigen Dingen beschlagen sein müssen, daß ihnen dazu keine Zeit bleibt. Auch mit dem Durchschnitt in anderen gelehrten Berufen ist es ähnlich bestellt, und sein Interesse an außerberuflichen Dingen ist auch nicht viel größer. Für den durchschnittlichen Ingenieur kommt es ebenso wie für den durchschnittlichen Arzt oder Offizier auch weniger auf die Kenntnis der wissenschaftlichen Quellen seines Berufes oder überhaupt auf besonders tiefes theoretisches Wissen als darauf an, sich in kritischen Lagen helfen zu können oder, wie EMIL VON BEHRING mit Bezug auf Ärzte sagte: „Weniger feine Köpfe, dem Leben nur zusehende Denker, als vielmehr Personen mit kräftigem Handeln". Deshalb wurde auf S. 137 die Arbeitsmethode des durchschnittlichen Ingenieurs mit derjenigen eines Landarztes verglichen. So, wie ein Landarzt häufig gezwungen ist, mit einfacheren Verfahren zu arbeiten als eine mit allen Mitteln ausgestattete großstädtische Klinik und trotzdem Vorzügliches leistet, so kann es dem Ansehen von Ingenieuren unmöglich Abbruch tun, daß sie sich aus denselben Gründen vereinfachter Arbeitsmethoden bedienen müssen. Sehr viele und selbst hervorragende Ingenieure machen übrigens keinen Anspruch darauf, Wissenschaftler zu sein, dürfen aber mit Recht daran erinnern, daß zahlreiche ihrer Fachgenossen auch als Wissenschaftler allen Ansprüchen genügen. Im übrigen betreffen diese Einwendungen mehr die Frage, ob die Ingenieure weniger schöpferische Leistungen aufzuweisen haben oder ihre Tätigkeit geringere intellektuelle Anforderungen stellt als andere Berufe. Jedenfalls ist diese Kritik, über die die Entwicklung hinweggehen wird, für das Ansehen des Ingenieurstandes unwichtig.

Daß Vergleiche zwischen den zum Hervorbringen eines Werkes der bildenden Künste und einer technischen Pionierleistung erforderlichen schöpferischen Kräfte einen nennenswerten Einfluß auf das Ansehen des Ingenieurstandes ausüben oder auch nur von einer nennenswerten Zahl von Menschen angestellt werden, erscheint unwahrscheinlich. Dieses Argument ließe sich auch auf Berufe anwenden, deren Ansehen nichts zu wünschen übrigläßt. Das Publikum schätzt und braucht die Maschine und hält es für selbstverständlich, daß sie funktioniert. Darüber, welche Unsumme von Intelligenz und Arbeit nötig ist, damit zu jeder Zeit Wasser, Gas und Strom zur Verfügung stehen, zerbricht sich aber unter 100 gebildeten Nichttechnikern kaum einer den Kopf. Da Störungen in der Energieversorgung oder im Verkehrswesen so selten sind, wird angenommen, daß die Technik recht einfach sein müsse. Man könnte fast versucht sein, zu sagen, daß die Hingabe der Ingenieure an ihr Werk in dieser Beziehung ihrem Ansehen mehr schadet als nützt. Würde nämlich die Energieversorgung öfters versagen und die Ingenieure sie mit dem nötigen Tamtam wieder in Ordnung bringen, dann würde wohl in manchen Köpfen eine zutreffendere Vorstellung von ihrer Bedeutung dämmern.

Dagegen sind, worauf bereits wiederholt hingewiesen wurde, die mangelhafte Kenntnis der großen Zusammenhänge der Technik sowie das schwache Interesse an Fragen allgemeiner Natur am unbefriedigenden Ansehen der Ingenieure ebenso schuld wie es sicher ist, daß Ingenieure, wenn sie Nur-Techniker bleiben, auch weiterhin eine subalterne Rolle spielen werden. Der Jurist ist mit Bezug auf allgemeine Achtung schon dadurch im Vorteil, daß er seit Jahrhunderten den verschiedensten Ständen fast täglich in mehr oder weniger autoritativer Form persönlich gegenübertritt, und daß er einen erheblichen Teil der öffentlichen Diskussion über soziale, politische oder wirtschaftliche Dinge bestreitet. Die gesamte Gesetzgebung, ohne die das Leben eines Volkes undenkbar ist, ist sein Werk, und mit berühmten Staatsverträgen ist der Name von Juristen verbunden. Es ist daher verständlich, daß sie sich bei Hoch und Nieder großen Ansehens erfreuen. Auch der Arzt ist für weite Kreise des Volkes Respektsperson. Namen wie KOCH, VIRCHOW, BEHRING oder SAUERBRUCH kennt jeder Gebildete, und Ärzte und Juristen spielen auch in der schöngeistigen Literatur eine ungleich bedeutendere Rolle als Ingenieure.

Ein unmittelbarer Kontakt zwischen Ingenieur und Publikum, das ihn nur durch die anonyme Maschine kennt, besteht kaum. Es interessiert sich wohl für Werke der Technik, ihre Schöpfer aber sind ihm, wenn man von den großen Erfindern absieht, unbekannt und vorwiegend deshalb gleichgültig, weil sie als Menschen seine Phantasie aus Mangel an geistiger Berührungsfläche nicht beschäftigen. Selbst auf ganz abseitigen Gebieten tätige Physiker interessieren, weil gemeinsame geistige Interessen bestehen, das Publikum mehr, obgleich es ihre Arbeiten sicher weniger versteht als Kraftwagen, Schiffe oder Flugzeuge. Aber diese Gründe allein erklären noch nicht, weshalb trotz Radio, Fernsehen und Flugzeugen, die die meisten Menschen noch vor 50 Jahren für glatte Zauberei gehalten hätten, das Ansehen des Ingenieurstandes nicht größer ist.

Keine der mir bekannt gewordenen Abhandlungen beschäftigt sich nun mit 3 Punkten, von denen das Ansehen eines Standes wesentlich abhängt, nämlich der historischen Entwicklung und dem geistigen Niveau, sowie der Breite seiner führenden Schicht. Wenn vom Ansehen eines „gebildeten" Standes gesprochen wird, denkt man offenbar daran, wie er von anderen „gebildeten" als ebenbürtig oder überlegen betrachteten Ständen angesehen wird. Nun hat die herrschende Schicht eines Staates stets gewisse Vorrechte und ein besonderes Ansehen genossen und gegenüber den übrigen Schichten eine gewisse Exklusivität beobachtet. In früheren Jahrhunderten waren es Adel und hohe kirchliche Würdenträger, später kamen der Berufssoldat und die sich fast nur aus Juristen rekrutierende hohe Beamtenschaft hinzu. Ein Angehöriger anderer Stände mußte schon eine besondere Persönlichkeit sein, um in diese Kreise Eingang zu finden und als voll angesehen zu werden. Wie zeitbedingt der Begriff des gesellschaftlichen Ansehens ist, zeigt die Rolle des tiers état vor und nach der französischen Revolution oder der Umstand, daß ein Genius wie LEONARDO DA VINCI in einem Bewerbungsbrief empfehlend erwähnen mußte, er könne auch Laute spielen. Noch vor 100 Jahren schrieb ein englischer Adliger, er habe RICHARD TREVITHICK auf Grund seines guten Aussehens für einen vornehmen Mann gehalten und noch vor 30 Jahren erzählte man sich in anderen Ländern über prominente Persönlichkeiten aus Handel und Industrie ähnliche Anekdoten, wobei einige Charaktervolle unter ihnen eine Anmaßung allerdings sehr sarkastisch beantwortet haben.

Das Frankreich König FRANZ des I. zeigt besonders deutlich, wie Adel und hohe Geistlichkeit unter dem Einfluß der italienischen Renaissance bestrebt waren, ihre Kultur zu verfeinern. Mit zunehmender Bedeutung des Bürgertums taten dessen führende Schichten etwas Ähnliches, und für ihre Angehörigen war ein gewisses Bildungsniveau eine Selbstverständlichkeit. Infolgedessen existieren viele Familien von Soldaten, Wissenschaftlern, Ärzten und Juristen, die zum Teil mit sehr knappen finanziellen Mitteln Generationen hindurch einen hohen kulturellen Standard aufrechtzuerhalten verstanden. Dadurch bildete sich zwischen Angehörigen dieser Stände ein gemeinsames geistiges Band und eine Art Maßstab, mit dem jemand, der in sie Einlaß zu bekommen versuchte, zuverlässiger bewertet werden konnte, als nach seinem materiellen Besitz, durch dessen erfreulich geringe Einschätzung die wirklich „guten Kreise" sich vor ungeeigneten Elementen reinzuhalten wußten. Der Ingenieurberuf ist aber noch sehr jung. Daher kommt die kleine Zahl von Ingenieurfamilien mit einer ähnlichen Kultur und Tradition wie der von vielen Juristen- oder Wissenschaftlerfamilien. Das hohe Ansehen der Ärzte und Soldaten ist schließlich die Frucht einer sehr langen Erziehungsarbeit, die auch den bescheidensten Offizier und Landdoktor mit einer hohen Auffassung von ihren Pflichten der Allgemeinheit gegenüber erfüllte. Die Ingenieure befinden sich noch in einer ähnlichen Entwicklung. Ihr Beruf hat zwar vielen seiner Angehörigen Wohlstand gebracht, doch sind oft schon die Söhne der Betreffenden wieder in der Masse untergetaucht.

Das Niveau der führenden Schicht bestimmt das Ansehen eines Standes und nicht sein Durchschnitt. Je angesehener sie ist, einer um so höheren Achtung erfreut sich auch der Durchschnitt. So wie nicht der Schotter, so entscheidend er für die Herstellung einer Straße ist, ihr Gestalt und Charakter verleiht, sondern kühn geschwungene Brücken und andere markante Bauwerke, so geben die führenden Köpfe einem Stande sein Gepräge. Damit aber die führende Schicht für den gesamten Stand tragfähig ist, muß sie genügend viele und bedeutende Köpfe haben. Überragen nur wenige erheblich den Durchschnitt, so bleiben sie Einzelerscheinungen, die als solche aber nicht als Repräsentanten ihres Standes gewertet werden und daher seinem Ansehen nicht viel nützen. Sind die Führenden genügend zahlreich und ihrer Aufgabe gewachsen, so wird ihr Glanz auch auf die Durchschnittlichen zurückstrahlen, sind sie es nicht, so wird der ganze Stand kein hohes Ansehen haben, so tüchtig sein Durchschnitt ist.

Sachliche Höhe seiner Leistungen für die Allgemeinheit ist also nur eine der für hohes Ansehen eines Standes erforderlichen Voraussetzungen, die übrigen sind ideeller Natur und liegen zum Teil außerhalb der beruflichen Tätigkeit. Sie bestimmen zusammen mit den beruflichen Leistungen die Rolle, die ein Mensch in der „Gesellschaft", d. h. dem Treffpunkt der „angesehenen" und „maßgebenden" Kreise spielt. Der Verkehr in ihr setzt gewisse gemeinsame geistige Interessen und die Fähigkeit voraus, sich mit Angehörigen anderer Stände über sie zu unterhalten. Auch technische Fragen sind ein durchaus geeignetes Gesprächsthema. Ein Ingenieur wird ohne weiteres das Ohr eines Militärs, Juristen oder Wissenschaftlers finden, wenn er über technische Dinge spricht, mit ihnen allein kann er aber die Unterhaltung nicht bestreiten und technische Spezialfragen interessieren die Gesellschaft nicht mehr, als wenn sich ein Jurist über eine verwickelte Angelegenheit des kanonischen Rechtes oder ein Arzt über komplizierte, die Struktur von Hormonen und Vitaminen betreffenden Sonderfragen verbreiten würde. An dem Verständnis dafür, was die Gesellschaft von technischen Dingen interessiert und an der Beschlagenheit auf nichttechnischen Gebieten hapert es aber auch bei manchen hochgestellten Ingenieuren. Sie spielen dann in der Gesellschaft eine Aschenbrödelrolle und sind oft eher geduldet als geachtet oder gar beliebt. Diese Verhältnisse werden sich nicht wesentlich ändern, solange keine genügend breite Schicht von Ingenieuren mit gediegener allgemeiner Bildung besteht, die sich nur schaffen läßt, wenn bereits auf den Technischen Hochschulen das Interesse an Fragen von allgemeinem Interesse geweckt wird und auch später etwas geschieht, um es wachzuhalten und zu fördern.

Dazu kommt das Mißverhältnis zwischen der gewaltigen Rolle der Technik im Leben der Völker und der bescheidenen Rolle, die ihre Repräsentanten, die Ingenieure, im öffentlichen Leben spielen. Aus den in Kapitel II erörterten Gründen kennt aber ein großer Teil des Publikums nur die üblen Folgen der Maschine, aber nicht deren Ursache, und macht daher fälschlicherweise die Ingenieure für sie haftbar, ohne zu ahnen, welchen Segen der richtige Einsatz der Maschine bringen könnte. Vielleicht wird die vor uns liegende Zeit das Jahrhundert von Ingenieuren einer besonderen Art werden, die im Ausgleich zwischen Technik und öffentlichem Wohle Ähnliches leisten wie das, was Männer wie WATT, STEPHENSON, KRUPP und SIEMENS für die Entwicklung der Technik als solcher geleistet haben. Man würde sie zu den unsterblichen Wohltätern der Menschheit zählen, sie würden wahre Priester der Technik sein.

Im übrigen spielt auch beim Streit um die Ebenbürtigkeit von Ständen die leidige Angewohnheit der Menschen eine Rolle, daß sie sich auch da, wo es der Allgemeinheit nichts und ihnen selber nicht viel nützt, aber leicht Verbitterung erregt, nicht damit begnügen, festzustellen, daß und weshalb etwas anders ist als das, was sie selber sind, tun oder haben, sondern mit allen Mitteln sich selbst und anderen zu beweisen versuchen, daß es weniger gut und richtig ist.

c) Wie läßt sich das Ansehen des Ingenieurstandes heben? Der seit der Jahrhundertwende riesenhaft angewachsene Wissensstoff, dessen unvermeidliche Folge das Spezialistentum ist, macht es auch anderen Ständen immer schwerer, sich mit Fragen von allgemeinem Interesse, mit Kunst, Literatur und Wissenschaft zu beschäftigen. Der Ingenieurberuf ist also nicht der einzige, der unter seinen Folgen leidet, wenngleich sie sich bei ihm besonders kraß zeigen. FECHTER[1] sagt nicht ohne Recht, fast alle Berufe seien Sonderwelten geworden, von denen oft kaum mehr eine Brücke in die Welt gemeinsamer geistiger Interessen führe. Kein Beruf könne sich dieser Entwicklung entziehen, und man könne das Spezialistentum ebensogut die Last oder das Schicksal der Gegenwart wie ihr Laster nennen.

Am ungünstigsten daran sind die Ingenieure, weil sie schon seit jeher zu sehr Nur-Techniker gewesen sind und ihre Gedankenwelt an sich abseitiger von den großen allgemeinen Interessen liegt als bei anderen Ständen. Sie müssen sich daher besonders bemühen, die Kluft, die sie von anderen Berufen trennt, zu verkleinern. Diese Dinge sind auch insofern wichtig, als von ihnen die innere Ausgeglichenheit der Angehörigen eines Standes und der Anteil abhängt, den sie sich an den edlen

---

[1] FECHTER, P.: Brücken. Deutsche Allgem. Zeitg. vom 30. 3. 1940.

Freuden des Lebens erschließen können. Ein Ingenieur kann zwar auch ohne ein vernünftiges Gleichgewicht zwischen beruflichen und allgemeinen geistigen Interessen ein tüchtiger Arbeiter und Geldverdiener sein, mehr aber häufig nicht, schon weil ihm dazu der seelische Schwung fehlt. Das Herbeiführen eines gesunden Ausgleiches zwischen den Anforderungen des Berufes und denen des übrigen Lebens ist bei vielen Ständen, am meisten vielleicht beim Ingenieurstand, eines der größten geistigen Probleme unserer unruhevollen Zeit.

Viele sonst hochintelligente Ingenieure sind erstaunlich gleichgültig gegen alles, was über reine Technik hinausgeht, und sehen eine Beschäftigung mit Dingen von allgemeinem Interesse als Marotte und Zeitverschwendung an. Ich kann mich noch gut entsinnen, welche Verwunderung es erregte, als vor etwa 30 Jahren ein nachmals sehr bekanntgewordener Ingenieur sich das Studium der Geschichte der Technik zur Lebensaufgabe wählte und wie die Bedeutung dieses Faches erst ganz allmählich begriffen wurde. Hieran ist zweifellos die akademische Ausbildung mit schuld, weil auch sie zu stark unter dem Einfluß einseitiger Spezialisten steht und rein technische Angelegenheiten modern, manches andere aber so lehrt, als ob die Beziehungen zwischen Technik und öffentlichem Leben und der Umfang des technischen Wissens noch wie vor 30 oder 40 Jahren seien. Wenn aber immer wieder Ingenieure mit ausschließlich technischen Interessen die Hochschule verlassen, ist nicht einzusehen, wie sich eine Führerschicht mit weiten allgemeinen Interessen bilden soll. Mit aus diesem Grunde wurde weiter vorn empfohlen, **die** Hochschulen sollen sich mit dem Beibringen eines soliden Wissens der Grundlagen der Technik begnügen und in der eingesparten Zeit die großen Zusammenhänge in der Technik und die Beziehungen der Technik zum öffentlichen Leben behandeln. Zum glücklichen Lösen dieser Aufgabe braucht ein Lehrkörper wenigstens einige Professoren, die mehr sind und mehr zu sagen haben als tüchtige Oberingenieure. Männer wie RIEDLER, STUMPF oder SLABY haben weniger durch ihre Ingenieurkunst, die wir noch gar nicht richtig beurteilen konnten, als durch ihre überragende Persönlichkeit und durch das, was sie uns außer technischen Dingen lehrten, einen so starken Eindruck auf uns gemacht.

Das Heranziehen einer geistigen Ingenieur-Elite muß bereits mit der Gestaltung des Lehrplanes auf den höheren Schulen beginnen, die technischen Lehranstalten müssen die Arbeit fortsetzen und die Industrie *muß sie vollenden*, indem sie junge Leute mit Interesse an Fragen von allgemeinem Interesse mit allen Kräften fördert. Sonst werden ihnen banausische Kollegen das Leben noch saurer machen, als es „Spezialisten" und Routiniers noch vor gar nicht langer Zeit einem jungen Ingenieur taten, der über technische Fragen schreiben oder sonst etwas treiben wollte, was über ihren Horizont hinausging.

Die Arbeit wird also langwierig sein und es wird geraume Zeit vergehen, bis ihre Früchte reifen. Wird sie aber nicht geleistet, so wird der Ingenieurstand weder eine Stellung erreichen, die seinen Leistungen entspricht, noch kann er seine Leistungen zu der Höhe emporschrauben, die infolge der in ihm vereinigten Intelligenz und Hingabe an sich erreichbar wäre, weil ihm zu wenig Anregungen und Menschen aus anderen Kreisen zuströmen und sein Denken und Handeln zu sehr durch die unmittelbar vor ihm liegenden Aufgaben beherrscht werden.

Auch der Mangel an Korpsgeist von Ingenieuren schadet ihrem Ansehen. Er ist zuweilen so groß, daß man über den Begriff „Ingenieurstand" sehr skeptisch denken könnte und offenbart sich besonders unerfreulich, wenn sich Ingenieure als Käufer und Lieferer (Verkäufer) von Maschinen gegenübertreten. Es ist schließlich noch verständlich, wenn Nicht-Geschäftsleute auf Ingenieure, die sich ihr Geld durch Herstellen und Verkaufen industrieller Produkte — ob es sich nun um bescheidene Staubsauger oder gewaltige Kraft- und Arbeitsmaschinen handelt — verdienen müssen, etwas geringschätzig herabsehen. Dumm und nicht entschuldbar ist es dagegen, wenn sich Ingenieur-Käufer Ingenieur-Lieferern gegenüber einen Ton herausnehmen, der im Verkehr zwischen Juristen oder Medizinern undenkbar wäre[1]. Auch gibt es leider Ingenieure, deren Menschentum und geistiger Horizont ihrer guten materiellen Assiette nicht entsprechen und die, wie es nun einmal Brauch der Forsytes und Babbitts aller Völker und Stände ist, Wert und Bedeutung selbst solcher Menschen, die ihnen an Wissen, Leistungen und Manieren weit überlegen sind, lediglich nach deren sozialer Stellung und Einkommen bemessen. Aber auch wenn man von solchen Fällen absieht, vergessen die Besteller von Maschinen zuweilen, daß an manchen Anständen nicht Nachlässigkeit, sondern die schwierige Materie und die geringe Erfahrung schuld sind, und daß sie die Maschine auch nicht besser hätten bauen können. In dieser Beziehung verhalten sich Kaufleute und Juristen oft verständnisvoller und spielen sich nicht so sehr als „seine Majestät der Kunde" auf, wie manche Ingenieure, die wegen der nebensächlichsten Anstände ihr „peinlichstes Erstaunen" aussprechen oder ihre Briefe auf das Motto abstellen, „ich kenne Ihre Gründe nicht, aber mißbillige sie". Man könnte manchmal versucht sein, den berühmten Ausspruch der Duse abzuändern in „plus je connais les hommes, plus j'aime les machines". Ingenieure, die als Vertreter von Interessentenvereinigungen auftreten, beanspruchen für

---

[1] Auch der Verkehr zwischen älteren und jüngeren Ingenieuren derselben Firma spielt sich häufig nicht in den angenehmen Formen ab wie z. B. bei Juristen oder Wissenschaftlern.

Münzinger, Ingenieure. 2. Aufl. 12

sich zuweilen die Autorität von Beamten, ohne die Formen zu beachten, in denen sich der Verkehr zwischen Beamten und Publikum abspielt, und kritisieren fremde Konstruktionen so, als ob ihre Auffassung die allein selig machende sei. Wenn auch die Angegriffenen aus geschäftlichen Rücksichten oft gute Miene zum bösen Spiel machen, so bleibt der Stachel natürlich zurück, weil Bevormundung niemand gern hat und das Gängelband technischer Gouvernanten für Ingenieure, deren ganze Tätigkeit auf Initiative und Freude an der Verantwortung beruhen muß, ein untaugliches Requisit ist. Eine Einmischung sollte sich daher auf das Notwendige beschränken, und man sollte die letzte Entscheidung denen überlassen, die später die Verantwortung tragen müssen. Dann wird die Entwicklung auch nicht dem natürlichen Ausscheidungsprozeß entzogen, der noch immer am zuverlässigsten arbeitet. Stets aber sollte ein Ingenieur, gleichgültig in welchem Lager er steht, bei Fachgenossen das Gemeinsame und nicht das Trennende suchen, er nützt dadurch auch dem Ansehen seines Standes am meisten.

Manche Ingenieure scheinen zu glauben, sie vergeben sich etwas, wenn sie die Formen beachten, die in kultivierten Kreisen üblich und für den Umgang von Menschen miteinander so förderlich sind. Wer aber nicht auch auf dem Parkett eine gute Rolle zu spielen vermag, soll sich nicht wundern, wenn er auf Dinge, die sich dort entscheiden und für die Technik von großer Wichtigkeit sein können, ohne Einfluß bleibt.

.d) Über die Ehrung von Ingenieuren. Das Verleihen des deutschen Nationalpreises an 4 Ingenieure im Jahre 1938, die Worte des Reichsministers Dr. Goebbels aus diesem Anlaß „den Leistungen seiner Techniker und Ingenieure verdankt das deutsche Volk mit den großen Aufschwung, den die Machtergreifung im Reiche eingeleitet hat"; die Äußerung Rosenbergs, die nationalsozialistische Revolution habe der Technik einen neuen sozialen Rang zugewiesen, indem sie die Gesetze der Technik, der Politik und der Idee miteinander in Übereinstimmung brachte; die wiederholten Anerkennungen der Leistungen der Ingenieure durch den Führer und ein Ereignis wie die Gewährung eines Staatsbegräbnisses für den Erfinder des Fernsehens, Paul Nipkow, haben dem Ansehen des Ingenieurstandes mehr genützt als viele Abhandlungen über dieses Thema.

Immer wieder werden Männer auftauchen, die dank ihrer genialen Begabung, ihrer Schaffensfreude oder Willensstärke auch ohne akademische Ausbildung überragende Leistungen vollbringen. Es wäre daher verkehrt und nützte dem Ansehen des Ingenieurstandes gar nichts, wenn man für den studierten Teil der Technikerschaft eine besondere Stellung und Standesehre schaffen und nicht studierte Ingenieure von Posten, auf die sie dank ihrer Leistungen Anspruch haben, auszuschließen versuchen würde. Es sind auch nicht die zu angesehenen Posten gelangten nicht studierten Ingenieure oder diejenigen, die sich als Ingenieure ausgeben, ohne es wirklich zu sein, die das unbefriedigende Ansehen des Ingenieurstandes verschulden, sondern das Fehlen einer genügend breiten Schicht mit über das Fachliche hinausgehenden Interessen und die übrigen vorstehend erwähnten Gründe.

Immer sollte die Leistung und nicht die Art der Vorbildung für Stellung und Bezahlung maßgebend sein. Jemand, der die technische Hochschule besuchte und später aus Mangel an Begabung oder Fleiß keine befriedigende Stellung finden kann, tat es auf eigene Verantwortung und kann nicht eine Prämie beanspruchen, die er erhielte, wenn er mehr verdienen würde als ein ihm überlegener nicht studierter Ingenieur[1].

Der Ingenieur-Geschäftsmann ist für den Erfolg der Technik ebenso nötig wie der Ingenieur-Techniker. Jedem von beiden gebührt daher sein Verdienst und seine Ehrung. Zuweilen steht man aber unter dem Eindruck, als ob die dazu Berufenen den Ingenieur-Geschäftsmann mit der Ehrung auszeichneten, die dem Ingenieur-Techniker zusteht. Der letztere hat aber alle Ursache, sich hiergegen und gegen jeden Versuch, seine Arbeit auch finanziell nicht angemessen zu würdigen, zur Wehr zu setzen. Auch der Industrie kann es nur nützen, wenn rein technische Leistungen in jeder Beziehung ebenso hoch bewertet werden wie kaufmännische oder verwaltungstechnische, da ein einseitiges Überwiegen des händlerischen Geistes auf die Dauer jedem industriellen Unternehmen schaden muß, selbst wenn seine Kaufleute sehr tüchtig sind.

Die Auffassung, die Gründer großer industrieller Unternehmungen hätten, verglichen mit bekannten Erfindern, doch wenig Neues und Individuelles für die Technik hinterlassen, übersieht, daß das Hervorbringen von etwas Neuem die Zusammenarbeit der verschiedensten Stellen erfordert, von denen der Erfinder nur eine ist. Ein Erfinder findet natürlich leichter das öffentliche Interesse, aber schon die Frage, ob er oder der Gründer eines Industrieunternehmens oder z. B. ein hervorragender Konstrukteur am wichtigsten sei, ist müßig, weil ihre Beantwortung ganz davon abhängt, unter welchem Gesichtspunkt man die Frage betrachtet. Jedenfalls haben die Schöpfer großer Unternehmen oft erst die Voraussetzungen geschaffen, auf Grund derer Erfinder erfolgreich arbeiten konnten, und durch das Zusammenschweißen eines hochwertigen Arbeiter- und Ingenieurstabes etwas geleistet, was mit dem Wirken eines großen Hochschullehrers verglichen werden kann, auch wenn sie alles andere als Theoretiker waren. Ähnliches gilt für Männer, die, wie z. B. Georg Klingenberg, durch ihre außerordentliche

---

[1] Für die Anfangsjahre von Diplomingenieuren in der Praxis liegen die Dinge etwas anders.

Vielseitigkeit, ihren Mangel an Autoritätsglauben und ihren genialen
Weitblick auf einem sehr großen Gebiet der Technik durch zahlreiche
Einzelmaßnahmen neue Wege weisen und dadurch die Entwicklung
ebenso fördern, wie wenn sie ihre ganze Energie auf eine einzige Erfindung konzentriert hätten, die dem breiten Publikum natürlich mehr
in die Augen fällt. Wenn aber darüber geklagt wird, daß große Ingenieure nie die Ehrung finden wie große Dichter und Musiker, so
ist darauf zu erwidern, daß es großen Ärzten auch nicht anders er-
geht und Wissenschaftlern nur dann, wenn sie das ganze Weltbild geändert haben. Technische Werke haben eben nicht den bleibenden
Wert und können nicht in dem Maße Allgemeingut der verschiedensten Stände, Klassen und Völker sein wie Werke der schönen
Künste.

Zu wünschen wäre, daß in Deutschland etwas Ähnliches geschaffen
würde wie die National Portrait Gallery in London, in der Bilder und
Büsten von allen denen vereinigt sind, die das Geschick ihres Landes
wesentlich beeinflußt haben, gleichgültig ob es sich um Herrscher,
Staatsleute und Feldherren oder Wissenschaftler, Künstler und Ingenieure handelt. Eine derartige Galerie ist ein starker Anreiz für die
Angehörigen aller Stände und zeigt auch, wie unentbehrlich jeder Stand
für das Gedeihen eines Volkes ist.

e) Der unzureichende Ingenieurnachwuchs. Wie unzureichend der
dem Ingenieurberuf zuströmende Nachwuchs seit Jahren ist, beweisen
folgende einer vom Verein Deutscher Ingenieure im Jahre 1938 durch-
geführten Untersuchung entnommene Feststellungen[1]:

Das Interesse an technischen Berufen ist seit etwa 1928 insgesamt
geringer geworden als an Berufen mit Universitätsbildung. Eine
grundsätzliche Abneigung gegen das akademische Studium besteht
offenbar nicht, die Abiturienten bevorzugen aber Berufe, die eine gesicherte Lebensgrundlage bieten. Während aber im Jahre 1928 noch
insgesamt 4900 Menschen an Technischen Hochschulen zu studieren
begannen, waren es im Jahre 1936 nur noch 1570. In den Jahren 1929
bis 1932 wurden jährlich im Durchschnitt 11 000 Ingenieure an Technischen Hochschulen, Bergakademien und Ingenieurschulen ausgebildet, für 1938 wurden nur noch 5200, für den Abschluß des Winter-
semesters 1939—1940 nur noch 3600 Ingenieurprüfungen erwartet. Der
Bedarf von jährlich mindestens 10 000 Ingenieuren wurde bis zum Jahre
1934 gedeckt, für den Schluß des Jahres 1939 veranschlagte man den
Fehlbedarf auf mindestens 18 000. Der Ingenieurmangel in Deutschland
wird daher nach menschlicher Voraussicht noch lange andauern, wenn
es nicht bald gelingt, wesentlich mehr junge Leute für das technische
Studium zu gewinnen.

---

[1] WELKNER, C.: Der Ingenieurnachwuchs. Z. VDI. 1938 S. 689—693.

Am Ingenieurmangel sind heute zum Teil überholte Ursachen schuld, wie der eine Zeitlang eingeführte Numerus clausus, die beschränkte Freizügigkeit und die geringe Krisenfestigkeit des Ingenieurberufes, die seinerzeit auf das Studium der Technik sehr abschreckend gewirkt hat. Dazu kommt der große Bedarf an Offizieren für die Wehrmacht, meldeten sich doch im Jahre 1937 von 18000 Primanern rund 10000 als Offiziersanwärter. Dieser Ausfall ist auch deshalb so nachteilig, weil das Militär die tatkräftigsten, gesündesten und gesellschaftlich gewandtesten Leute, d. h. gerade diejenigen wählen kann, die für den Ingenieurberuf besonders wichtige Eigenschaften haben. Schließlich hat das Aufblühen des Großdeutschen Reiches nach der Machtergreifung viele junge Leute, die sonst vielleicht Ingenieure geworden wären, einer anderen Tätigkeit zugeführt.

Hiervon abgesehen, ist der unzureichende Ingenieurnachwuchs vor allem auf 5 Ursachen zurückzuführen:

1. Die mangelhafte Kenntnis der Jugend und weiter Kreise des Volkes vom Wesen und der Vielseitigkeit des Ingenieurberufes und seiner großen Bedeutung für die Allgemeinheit;

2. die Abneigung gegen die Einspannung in die Organisation einer Fabrik;

3. das unbefriedigende Ansehen des Ingenieurstandes;

4. die außerordentlich starke Beanspruchung des Ingenieurs durch seinen Beruf, die ihm für die Beschäftigung mit nichtberuflichen Dingen oft kaum mehr Zeit läßt;

5. die Bezahlung, die viele Ingenieure als dem langen Studium und dem anstrengenden Beruf nicht immer angemessen erachten.

Leider existieren darüber, weshalb und wieviel Ingenieure ihre Söhne einem anderen Beruf zuführen, keine statistischen Unterlagen, die besonders aufschlußreich sein müßten. Es ist aber außer Zweifel, daß vor allem Söhne von Offizieren, Juristen und Wissenschaftlern, d. h. vorwiegend Absolventen humanistischer Lehranstalten, infolge des sie nicht befriedigenden Ansehens des Ingenieurstandes, ihrer mangelhaften Kenntnis seiner Bedeutung und der zu seinem Ausüben erforderlichen Eigenschaften, sowie aus Sorge vor den Anforderungen, die er stellt, keine Ingenieure werden wollen. Sie halten die Technik für eine zwar wichtige, aber nüchterne, abseits vom übrigen Leben sich abspielende Tätigkeit und stellen sich des öfteren einen Ingenieur als eine Art „besseren Klempner mit dem Zollstock in der Hosentasche" vor. Diese abwegigen Auffassungen erklären sich mit aus der geringen gesellschaftlichen Berührung dieser Kreise mit Ingenieuren und dem Dünkel, mit dem seit jeher viele Arrivierte auf die nach oben Strebenden hinabgesehen haben. Dazu kommt, daß viele junge Leute gegen die Eingliederung in die Organisation einer Fabrik schon gefühlsmäßig eine

Abneigung haben, während ihnen diejenige in das Offizierskorps oder die Beamtenschaft etwas Selbstverständliches ist, da sie mit den dort herrschenden Gebräuchen und Anschauungen von Kindheit an vertraut sind. Viele Abiturienten sind schließlich der Ansicht, daß, wenn sie schon studieren, ihnen andere Berufe alles in allem mehr bieten als der des Ingenieurs. Der Versuch, junge Leute durch industrielle Stipendien und ähnliche Mittel für das Studium der Technik zu gewinnen, kann daher nur ein Palliativmittel sein. Würden Firmen solche Stipendien vor allem Söhnen ihrer Beamten gewähren, so würde nicht nur das Leben ihrer älteren Angestellten sorgenfreier sein, sondern das Entstehen von Familien mit einer Ingenieurtradition gefördert und das Band zwischen Unternehmen und Angestellten gestärkt werden. Zum Herbeiführen eines ausreichenden Nachwuchses sind aber zweifellos grundsätzlichere Anstrengungen erforderlich. Verkehrt wäre der selbstgefällige Standpunkt, daß es um die, die zur Technik nicht aus innerem Drange von allein kommen, nicht schade sei, weil doch offenbar nicht genügend viele diesen Drang haben, und jemand ein ausgezeichneter Ingenieur werden kann, den ganz nüchterne Überlegungen zur Wahl seines Berufes veranlaßt haben.

Wenn man mit vollem Recht technischen Intelligenzen aus unbemittelten Kreisen das Ergreifen des Ingenieurberufes erleichtert und ihm dadurch immer wieder unverbrauchtes Blut zuführt, so sollte man auf junge Leute nicht weniger Wert legen, die bereits im Elternhaus zahllose Anregungen bekommen und Dinge sehen und lernen, die ein aus einfachen Kreisen stammender sich erst später mühsam aneignen muß. Auf Grund neuerer Forschungen übt die geistige Atmosphäre des Elternhauses auf die Entwicklung der Intelligenz eines Menschen eine stärkere Wirkung aus, als vielfach angenommen worden ist. REINÖHL sagt hierzu[1]: „Das Erbgut entscheidet darüber, welche Intelligenzhöhe erreicht werden kann, die Umwelt, welche tatsächlich erreicht wird". Ein stärkerer Zustrom junger Leute aus Familien mit alter Kultur würde aber dem Ingenieurstand sicher viel nützen, selbst wenn die betreffenden in technischen Dingen vielleicht nicht so begabt wären wie Sprößlinge aus einfachen Kreisen. Damit er die überaus vielfältigen ihm gestellten Aufgaben erfüllen und die Ebenbürtigkeit mit anderen gebildeten Ständen erringen kann, muß er von vielen Quellen gespeist werden und braucht Menschen von Kultur und weiten Interessen ebenso wie rein technische Begabungen.

Schließlich wird die Industrie wohl erheblich mehr als bisher versuchen müssen, die Lehrer mittlerer und höherer Lehranstalten für die Technik zu interessieren, was besonders in Industriestädten nicht schwer fallen

---

[1] NIEDEN, ZUR M.: Erbanlagen und Umwelt. Deutsche Allgem. Zeitg. vom 28. 12. 1940.

kann und für beide Teile ersprießlich sein müßte. Während durch Aufklärung von Lehrern und Schülern solcher Anstalten viele abwegige Ansichten über den Ingenieurberuf berichtigt werden können, fragt es sich, ob die einseitige Einstellung und starke berufliche Beanspruchung von Ingenieuren etwas Unvermeidliches ist oder nicht. Von höherer Warte gesehen liegen die Dinge doch so, daß die Technik nicht um ihrer selbst willen da ist, sondern wie andere Berufe bestimmte Aufgaben im Dienste der Allgemeinheit zu erfüllen hat. Auch bei ihr muß zwischen der durch den Beruf in Anspruch genommenen und der für die Beschäftigung mit anderen Dingen verfügbaren Zeit ein vernünftiges Gleichgewicht herrschen, wenn das Leben von Ingenieuren ähnlich gesund und gehaltvoll wie das anderer gebildeter Stände sein soll. Nimmt ein Beruf die Kräfte seiner Angehörigen dauernd restlos in Anspruch, so werden sie einseitig und wirklichkeitsfremd, und es werden ihn nicht die schlechtesten Köpfe meiden, weil sie ihn für eine Fron halten. Die Folge davon kann nur sein, daß der Gesamtertrag seiner Arbeit trotz tüchtiger Einzelleistungen nicht das bestmögliche Ergebnis hat.

Nun können nationale Not, übermäßiger internationaler Wettbewerb und ähnliche ungewöhnliche Umstände einen Beruf eine Zeitlang zu anormalen und einseitigen Anstrengungen zwingen, ein Dauerzustand sollte dies aber nicht werden und braucht es bei einem Staate, dessen Technik und Wirtschaft in Ordnung sind, auch nicht zu werden. Es gibt zweifellos einen gesunden und einen krampfhaft übertriebenen, mehr durch konstruierte als durch tatsächlich vorhandene Bedürfnisse bestimmten Fortschritt, der Uneingeweihte durch seine Aktivität bestechen mag, letzten Endes aber niemand nützt. So schwierig und in seinem Erfolge fraglich jeder Versuch ist, das Tempo des Fortschrittes durch Zwang zu regeln, so verfehlt ist es, wenn es ein Stand ohne einen zwingenden Grund selber überstürzt, was in der Technik leichter als bei anderen Berufen passieren kann, weil auch die Käufer von Maschinen oft Ingenieure sind. Finden sich nämlich unter den Herstellern und Käufern kongeniale Naturen von übergroßem Tatendrang, spezialistischer Einseitigkeit und Neuerungssucht zusammen, so werden manchmal fortwährend weitere Neuerungen schon in Angriff genommen, bevor die ihnen vorausgehenden fertig, geschweige denn einigermaßen ausprobiert sind. Dadurch kommt aber Unruhe in ein weites Gebiet der Technik und es werden über den Kreis der unmittelbar Beteiligten hinaus viele Ingenieure übermäßig beansprucht, weil die Folgen der unvermeidlichen Rückschläge schnellstens beseitigt werden müssen, um die unerprobten Maschinen in Gang halten zu können. Wenn man aber der Ansicht zustimmt, daß Fortschritte auf einem Teilgebiet menschlicher Betätigung auf die Dauer nur dann gesund sind, wenn sie sich

Fortschritten auf anderen Gebieten einigermaßen harmonisch anpassen, so sollte man die Selbstdisziplin zum Unterdrücken von Auswüchsen aufbringen, die auch deshalb nur schaden können, weil sie die Ingenieurarbeit für ganz einseitige Zwecke in Anspruch nehmen. Das ununterbrochene Verschwenden aller Energie auf die Verbesserung von Maschinen um winzige Bruchteile von Prozenten, das krampfhafte Heraustüfteln mehr oder weniger imaginärer Vervollkommnungen an bereits hochgezüchteten Maschinen bei gleichzeitiger Vernachlässigung der großen Zusammenhänge zwischen Technik und öffentlichem Leben ist eine solche einseitige Inanspruchnahme. Infolge des deutschen Hanges zur Gründlichkeit und zum Grenzenlosen und der Überschätzung theoretischer Tüfteleien wird schließlich manchmal über dem lobenswerten Bestreben, Energie und Materie zu sparen, die pflegliche Behandlung unserer eigenen und anderer Menschen Gesundheit und Lebensfreude in bedenklicher Weise vergessen.

Die im vorstehenden entwickelten Gründe für den unzureichenden Nachwuchs und das unbefriedigende Ansehen des Ingenieurstandes, die eng miteinander zusammenhängen, weisen den Weg zur Abhilfe, zeigen aber auch, wie doktrinär manche für denselben Zweck gemachte Vorschläge sind, weil sie die Eigenart des Ingenieurberufes, wenigstens soweit es sich um den Teil von ihm handelt, der schöpferische Leistungen und Entschlußkraft verlangt und mit Risiko verbunden ist, verkennen, S. 65, und den Wert angelernten Wissens überschätzen. Zu dem Vorschlag, nach einigen Jahren nach einem bestimmten Schema verbrachter Praxis die Eignung von Diplomingenieuren für das Bekleiden führender Posten feststellen zu lassen, ist zu sagen, daß solche Diplomingenieure, die wirklich etwas sind und können, sich führende Stellungen, die sie reizen, durch ihre Leistung und Persönlichkeit, d. h. mit eigener Kraft, erkämpfen und auf eine posthume Approbation ihrer Eignung durch Prüfungskommissionen weit weniger Wert legen werden als auf die Gelegenheit, etwas Positives aus eigener Kraft leisten zu können. So verständlich und berechtigt das Streben der Ingenieure nach einer angemessenen Entlohnung schließlich ist, so hat deren Höhe doch nur sehr wenig mit dem Ansehen ihres Standes zu tun, und beide können nur leiden, wenn man sie in einen Topf wirft.

Über den einer ausreichenden Quantität des Nachwuchses dienenden Maßnahmen, die dringender, aber mehr vorübergehender Natur sind, sollten die Maßnahmen nicht vergessen werden, die eine hohen Ansprüchen genügende Qualität zum Ziel haben. Ihre Früchte werden zwar langsamer reifen, trotzdem sind sie, auf lange Sicht betrachtet, wichtiger.

X. Ingenieur und Firma.

Die Leistungen der Technik sind begründet durch die geniale Schöpferkraft einzelner Persönlichkeiten und durch die Gemeinschaftsleistung großer Arbeitsgruppen.

Dr. Todt.

Rudolf Diesel (1858—1913)[1].
Erfinder des Dieselmotors.

a) Ingenieure untereinander. Beim Eintritt in den Beruf kommen viele Ingenieure zum ersten Male mit Menschen anderer Herkunft, Wesensart, Bildung und Lebensauffassung in enge Berührung, auf deren Mitarbeit und guten Willen sie angewiesen sind; lernen Fachgenossen, die wie sie im Leben vorwärtskommen wollen, erstmals als Rivalen kennen und werden von Handlungen und Willensäußerungen anderer abhängig, von deren Motiven bzw. menschlichen Eigenschaften sie oft nichts wissen. Für die richtige Einstellung zu diesen Dingen, die für den Erfolg ihrer Arbeit und ihre Zufriedenheit wichtig ist, fehlen ihnen Maß und Vorbild um so mehr, je abstrakter sie denken, je einseitiger ihre Erziehung auf rein technische Dinge gerichtet war und je verschiedener die Kreise, in denen sie aufwuchsen, von denen sind, innerhalb derer sich ihre zukünftige Tätigkeit abspielt. Manche Ingenieure nehmen daher oft aus Ressentiment von Anfang an eine voreingenommene Stellung ein und machen sich und anderen dadurch unnütz das Leben sauer.

Das Verhältnis eines industriellen Unternehmens zu seinen Ingenieuren gleicht in mancher Beziehung dem eines Staates zu seinen Bürgern. Auch bei einem Unternehmen muß das Interesse des Ganzen oft vor dem seiner Teile den Vorrang haben und ähnlich, wie es den Bürgern nur gut geht, wenn der Staat gesund ist, kann nur ein blühendes Unternehmen seinen Angestellten eine gesicherte Existenz bieten. Daher

---

[1] Aus dem „Corpus Imaginum" der Photographischen Gesellschaft, Berlin

dürfen weder eine Firma noch ihre Angestellten nur einseitig fordern,
sondern jeder Teil muß bereit sein, dem anderen auch etwas Gleichwer-
tiges zu bieten. Eine Firma, die dauernd mehr verlangt, als sie billiger-
weise erwarten darf, hat keine ergebenen Angestellten und auf Angestellte, die die ihnen von ihrer Firma zufließenden Vorteile zwar genießen, aber möglichst wenig Verpflichtungen übernehmen wollen, ist
kein Verlaß. Ein einziger Angestellter, der sich mit dem Schicksal seines
Unternehmens verbunden fühlt, nützt ihm mehr als eine ganze Schar
schwankender Gestalten, die wegen geringfügiger Vorteile dauernd die
Stellung wechseln. Idealzustand wäre, wenn jeder Angestellte sich so
verhielte, als ob das Unternehmen ihm gehörte, und wenn jeder Vorgesetzte seine Untergebenen so behandelte, als ob die Verantwortung
für ihr Wohlergehen auf ihm persönlich lastete.

Jeder junge Mann sollte sich darüber im klaren sein, daß mittel-
mäßige Menschen im Leben auf weniger Widerstand stoßen und —
wenigstens bei ihresgleichen — beliebter sind als überdurchschnittliche
Könner von ausgeprägter Individualität. Je nachdem, ob er mehr Wert
darauf legt, bei vielen lieb Kind zu sein oder vorwärtszukommen und
etwas zu leisten, muß er sein Verhalten einrichten. Respektiert zu
werden und Allerwelt Freund zu heißen, vertragen sich nicht miteinander, und wer zwischen beiden Extremen schwankt, wird es mit allen
verderben. Ein Mensch, der etwas kann, darf sich daher nicht daran
stoßen, wenn andere über ihn schimpfen und ihn schlechtzumachen
versuchen. Ihre Schmähungen sind meist nur natürliches Echo und
Reflex seiner Tüchtigkeit und werden von einem vernünftigen Vorgesetzten auch entsprechend gewertet werden. Hat er sich aber dank
seiner Leistungen einmal durchgesetzt, so werden viele schmähende
Stimmen von allein verstummen, und die gleichen Leute, die früher kein
gutes Haar an ihm ließen, seine Freundschaft suchen. Jeder Tüchtige
wird es mit ähnlichen Erscheinungen sein ganzes Leben lang zu tun
haben und je größer seine Tüchtigkeit und seine Menschenkenntnis sind,
um so einsamer werden. Er kann daher nur gewinnen, wenn er seine
Belohnung und Befriedigung in seinem eigenen Werke sucht und sicht-
baren Auszeichnungen und fremdem Lobe nicht mehr Wert beimißt, als
sie verdienen.

Da bei der Herstellung von Maschinen Menschen der verschiedenartigsten Temperamente zusammenarbeiten müssen und häufig nicht
vorausgesagt werden kann, welche Lösungsmöglichkeit die vorteilhaf-
teste ist, es daher viel auf die individuelle Auffassung ankommt, ist es
nicht verwunderlich, wenn in einer Firma auch Könner nicht immer
im besten Einvernehmen miteinander leben, weil sie meist eigenwillige
Naturen sind und fremde Einmischung nicht schätzen. Meinungsverschiedenheiten zwischen ihnen sind daher, solange sie von persönlicher

Gehässigkeit freibleiben und beide Teile sich stets wieder zum Erreichen eines gemeinsamen Zieles zusammenfinden und Respekt voreinander haben, etwas durchaus Natürliches; manche Akteure auf der Weltbühne haben aus denselben Gründen auch kein Bild brüderlicher Eintracht geboten und doch zusammen etwas geleistet[1].

Die Beziehungen der Angestellten eines Unternehmens sollten durch loyale Zusammenarbeit und gegenseitige Achtung gekennzeichnet sein[2]. Da sich unter ihnen aber stark verschiedene Veranlagungen befinden, muß jeder Angestellte im Geschäft persönliche Antipathien unterdrücken und auch über weniger angenehme Eigenschaften anderer hinwegsehen können. Für Kollegen und Vorgesetzte gleich unerfreulich sind Angestellte, die glauben, alles müsse sich nach ihnen richten, die dauernd beleidigt oder mit anderen in fortwährender Fehde begriffen sind.

In einem Unternehmen können sich, wenn sie auf dem richtigen Platze sitzen, die verschiedenartigsten Begabungen bewähren und wohl fühlen. Etwas penibel veranlagte Menschen, die für schwierige Verhandlungen oder Entschlußkraft erfordernde Entwicklungsarbeiten ungeeignet sind, können bei der Prüfung von Lieferungen auf vertragsgemäße Ausführung, beim Verfolgen von Terminen und bei vielen Gründlichkeit und Geduld verlangenden Arbeiten, bei denen großzügig Veranlagte oft versagen, Ausgezeichnetes leisten. Ein Vorgesetzter sollte daher darauf achten, daß tunlichst jeder eine Arbeit erhält, die ihm liegt. Im übrigen sollte man versuchen, sich in die Vorstellungswelt seiner Mitarbeiter hineinzuversetzen und statt lauter Schwächen auch die positive Seite ihres Wesens zu erkennen.

Letzten Endes entscheidet immer die Leistung und nicht die Stellung oder akademische Bildung über den Wert eines Ingenieurs als Mensch und Fachgenosse, und tüchtige Zeichner, Registratoren oder Stenotypisten wird auch ein hervorragender Ingenieur hochschätzen.

In größeren Unternehmen sind gewisse Kontrollmaßnahmen zum Aufrechterhalten der Ordnung unerläßlich, die überflüssig wären, wenn jeder seine Pflicht von allein täte. Durch sie fühlen sich manche an akademische Freiheit gewöhnte Ingenieure verletzt, statt in ihnen eine zwar vielleicht unerwünschte, im übrigen aber belanglose Formalität zu erblicken. Ferner kann, je größer ein Unternehmen ist, der einzelne Ingenieur nicht so individuell behandelt werden wie in einer kleinen Firma. Da gerade hochbegabte Ingenieure manchmal Perioden haben, während derer sie ein Problem bis zur völligen Gleichgültigkeit gegen alles andere in Anspruch nimmt, empfinden sie eine Normierung oft wie

---

[1] Aufschlußreich in dieser Beziehung ist das Tagebuch Victoire et Armistice 1918 von RAYMOND POINCARÉ.

[2] Ein amerikanisches Sprichwort lautet: „An ounce of loyalty is worth a pound of brains." (Eine Unze Loyalität ist soviel Wert wie ein Pfund Verstand.)

eine Zwangsjacke. Auf sie wird ein klug geleitetes Unternehmen nach
Möglichkeit ebenso Rücksicht nehmen wie auf sog. „Originale", die sich
durch ungewöhnliche fachliche Leistungen auszeichnen, mancher Firma
eine spezifische Note geben und beim Kunden manches erreichen, was
einem anderen nicht gelingt. Größeren Unternehmen, die keine Originale
haben, fehlt es oft an geistiger Beweglichkeit und Frische. Im übrigen
können auch kleinere auf dem Lande gelegene industrielle Unternehmungen mit geringen Mitteln durch Werkbüchereien, Halten einiger
Zeitschriften und Tageszeitungen, gelegentliche Vorträge und gemeinsamen Besuch wichtiger auswärtiger Veranstaltungen viel zur Hebung
des Interesses ihrer Belegschaft an Fragen von allgemeinem Interesse
beitragen. Dadurch läßt sich auch der innere Zusammenhang in einer
Firma sehr stärken und sie sich zu etwas machen, mit dessen Schicksal
sich ihre Angestellten eng verbunden fühlen.

Der große Umfang und die Verschiedenartigkeit der Geschäfte
zwingen zu weitgehender Arbeitsteilung. Der Arbeitsbereich des einzelnen Ingenieurs ist daher in größeren Firmen bis zu hohen Posten oft
verhältnismäßig eng und nur wenige haben einen Gesamtüberblick und
kennen die für die Leitung des Unternehmens maßgebenden Gesichtspunkte. Da jüngere Ingenieure aber oft nicht glauben, daß es ihren
älteren Kollegen und vielen ihrer Vorgesetzten in dieser Beziehung nicht
wesentlich anders geht als ihnen, und sie immer nur den gleichen engen
Ausschnitt sehen und nicht erkennen können, wie sich ihre Tätigkeit in
die Gesamtarbeit aller einfügt, halten sie ihre Arbeit oft für untergeordnet und nebensächlich. Diese falsche Auffassung ließe sich beseitigen und das Gefühl der Werksverbundenheit stärken, wenn z. B.
die Leiter größerer Abteilungen ihren Ingenieuren am Schlusse eines
Geschäftsjahres eine kurze Übersicht über die wichtigsten Ereignisse in
der Firma geben würden, weil dann jeder Ingenieur sieht, daß auch seine
Arbeit für den gemeinsamen Erfolg wertvoll und unentbehrlich ist.

Mindestens in einigen Zweigen der Technik sind leitende Ingenieure
mit der routinemäßigen Erledigung laufender Geschäfte stärker belastet,
als es zweckmäßig und z. B. in den Vereinigten Staaten von Nordamerika der Fall ist. Sie haben daher den Kopf nicht so frei, wie es gut
wäre, und können sich mit manchen interessanten Dingen, die für die
unmittelbare geschäftliche Auswertung noch nicht reif sind, oder allgemeinen Fragen, wie Erziehung des Nachwuchses, Standesangelegen-
heiten und dem Grenzgebiet zwischen Technik und Wirtschaft nicht
beschäftigen. Da sich diese Dinge für eine ressortmäßige Erledigung
oft nicht eignen und ihre Beurteilung viel Lebenserfahrung verlangt,
könnte es mindestens für größere Unternehmungen zweckmäßig sein,
mit ihrer Erledigung erfahrene und vielseitige Ingenieure zu betrauen,
indem sie von einem bestimmten Alter an von der routinemäßigen Arbeit

weitgehend entlastet werden, aber die Autorität behalten, die es ihnen erlaubt, in das laufende Geschäft einzugreifen, wenn es ihnen erforderlich scheint. Dadurch würde auch die Kontinuität der Erledigung der normalen Büroarbeit gewahrt werden, ihr Nachfolger könnte sich allmählich in seine Tätigkeit einleben und die betreffenden Herren wären eine Art beratende Instanz, an die sich in schwierigen Dingen jeder Angestellte der Firma um Rat wenden könnte. Solche Posten, „Originale" usw., gehören übrigens zu den Dingen, die um so größere Bedeutung haben, je mehr die Entwicklung großer Betriebe zum Reglementieren und Normieren zwingt.

b) Vorgesetzter und Untergebener. So wichtig gründliches Fachwissen ist, so tritt seine Bedeutung hinter Entschlußkraft, Blick für das Wesentliche, Kombinationsgabe und Wagemut um so mehr zurück, je verantwortungsvoller ein Posten ist. Auch für die Industrie gilt oft, was Adolf Hitler über die Besetzung führender öffentlicher Ämter gesagt hat, daß charakterliche Haltung wichtiger als rein wissenschaftliche Eignung, Entschlossenheit, Mut und Beharrlichkeit wichtiger als abstraktes Wissen sind. Aus diesem Grunde haben sich Kaufleute und Juristen auf leitenden industriellen Posten oft ebenso bewährt wie vorzügliche Ingenieure manchmal versagt haben. Die Ansicht, an die Spitze eines technischen Unternehmens gehöre unter allen Umständen ein Ingenieur, wird für den, der offene Augen hat, durch die Wirklichkeit nicht bestätigt. Nicht darauf, daß sein Leiter Ingenieurwissenschaften studiert hat, kommt es an, sondern darauf, daß er eine überragende Persönlichkeit mit technischem Verständnis ist und alle Stellen der Firma vom rechten Ingenieurgeist (s. S. 78) erfüllt sind. Aber gerade akademisch gebildete, doktrinär veranlagte Ingenieure, denen das Aneignen ihres Wissens etwas sauer fiel, können infolge seiner Überschätzung manchmal nicht begreifen, daß ein technischer Außenseiter imstande sein soll, ein industrielles Unternehmen besser als ein studierter Ingenieur zu leiten. Setzt er sich durch, so sehen sie an ihm nur die Härte, mit der er vorging, oder menschliche Schwächen, aber nicht den erzielten Erfolg. Sie begreifen nicht, daß ein industrieller Kapitän anders veranlagt sein muß als z. B. ein in der Ruhe eines Laboratoriums arbeitender Ingenieur, daß ein Mann, auf dem eine ungewöhnliche Verantwortung lastet und der ständig mit Widerständen zu kämpfen hat, nicht sehr sanftmütig sein kann, daß überragende charakterliche oder intellektuelle Vorzüge, wie z. B. ein ungewöhnliches Maß von Phantasie, Tatkraft und Wagemut fast bei allen Menschen komplementär bedingte Eigenschaften zur Folge haben, die andere um so stärker bedrücken, je weicher und unentschlossener sie selber sind. Aber nicht das Maß seiner Schwächen, sondern die Größe des Überschusses an Leistungen über sie entscheidet, ob ein Mann seinen Posten ausfüllt.

Ein recht zuverlässiges Bild von den Fähigkeiten verschiedener Menschen, auch wenn sie einem nicht sympathisch sind, bekommt man, wenn man sich fragt, welchen von ihnen man bei einer schweren Erkrankung zuziehen würde, falls er Arzt wäre.

Diese schiefe Beurteilung von Industrieführern rührt ebenso wie diejenige zeitgenössischer Persönlichkeiten des öffentlichen Lebens zum Teil von einem verniedlichenden Geschichtsunterricht her, der vor allem Feldherrn und Staatsleute des eigenen Volkes nicht als mit Schwächen und Leidenschaften behaftete Menschen aus Fleisch und Blut, sondern als wahre Musterknaben von Selbstlosigkeit, Tugend und Verträglichkeit schilderte. Da Schüler aus Mangel an Erfahrung und weil die Idealisierung ihrer jugendlichen Einstellung entspricht, die innere Unmöglichkeit derartiger Charakterschilderungen nicht erkennen, glauben sie so fest an die Existenz solcher „Idealgestalten“, daß sie sie noch als Erwachsene zum Vorbild und Vergleichsmaßstab für Lebende nehmen. Auch die hervorragendsten Menschen genügen dann ihren Ansprüchen nicht, weil sie von der Wirklichkeit etwas verlangen, was es nur in der Mythologie gibt: Halbgötter! Infolgedessen sind sie schwer enttäuscht, wenn sie sehen, daß bedeutende Zeitgenossen ähnliche Schwächen wie sie selber haben und erkennen nicht, daß ihre Enttäuschung nicht von einem Versagen des betreffenden Mannes, sondern von dem verzerrten Maßstab herrührt, mit dem sie ihn messen. Infolge ihrer kleinbürgerlichen Auffassung erwarten viele solche Menschen von überragenden Zeitgenossen die Gefühlswelt und das Privatleben eines durchschnittlichen Oberlehrers, Pfarrers oder Apothekers. Daher kommen auch unter Gebildeten Ansichten zustande wie die, ein Industriekapitän müsse entweder sehr brutal oder über die Maßen klug oder ein genialer Ingenieur oder ein überaus schlauer Politiker sein, während er doch seine Sache vorzüglich machen kann, wenn er von jeder dieser Eigenschaften etwas hat. Manche Biographien bedeutender Männer, deren Studium nicht warm genug empfohlen werden kann, hätten einen noch größeren Bildungswert, wenn ihre Verfasser auch die schwachen Seiten ihrer Helden ungeschminkt schildern und den Konflikt zwischen ihnen und den positiven Charaktereigenschaften zeigen würden. Ingenieure, die sich bei der Beurteilung überragender Menschen, mit denen sie geschäftlich zu tun und die ein anderes Naturell als sie selber haben, nicht von persönlichen Gefühlen frei machen können, erschöpfen sich, wenn sie ihr Weg in die Nähe eines solchen Mannes führt, leicht in fruchtloser Opposition und erkennen oft erst zu spät, wie schief sie ihn beurteilt haben.

So wie es für einen jungen Menschen ein Glück ist, unter einem überragenden Manne arbeiten zu dürfen, so empfindet es ein überragender Mann als Glück, wenn seine Mitarbeiter ihm von den vorliegenden Tatsachen und Zusammenhängen das plastische Bild geben, das er zum Fällen seiner Entscheidungen braucht, und ihm auch dann willig Gefolgschaft leisten, wenn sie seine Pläne und Absichten noch nicht erkennen. Ein vielbeschäftigter Mensch muß, wenn er mit seiner Zeit auskommen und die Übersicht nicht verlieren will, eine bestimmte Arbeitssystematik einhalten, die andere leicht als Pedanterie auslegen. Deshalb verlangt er auch oft umgehende Erledigung seiner Aufträge, damit sein Kopf von dem betreffenden Gegenstand möglichst schnell wieder frei und für andere Dinge aufnahmefähig wird.

Charaktervolle, kenntnisreiche Vorgesetzte ziehen ähnliche Menschen an, Firmen und Abteilungen ohne tüchtigen Nachwuchs haben oft Leiter, die ihrer Aufgabe nicht gewachsen sind und ihre Gefolgschaft nicht für eine Sache begeistern können. Der Grundsatz WELLINGTONS, ,,Enthusiasmus ist keine Hilfe, um irgendein Ding zu vollbringen, sondern nur eine Entschuldigung für Unordnung, Mangel an Manneszucht und Gehorsam", ist nämlich für ein modernes industrielles Unternehmen keine geeignete Devise. Wer berechtigten Tadel eines Vorgesetzten übelnimmt, wird nie zur vollen Entwicklung seiner Gaben kommen, ein Vorgesetzter, der eine freimütige Ansicht bewährter Untergebener nicht vertragen kann, wird nur mangelhaft unterrichtet werden und viele wichtigen Dinge überhaupt nicht erfahren. Es ist aber nicht die Strenge eines Vorgesetzten, die Verbitterung erregt, sondern ihre diskriminierende Anwendung oder das Gefühl, daß die verlangte Hingabe nicht erwidert wird. Gerechtigkeit und Treue müssen daher das Verhältnis eines Vorgesetzten zu seinen Untergebenen kennzeichnen; mit diesen beiden Eigenschaften kann auch ein strenger vieles verlangender Mann Verehrung und Ergebenheit der ihm Unterstellten gewinnen.

XI. Der Ingenieur als Mensch.

Die Beobachtung ist der Prüfstein aller Theorien, die Bewährung aller Vermutungen, die Vernichterin aller Täuschungen, zugleich auch die reichste Quelle unerwarteter Aufschlüsse und lang gesuchter Belehrungen.   J. C. HORNER.

HUGO JUNKERS (1859—1935)[1].
Außerordentlich vielseitiger Forscher, Ingenieur und Erfinder. Bahnbrechender Pionier im Flugzeugbau.

Um ihre Aufgabe erfüllen zu können, müssen Ingenieure die Gesetze der Natur ergründen und nutzbar anwenden können und nicht nur den Ursachen und Vorgängen an Dingen und Maschinen, mit denen sie zu tun haben, sondern auch den Bedürfnissen der Allgemeinheit und der Wirkung der Technik auf die letztere auf den Grund gehen. Ingenieure müssen also in der vielfältigsten Form Diener des Fortschrittes und ihres Volkes sein. Hierzu brauchen sie ebenso wie zum Lösen einzelner technischer Aufgaben viel Idealismus, denn auch in der Technik lassen sich große Taten nur mit großen persönlichen Opfern vollbringen, und die Straße des Fortschrittes führt auch in ihr über die Gräber derer, die für eine Idee ihr Leben gelassen haben. Aussicht auf Profit kann den Fortschritt zwar fördern, hätte aber allein kaum eine der großen Erfindungen zustande gebracht, und daran, daß die Maschine den Menschen nicht zu dem Segen wurde, zu dem sie hätte werden können, ist, wie wir gesehen haben, Profitgier von Ingenieuren oder Erfindern nur sehr wenig schuld.

Einkommen und Stellung allein machen einen tiefer veranlagten Ingenieur nicht glücklich, wenn ihn seine Arbeit nicht innerlich befriedigt. Damit sie dies tun kann, muß er ihr ihren richtigen Sinn geben und sollte, soweit er ausgesprochene Ingenieurbegabung hat, die Tätigkeit, für die ihn die Natur bestimmte, auch dann ausüben, wenn sie vielleicht nicht

---

[1] Aus dem „Corpus Imaginum" der Photographischen Gesellschaft, Berlin.

soviel Geld einbringt wie eine andere. Auch seine Ingenieurseele kann der Mensch nicht ungestraft verkaufen, denn als Bedürfnis und Glück empfindet die Arbeit nur der, der sie aus innerem Drange und nicht nur des Gelderwerbes wegen ausübt. Bei ALFRED KRUPP, WERNER VON SIEMENS oder HUGO JUNKERS war nicht Geldverdienen, sondern Lust am Werke treibende Kraft. MATSCHOSS[1] sagt über ALFRED KRUPP: „Die Arbeit ist ihm nicht ein Mittel, um reich zu werden, sondern um innere Befriedigung zu erreichen, in dem Bewußtsein, die Begabung, die in einem ruht, für das Wohl der Allgemeinheit nutzbringend verwendet zu haben", und der amerikanische Elektrotechniker KARL STEINMETZ meinte: „Erfolge haben heißt, mit einer Arbeit Geld verdienen, die einen interessiert. Eine solche Arbeit mag vielleicht nicht reich machen, aber was ist dabei? Der weise Mann lernt leben, der gerissene Geld machen, aber der erstere ist der glücklichere von beiden." Einen ähnlichen Gedanken äußerte WERNER VON SIEMENS, als er über Erfinder sagte: „. . . wenn das fehlende Glied einer Gedankenkette sich glücklich einfügt, so gewährt dies das erhebende Gefühl eines errungenen geistigen Sieges, welches allein schon für alle Mühe des Kampfes reich entschädigt und für den Augenblick auf eine höhere Stufe des Daseins erhebt." Überspitzt ausgedrückt könnte man also beruflich erfolgreiche Männer unterteilen in solche, die nur treiben, was sie reich macht, und solche, die sich nur mit Dingen beschäftigen, die sie interessieren. Ingenieure, die von ihrer Arbeit tiefe Befriedigung und Augenblicke größten Glückes erwarten, müssen aber auch ähnlich von einer Idee besessen sein können wie JAMES WATT, als er schrieb: „Alle meine Gedanken sind auf die Dampfmaschine gerichtet, ich kann an nichts anderes mehr denken", selbst wenn sie nur mit Alltagsaufgaben zu tun haben. Da aber nur wenige die beglückende Wirkung, die die Arbeit haben kann, kennen, ist die Zahl derer nicht groß, die sich den Luxus leisten, sich als Ingenieur auszuleben.

Das Leben der einzelnen Ingenieure wie das ganzer industrieller Unternehmungen hängt von bestimmten Gesetzen ab. Beispielsweise leidet jede Fähigkeit, wenn sie nicht geübt wird, und die Früchte der Ingenieurarbeit verdorren, wenn sie nicht andauernd erhalten, vermehrt und verbessert werden. Einzelne Ingenieure werden daher ebenso wie ganze Fabriken schnell von anderen überholt, wenn sie sich auf ihren Lorbeeren oder auf Monopolen, die sie geschaffen haben, wohlgefällig ausruhen; das größte Unternehmen verdirbt oder geht verloren, wenn seine Inhaber zwar die erzielten Gewinne einstecken, aber sich nicht unablässig um es sorgen, und Völker kommen um ihre industrielle Vormachtstellung, wenn sie im Gefühl ihrer staatlichen oder finanziellen Stärke geringschätzig auf schwächere Rivalen herabsehen und ihre

---

[1] MATSCHOSS, C.: Große Ingenieure. München-Berlin 1937.

industrielle Leistungsfähigkeit nicht durch fortwährende Fortschritte frisch und lebendig erhalten. Für kaum einen anderen Stand gilt so sehr das Wort: „Rast ich, so rost ich", wie für Ingenieure.

Schon deshalb darf sich das Streben eines Ingenieurs nach Erkenntnis nicht auf technische Dinge beschränken. Der Versuch, die „Wahrheit" zu erkennen, der schon an sich ein schwieriges Unterfangen ist, bleibt nämlich völliges Stückwerk, wenn ihn jemand nicht auf alles, was ihn betrifft, Dinge wie Menschen, und nicht zuletzt auf sich selber ausdehnt. Wer sich selbst nicht einigermaßen kennt, wird auch andere oft nicht richtig beurteilen; weder seine körperlichen noch seine geistigen Fähigkeiten richtig ausnutzen können; ein Objekt seiner Launen und Schwächen bleiben und in menschlichen Dingen ein ähnlicher Empiriker werden wie Ingenieure, die sich aus Unkenntnis der Grundlagen ihres Faches mit tausend zusammenhanglosen Einzelerfahrungen durchzuhelfen versuchen, in technischen. Je schneller ihn die Woge des Erfolges nach oben trägt, um so leichter wird er Opfer seiner Eitelkeiten, die im Gegensatz zu denen des Weibes oft lebenswichtige Dinge betreffen. Nur diejenigen, für die technisches Forschen lediglich ein Teil ihres Strebens nach Wahrheit, Erfinden und Verbessern von Maschinen nur ein Ausschnitt aus ihrem Ringen um Schönheit und Vollkommenheit bedeutet, können eine Brücke zwischen beseelter und nicht beseelter Natur schlagen, nur für sie sind Mensch und Maschine keine Gegensätze, sondern Teile einer harmonischen Einheit.

Ingenieure sollten auch nicht vor lauter Beruf an dem Schönen, das das Leben in Wissenschaft, Natur, Kunst und zahllosen anderen Dingen so verschwenderisch bietet, vorübergehen, sie blieben sonst arm, so reich sie an Geld und Ehren sein mögen. Unter den Heroen der Technik hat es zwar einige gegeben, die ein privates Leben kaum kannten und für die das, was andere beglückt, nicht zu existieren schien. Sie eignen sich aber, was den Menschen betrifft, nicht als Vorbild, weil sie, wie viele geniale Naturen, ihre eigenen, nur für sie passenden Gesetze, Maßstäbe und Regeln hatten. So wie das gesunde Empfinden des Volkes sich unter den Großen der Geschichte am stärksten zu den dem Leben zugewandten hingezogen fühlt und daher für den Menschen Julius Caesar mehr übrig hat als für den Menschen Cato, für den Menschen Ludwig XIV. mehr als für den Menschen Philipp II., so verehrt es auch unter den großen Ingenieuren ausgeglichene, lebenswarme Naturen wie Stephenson, Krupp oder Siemens vor allen anderen. Auch der einzelne Ingenieur wird mehr Freunde finden und mehr Glück um sich verbreiten, wenn er neben seinem Berufe sich der angenehmen Dinge des Lebens zu erfreuen versteht.

Soldaten schützen ein Volk gegen äußere Feinde, Ärzte gegen Krankheiten, Bauern gegen Hunger und Ingenieure sind in dem Bunde der unentbehrliche Vierte. Sie müssen fast allen anderen Ständen bei Erfüllung ihrer Aufgaben helfen und das ihre dazu beitragen, daß ein Volk an Handel und Verkehr mit anderen Völkern teilnehmen kann, vor Entbehrungen und Not bewahrt und mit Licht, Wasser, Kraft, Wärme und den vielen Gütern versorgt wird, die es zu seiner Existenz braucht oder die das Leben angenehm machen, d. h. ein Volk kann ohne Ingenieure nicht mehr leben. Je unentbehrlicher aber ein Stand ist, je größere Verpflichtungen daher auf ihm lasten, um so wichtiger ist seine idealistische Einstellung, damit das Allgemeinwohl und nicht rein selbstische Rücksichten die Grundtendenz seines Wirkens bestimmen. Schon lange vor ALFRED KRUPP, der diesem Gedanken mit den klassischen Worten: „Der Zweck der Arbeit soll das Gemeinwohl sein. Dann bringt Arbeit Segen, dann ist Arbeit Gebet" Ausdruck gegeben hat, schrieb LEIBNITZ (1646—1716): „Es ist eine meiner Überzeugungen, daß man für das Gemeinwohl arbeiten muß, und daß man sich in demselben Maße, in dem man dazu beigetragen hat, glücklicher fühlen wird."

Ingenieure sind auf die Arbeit und Erfahrungen zahlloser Vorgänger und Zeitgenossen in hohem Maße angewiesen, und es gelten für sie, wie die in Kapitel IV geschilderte Geschichte einiger Erfindungen lehrt, die wohl von dem Chemiker FRIEDLIEB FERDINAND RUNGE (1795—1867) stammenden Worte: „Einer allein kommt beim Forschen nicht zu Rande. Jeder bringt seinen Stein herbei, bis endlich einer bauen kann" und „jeder kann immer nur dem anderen helfen, damit dieser wieder einem Dritten helfe[1]". Wollen sie daher keine krassen Egoisten und nicht nur Nutznießer einer Entwicklung sein, der sie ihre ganze Existenz verdanken, so müssen sie auch anderen helfen und ihnen von dem, was sie von anderen gelernt und aus Eigenem dazugetan haben, wieder geben. Hilfsbereitschaft der verschiedensten Art ist daher für jeden rechten Ingenieur Pflicht, innige Verbundenheit mit seinem Volke heilige Aufgabe, und schon deshalb kommt er ohne Idealismus nicht aus. Der Umstand, daß Konstruieren von Maschinen sachliches Denken und nüchterne Berechnung verlangen und eine Fabrik nach kaufmännischen Grundsätzen arbeiten muß, wenn sie sich behaupten will, trug aber mit zu dem Trugschluß bei, der Ingenieurberuf sei etwas Nüchternes, rein Materialistisches.

In den vorhergehenden Kapiteln haben wir immer wieder gesehen, wie wichtig die Kenntnis der Naturgesetze für Ingenieure ist. Viele scheinen nun zu glauben, sie seien durch Menschen erfunden worden und die Entschleierung auch des letzten Naturgeheimnisses sei nur eine Frage der Zeit. Ihnen sind die Naturgesetze etwas Absolutes, weil sie übersehen, wie sehr manche wissenschaftlich anscheinend so fest untermauerten Gesetze schon in einem Menschenalter berichtigt werden mußten, und daß

---

[1] SCHENZINGER, K. A.: Anilin. Berlin 1940.

viele geistreiche Theorien, auf denen unser physikalisches und chemisches
Weltbild beruht, und auf die wir so stolz sind, in 50 oder 100 Jahren
vielleicht schon vergessen sein werden. Es ist daher interessant, in
Ergänzung der Ausführungen von Kapitel II zu wissen, was hervorragende Männer über Naturgesetze gesagt haben. KARL STEINMETZ
meinte: „Alle Schlußfolgerungen der Wissenschaft hängen von
unserer Beobachtung mittels der Sinne ab. Auch ziehen wir unsere
Schlußfolgerungen mit Hilfe der Logik, deren Regeln auf der Erfahrung basiert sind", SAUERBRUCH: „Unsere mathematisch-physi-
kalischen Gesetze über viele Erscheinungen umschreiben und erklären immer nur den Vorgang der Kraftäußerung und den Ablauf
des Geschehens, das Wesen der treibenden Kräfte aber bleibt uns verborgen[1]". Er kommt also zum selben Schluß wie EMIL DU BOIS-REY-
MOND vor 70 Jahren mit seinem berühmten Ausspruch: „Ignoramus,
ignorabimus". MAX PLANCK aber meint: „Die Naturgesetze sind nicht
von Menschen erfunden worden, sondern ihre Anerkennung wurde ihnen
von außen aufgezwungen", und KESSELRING[2] äußert sich in folgender für
Ingenieure besonders einleuchtenden Form: „Auch die Formeln und
Gesetze der klassischen Wissenschaft gelten nur unter Annahmen, durch
welche bewußt die unendliche Mannigfaltigkeit der Natur ausgeschlossen
wird. Infolge unseres unzureichenden Wissens können wir streng genommen nur angeben, daß ein bestimmter Vorgang sich vermutlich so
oder so abspielen wird, d. h. wir können nur die Wahrscheinlichkeit
davon ermitteln. Bei einfacher Problemstellung ist die Wahrscheinlichkeit groß, daß unsere Voraussage eintrifft, in verwickelten Fällen
klein."

Der Mensch kann sich, weil er viele ihrer Gesetze anzuwenden versteht, für den Überwinder und Herrn der Natur halten oder aber in
ihr eine ungeheure und unfaßbare Macht sehen, die ihm mehr gewährt
als anderen, weil er sich um ihr Erkennen mehr abmüht als sie. Ähnlich
verschieden empfinden viele Ingenieure die tausend Dinge, die ihnen
täglich in der Natur oder bei ihrer Arbeit entgegentreten. Den einen
erscheinen sie immer wieder wie Wunder, den anderen aber, denen sie
nur nüchterne Gesetzmäßigkeiten sind, die man zu seinem Vorteil zu
verwerten versuchen sollte, wegen derer es sich aber nicht lohnt, viel
Aufhebens zu machen, wird die Technik schwerlich zum inneren Erlebnis werden. Denn das ist der Unterschied des Wunderbegriffes von
einst und heute, daß unsere Vorfahren die ihnen unerklärliche, dem
Alltag völlig fremde, von der Norm abweichende, ja sogar sinnlose Erscheinung als Wunder empfanden, während für uns, wenn wir nur
unbefangen sehen können, selbst ganz alltägliche, durchaus gesetzmäßige

---

[1] SAUERBRUCH, F.: Dtsch. Techn. 1939 S. 6—12.
[2] KESSELRING, F.: Z. VDI 1937 S. 365—371.

Dinge als Wunder erscheinen müssen, weil sie — man denke nur an die moderne Vorstellung vom Aufbau der Atome oder unseren Körper, der die weitaus verwickelste „chemische Fabrik" ist, die es gibt — unendlich großartiger sind als alles, was Menschen je werden ersinnen und gestalten können. Die Ansicht von WERNER VON SIEMENS, daß das Studium der Naturwissenschaften die Menschen idealen Bestrebungen keineswegs abwendig mache, sondern sie im Gegenteil zu demütiger Bewunderung der die ganze Schöpfung durchdringenden, unfaßbaren Weisheit führen müsse, trifft auch für die Ingenieurwissenschaften zu. Auch in diesem Zusammenhange gilt das SCHOPENHAUERsche Wort, daß ein geistreicher Kopf dieselbe Sache als hochinteressant empfindet, die dem flachen Alltagskopf nur eine schale Alltagsszene bedeutet.

Die Naturwissenschaften sind heute nicht mehr, für was sie noch vor 50 Jahren viele hielten, der ruhende Pol in der Erscheinungen Flucht. Der See, dessen Inhalt unser Wissen repräsentiert, ist seither so groß, aber auch so tief geworden, daß wir wohl noch seine Fläche mit Genugtuung überblicken, aber nicht mehr auf seinen Grund sehen können. Man sprach schon von einem Zusammenbruch der Wissenschaften (siehe S. 43), und der Streit zwischen den verschiedenen physikalischen und naturphilosophischen Schulen erinnerte manchmal etwas an theologische Haarspaltereien des 15. und 16. Jahrhunderts.

Aber selbst viele unter denen, die einsehen, daß auch die Naturwissenschaften sich entsprechend unserer zunehmenden Erkenntnis dauernd wandeln müssen, haben an ihnen nicht mehr den Halt wie frühere Generationen. Das Gefühl der Unsicherheit wird noch verstärkt durch Bücher wie „Der Mensch und die Technik" von OSWALD SPENGLER, die teils übertreiben („Der Mensch ist ein Raubtier", „die stärksten Persönlichkeiten wenden sich ab von dem zahnlosen Gefühl des Mitleides, der Versöhnung, der Sehnsucht nach Ruhe" usw.), teils unter dem Eindruck der Zeit, in der sie geschrieben wurden, eine Weltuntergangsstimmung predigen („Optimismus ist Feigheit"; „Ideale sind Feigheiten" usw.), die jede Lebensfreude ertötet.

Es wäre nicht verwunderlich, wenn aus allen diesen Gründen die Flucht aus der Religion sich in eine Flucht zurück zu ihr verwandelte, weil auch viele kluge Menschen sich nach etwas sehnen, vor dem jedes Zerreden aufhört und das ihnen einen festen Halt gibt. Es ist falsch, zu behaupten, Naturwissenschaften und religiöser Glaube vertragen sich nicht miteinander, sehr bedeutende Naturwissenschaftler und Ingenieure sind gläubige Menschen gewesen[1], siehe S. 57.

---

[1] RUDOLF VIRCHOW, der immer wieder die Wissenschaft vor Überschreiten der unserer Erkenntnis gesetzten Grenzen gewarnt hat, meinte, „die Aufgabe der Wissenschaft ist es nicht, die Gegenstände des Glaubens anzugreifen, sondern nur die Grenzen zu stecken, welche die Erkenntnis erreichen kann, und innerhalb derselben das einheitliche Selbstbewußtsein zu begründen".

Die Ansicht des Theologen BAUMGARTEN[1], der Techniker möchte Gott im Es, in der Natur, in der Maschine und im Menschen erleben, trifft nur bedingt zu. Die Abwendung mancher Ingenieure von der Kirche rührt vielmehr mit davon her, daß sie unter dem Eindruck stehen, sie habe nicht nur in England von der Westminster Abbey bis zur Westminster Cathedral nicht immer das richtige Verständnis für die durch die Maschine aufgeworfenen Probleme und wehre sich zu wenig gegen ihren Mißbrauch als Ruhekissen für einen robusten Erwerbsinstinkt.

Sie sagen sich außerdem, daß ebensowenig wie sie die Materie, die sie bei ihrer Geburt vorfinden, auch nicht um ein Staubkörnchen vermehren können, ihr Schaffen keine Früchte tragen könnte, wenn nicht viele emsige, von der gleichen Freude am Werk wie sie selber beseelte Hände ihren Plänen Gestalt geben würden, und haben daher nichts für Theorien übrig, die die Menschen in eine Klasse, die nur befiehlt, und in eine andere, die nur zu parieren hat, einteilen wollen.

Sie stellen dem „Optimismus ist Feigheit" die Parole „Kämpfen und Hoffen ist Pflicht" gegenüber und erblicken ihr Vorbild nicht in dem fatalistisch im untergehenden Pompeji sterbenden Wachtsoldaten, sondern in Männern, die unbeirrt durch die Stürme der Zeit ihre Pflicht ihrem Volke gegenüber tapfer erfüllen, voll Zuversicht und Glauben an eine bessere Zukunft, die nur aus einer Gesinnung heraus geschaffen werden kann, die derjenigen nicht unähnlich ist, die die großen Ingenieure aller Zeiten beseelte: daß nur Bestand hat, was gesund, lebenstüchtig, im besten Sinne des Wortes konstruktiv ist. Diese neue Zeit, in der höchste Freiheit größte Verpflichtung bedeuten wird, erfordert auch von den Ingenieuren ein neues Ideal, nämlich Technik und Maschine zu dem zu machen, wozu sie ihrer Natur nach von Anfang an bestimmt waren: die Technik zu einer von hohen ethischen Grundsätzen geleiteten, die Erleichterung und Verschönerung unseres Lebens anstrebenden Disziplin, die Maschine zur großen Helferin der Menschen.

Wir kommen zum Schluß: Ganzer Ingenieur sein heißt zu einem gesunden Ausgleich zwischen seinem Beruf als Existenzquelle und als einer einen innerlich befriedigenden Lebensaufgabe kommen, ganzer Mensch sein heißt, einen gesunden Ausgleich zwischen den Anforderungen des Berufes und denen des übrigen Lebens finden. So groß aber die rein technischen Leistungen eines Menschen auch sein mögen, ein wirklicher Diener an der Technik kann er nur werden und aus dem verworrenen Zustand, in den das „technische Zeitalter" die Welt gestürzt hat, kann er, wie alle unsere Untersuchungen ergeben haben, sie nur herausführrn helfen, wenn er es mit dem „liebe Deinen Nächsten" der Bibel oder, was RUDOLF DIESEL als richtiger erschien, mit dem „helft Euch untereinander" hält. Nur mit diesem Geiste läßt sich

---

[1] Schweiz. Bauztg. 1940 S. 119—120.

die Technik zu einem Segen für die Menschen machen und von dem Fluche befreien, mit dem sie der Unverstand der Menschen so lange belastet hat.

Nicht allen ist als Ingenieur derselbe Erfolg beschieden. Es wird immer mehr Kärrner als Menschen mit selbständigen Leistungen geben, und nur ganz vereinzelten Auserwählten gewährt das Schicksal die Krone des großen Erfolges. Jeder Strebende sollte sich aber, wenn der Erfolg sich nicht zeigen oder er mutlos werden will, an den Worten aufrichten, die RICHARD TREVITHICK am Ende seines enttäuschungsvollen Lebens gesprochen hat und die ihm als Bürger wie als Ingenieur ein gleich schönes Zeugnis ausstellen:

„Fast 30 Jahre lang habe ich völlig allein durch unermüdliche harte Arbeit und unter ungeheuren Kosten um die Größe, ja unberechenbare Wohlfahrt meines Landes gekämpft, ohne je eine Belohnung zu erhalten. Wohl aber bin ich mit dem Brandmal des Narren dafür gestempelt worden, daß ich, wie die Welt sagt, Unmögliches versucht habe. Dies war bisher die Belohnung, die ich beim Publikum fand. Aber auch wenn dies alles sein sollte, so bin ich doch durch das große geheime Vergnügen und den löblichen Stolz zufriedengestellt, den ich in mir fühle, weil ich als das Instrument dafür ausersehen war, neue Prinzipien und Anordnungen zu erfinden und vorwärtszutreiben und Maschinen von unabsehbarem Werte für mein Land zu konstruieren. So dürftig auch meine geldliche Lage ist, die große Ehre, ein nützlicher Bürger gewesen zu sein, kann mir nie geraubt werden. Sie ist mir bei weitem mehr wert als alle Reichtümer."

Namenverzeichnis.

Sachverzeichnis.

Druck der Spamer A.-G. in Leipzig.